湖北经济学院学术专著出版基金资助

结构变动框架下
单位根检验问题研究

于寄语　著

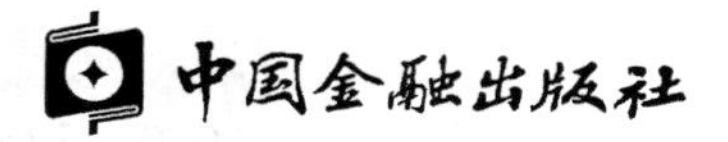

责任编辑：石　坚
责任校对：孙　蕊
责任印制：丁淮宾

图书在版编目（CIP）数据

结构变动框架下单位根检验问题研究／于寄语著.—北京：中国金融出版社，2021.10
ISBN 978-7-5220-1329-9

Ⅰ.①结…　Ⅱ.①于…　Ⅲ.①时间序列分析—研究　Ⅳ.①0211.61

中国版本图书馆CIP数据核字（2021）第192101号

结构变动框架下单位根检验问题研究
JIEGOU BIANDONG KUANGJIA XIA DANWEIGEN JIANYAN WENTI YANJIU

出版发行　中国金融出版社
社址　北京市丰台区益泽路2号
市场开发部　(010)66024766，63805472，63439533（传真）
网上书店　www.cfph.cn
(010)66024766，63372837（传真）
读者服务部　(010)66070833，62568380
邮编　100071
经销　新华书店
印刷　北京九州迅驰传媒文化有限公司
尺寸　169毫米×239毫米
印张　14.75
字数　218千
版次　2021年11月第1版
印次　2021年11月第1次印刷
定价　58.00元
ISBN 978-7-5220-1329-9

前　言

作为非平稳时序中关注度最广的一类，单位根过程对应于平稳过程与爆炸性过程的边界区域，与其相关的问题探讨一直是计量经济领域的重要议题。近年来，随着现实应用建模的需求，单位根理论被越来越多地引入结构变化的分析框架下。本书对时间序列结构变动下的单位根检验工作进行系统性梳理，同时对相关前沿理论进行深入探讨。

就经济序列而言，其结构变化形式表现出复杂性和多样性。考虑简约化的含有线性时间趋势成分和新息项成分的时序过程，其结构变动特征可能体现在确定性的时间趋势项上，也可能体现在新息项不断累积所带来的随机趋势项上。以 Perron 为代表的结构突变单位根文献聚焦于确定性趋势下的结构变化情境，相关结构突变设定也已形成了一个经典分析框架。随机性趋势结构变动的文献研究则多见于资产市场上的价格行为分析，如近期较流行的 GSADF 类型检验，基于单位根向爆炸过程的结构变化描述并检测局部市场的泡沫现象；资产市场的群集效应和时变波动特征研究，结合随机成分方差项的结构变化进行设定检验和应用探讨。此外，经济问题应用中还有一类重要的、从平滑转移角度刻画时序结构变化的非线性机制转换模型，这类框架下的单位根检验问题在非线性建模研究中具有很大应用。

由上述典型性结构变化设定入手，本书从确定性时间趋势变化、非线性 STAR 机制设定、随机性趋势变动三个角度进行结构变化单位根检验问题的研究和探讨。主要内容概括为以下几部分。

1. 在确定性趋势结构突变的单位根问题研究中，现有理论从各种角度提出了不同的突变点估测方法，并以此为基础设定单位根检验式。本书细化地对各类估计方法进行解析和梳理，并通过蒙特卡罗实验考察不同数据生成情形下各种突变点估计方法及相应单位根检验的功效，以期为实证工作者在现实问题研究中提供有益指导和帮助。结合动态回归和差分化回归，本书同时对经典的CUSUM、MOSUM检验进行了理论修订和完善，以有效处理突变次数及新息平稳性均未知下时序的结构变动特征识别问题。以此为基础，在一个更为宽泛的内生设定下构建了系统化的结构突变单位根应用检验流程。

2. STAR（Smooth Transition Auto Regressive）模型是描述非线性机制转移的经典分析模型。对于该类设定下的非线性平稳过程，传统线性单位根检验容易将其同单位根过程相混淆。但针对该类模型进行单位根研究的文献相对较少，且缺乏系统性。本文分别从以时间项 t 和以自身滞后项 y_{t-k} 作为转移变量两个角度对STAR模型的平稳性设定和单位根研究问题进行了细化论述，并在STAR框架下构建了一类针对单位根原假设的 F 检验。相比较以往文献研究，我们提出的检验建立在更为灵活和普适的模型设定框架之下，具有更为广泛的应用性。随后，关于亚洲国家PPP适用性的一个应用研究进一步体现和印证了本书 F 检验的现实意义与优势。

3. 在随机性趋势的结构变动框架下，我们从新息项的方差特征以及自回归系数的结构变动两个角度对时序的单位根检验问题进行考察。前者主要涉及时变方差下单位根特征的识别研究，我们分别从传统统计量推断和野自助法分析思路入手对该问题进行了细致梳理和说明，便于读者在实际问题研究中进行选择性应用；后者情境下近来较为关注的问题在于随机新息项由局部单位根走势向爆炸走势的转变，这一结构变动设定构成了近期流行性泡沫检验的模型设定基础。以SADF类型泡沫检验为代表，我们对其建模理论和应用中的关注要点进行细化论述和探讨，并以此为基础对我国股票市场中的局部泡沫区段表现和风险特征进行了应用探讨。

本书研究内容进一步丰富、完善了现有内生结构变动框架下非平稳时序的单位根理论工作，同时为计量经济和应用经济专业读者了解结构变化单位根检验工作的最新进展提供了一个清晰的框架性指导。当然，由于笔者水平有限，时间仓促之下难免有错漏之处，还请读者多多批评指正。最后，本书的顺利出版得到了湖北经济学院学术专著出版基金和湖北经济学院科研培育项目（PYYB201903）的资助。本书的完成同时得到湖北经济学院金融学院区域金融风险管理PI团队和院系领导的大力支持，在此特别表示感谢。

于寄语

2021年10月20日

目　　录

第5章 非线性 STAR 机制转换框架下的单位根检验

第6章 随机趋势结构变化下单位根检验问题

第7章 总结与展望

附录 本书常用符号说明

参考文献

第 1 章
绪　论

基于单位根过程延展的理论及应用问题考察一直是计量经济领域的研究热点。例如，文献研究中持续关注的非平稳特征探讨，结合单位根过程对经济理论进行的经验分析，基于右侧单位根检验进行的资产泡沫研究等。近年来，随着计量理论的发展和现实建模的需求，经济序列路径中的结构变化特征越来越多地被纳入单位根问题的探讨中，如何在内生结构形式设定下进行单位根特征及时序路径的有效考察，构成了非平稳时间序列研究的重要议题。

1.1 研究背景和意义

Granger 和 Newbold（1974）提出了伪回归（Spurious Regression）的概念，指出如果进行回归分析的各变量为非平稳的单位根过程，回归估计的参数很可能是虚假的、不可信的。在这一情境下，Engle 和 Granger（1987）指出，需要各变量之间保持协整关系，即它们的线性组合具有平稳性，相应的回归建模才有意义。随后，单位根检验及相应的非平稳时序建模理论得到了极大关注，并成为时间序列研究的重要议题。另外，现实研究中关于单位根过程的探讨具有丰富的经济学含义。比如，股票价格服从单位根过程意味着其走势的“随机游走”特征，人们无法基于当前信息预测股价进行套利，所考察的股票市场具有弱有效性；在宏观序列研究中，数据过程若服从单位根走势则意味着外在冲击对于宏观经济面的影响具有长久性和持续性，进而为真实经济周期理论（RBC）提供间接支撑。

自 Dicky、Fuller（1979）提出 DF 检验以来，各种单位根检验方法和应用研究不断出现在主流学术期刊上。不过，经典的单位根分析框架中并没有考虑现实序列由于外在或者自身调整因素带来的结构变化问题。1989 年 Perron 指出了单位根检验中的“Perron 现象”，意在说明传统单位根检验由于忽略了可能的结构突变特征会产生错误的结论。由此，后续的单位根文献研究也大多在时序结构变化框架下进行展开。虽然自 Perron 将结构突变融入单位根分析理论至今已有近 30 年，相关学者还是对这一领域报以极大的热情，各种检验方法不断得以完善，同时相关问题的设定难度也在不断加大，凸显出该领域在计量研究中的重要位置。

现有文献在进行时间序列走势的研究探讨中，通常会将考察序列分解成时间项和随机扰动项两部分。前者反映了时序本身的确定性趋势，后者反映了新息扰动项所带来的随机趋势。基于此，在时序结构变动的理论分析中，数据序列的结构变化可以从确定性趋势以及随机性趋势的变化两个角度进行考虑。如 1978 年改革开放之后，我国经济产速的不断加强便是确定性趋势变动的一个例子，而各类资产市场时而平稳、时而波动，甚至呈现强烈的泡沫特征则很大程度是随机性趋势变动的体现。以 Perron 等学者为代表的结构突变单位根研究主要关注的是确定性趋势的结构变化，如时间趋势项的变动、水平截距项的变动，相关文献已形成了一个较为系统、经典的分析框架。随机趋势变动的研究文献则多见于金融资产市场上的相关问题分析，如 Kim、Leybourne 和 Newbold（2002）关注的资产价格序列的方差波动问题，Phillips、Wu 和 Yu（2009）结合单位根新息项向爆炸过程的局部走势变化对股市泡沫进行的研究。除了上述线性化时序框架基础之上的确定性及随机性趋势变动特征探讨，还有一类文献从非线性机制转换角度来模拟时序的结构变化特征，这种非线性转移设定在相关经济问题研究中有很好的现实应用意义。例如，股市投资者在市场低迷或者活跃时会采取不同的投资策略，从而使股市自身的周期行为表现出非线性；金融市场上由于交易费用和各类成本的存在，相关金融序列在保持长期均衡关系的同时对自身的短期调节存在非线性调整路径。对上述机制转换情形进行刻画的时序模型包括门限自回归模型（TAR）、马尔可夫体制转换自回归模型（MSAR）等。

对于可能含有上述各种结构变化情形的数据过程，传统的单位根检验（如 ADF 检验、PP 检验）由于忽略了结构变化设定因素，在理论上并不能对数据的单位根及平稳性特征进行有效判断，更不能细化分析时序过程的生成及演变机制。很多文献（Balk 和 Fomby，1997；Daiki Maki，2006）通过模拟仿真也指出传统单位根检验在结构变化情境下的较低检验功效。

在这种情况下，单位根检验工作需要结合结构变化信息的有效考察进行展开；当然，关于数据过程结构变动特征的相关分析也可以更好地洞察研究序列的运行机制。

现有文献在时间序列的结构变化和单位根检验问题上作出了诸多有益的工作，提出了各种检验方法对结构变化情形下时序的单位根问题进行考察。但不同方法对数据生成过程的假定、突变位置及类型的设定有所差别，有必要对这些方法进行系统梳理和比较，便于后续工作者对相关方法的理论扩展以及实证工作者的应用性操作。另外，时间序列的结构变化是一个较为宽泛的概念。如前所述，可能体现在确定性趋势相关联的结构变动，也可能体现在随机新息项的结构变化；可能表现为线性时序框架下从某点开始的结构突变，也可以呈现以自身变量为阈值的非线性机制转换特征。当前文献更多的是基于线性确定性趋势的改变进行单位根检验问题研究，鲜有见到随机趋势变动设定以及非线性转移框架下单位根问题的系统性研究。本书在更为宽泛的框架下，对时间序列的结构变化单位根检验问题进行梳理和探讨，进一步整合及完善非平稳时序结构变化下的单位根研究工作。最后，单位根过程对应于平稳性过程与爆炸性过程的边界区域，与其相关的问题探讨，如市场有效性、购买力平价、货币需求理论与菲利普斯模型的实用性、爆炸性泡沫等，一直是应用经济学研究的重要议题。将结构变动特征有效引入单位根检验框架，对相关问题进行实证考察和经验验证，可以得出更为科学、可靠和深入的经济学结论。

1.2 文献评述

传统单位根类型检验建立在考察序列结构稳定的设定基础之上。但如前所述，产业结构的调整、社会进程的演变、外部政治经济环境的影响都会带来待考察序列走势的结构性变动。Perron（1989）在结构突变设定框架下对美国宏观经济序列进行了实证考察，其检验结论表明大多宏观序列表现为趋势平稳的走势，这和此前 Nelson（1982）基于传统 ADF 检验得到的宏观序列呈现单位根特征的结论大相径庭。学者们随后意识到，有必要将可能的结构变动因素引入单位根检验，以保证相应结论的合理性，后续文献也不断地将结构变化理论融入单位根检验相关的问题研究中。相关文献关于时序结构变化的设定主要表现在如下几个方面：一是确定性趋势的突变，如线性化趋势、水平趋势或者时间趋势在某个时间点后发生变动；二是构建在非线性模型基础之上，通过非线性平滑转移函数对数据的结构变化特征进行描述研究；三是随机性趋势的变化，主要包括随机项方差的变动和随机项平稳性的变动（如考察时序在某个时点由单位根过程向平稳或者爆炸性过程的转换）。接下来，我们从以上三个方面对结构变化下的单位根文献研究进行回顾和评述。

1.2.1 确定性趋势突变下单位根检验问题研究

关于时间序列结构变动的理论探讨最早建立在线性时序设定（$y_t = a + bt + u_t$）之上。Fox（1972）最早对 IO、AO 两类时序结构突变类型进行了考察，前者（IO）表示导致时序突变的外部冲击因素是渐近的，对时间序列的影响具有一定的持续性；AO 则表示对应的外部冲击是一次性的，对时序的影响是即时的。后续线性结构突变的相关研究也大都在 IO、AO 的框架下展开。

Perron（1989，1990）最早将上述结构突变设定引入了单位根分析框架。他指出，对于存在确定性趋势突变的平稳过程，当我们忽略这一结构变化因素对考察数据直接进行 ADF 检验时，很容易将其误判成单位根过程。进一步，Perron 将 1929 年经济大萧条和 1973 年石油危机作为结构突变点对美国的 14 个宏观变量重新进行了单位根检验，发现大部分宏观序列不具有 Nelson、Plosser（1982）所指出的单位根走势，而表现出趋势平稳的特性。由于 Perron 的研究有效考虑到可能的结构变化情形，更贴合现实情境，相应的单位根检验结果更为可信，这一检验思路和流程迅速在相关实证分析中得到推广和应用。

需要注意的是，Perron（1989，1990）的结构突变单位根检验是建立在外生设定之上，即突变位置是先验已知的。在现实问题考察中，时序过程的突变时点很多时候并不能有效地进行外生确定。如 Christiana（1992）指出，当数据本身的突变点无法通过图表之类的直观可视化方法来判别的时候，我们更希望能基于数据本身来有效地判断突变的位置，这一数据挖掘思路下对突变位置的判定会使相应理论更令人满意和信服。之后，相关文献便主要在突变点未知的情况下（内生角度）对可能的结构变点以及数据的平稳性状况进行考察研究。

早期内生突变情形下的单位根检验主要建立在对序列自回归系数 t 检验值的考察上，如 Banerjee 等（1992）考虑在整体样本上进行滚动以及序贯回归，在每个子区间上进行不带突变项的 ADF 检验，选取单位根检验的最小值和相应临界值进行比较。如果小于临界值，就拒绝序列服从单位根过程的原假设，否则接受。另一种类似方法来自 Zivot 和 Andrews（1992，以下简称 ZA），ZA 以每个时点作为可能的突变点，通过序贯回归基于最小 ADF 检验量 $t^*(\alpha)$ 确定突变位置，并进行单位根检验。不过很快这一检验方法受到了质疑，Vogelsang 和 Perron（1998）指出，当单位根原假设下存在斜率突变时，最小化 t 检验策略下的统计量 $t^*(\alpha)$ 会趋向负无穷大，因此会必然拒绝原假设。即便对于 Perron 和 Vogelsang（1992a）考虑的带有水平突变的无趋势过程，尽管大样本下 $t^*(\alpha)$ 可以保持对突变幅度的不变性，但这一结论在有限样本下并不成立，从而带来检验偏误。虽然 Perron 和 Vogelsang（1992b，1998）强调有限样本下，只有单位根原假设下的水平或斜率突变幅度很大时，$t^*(\alpha)$ 才会产生较大扭曲，而实际应用中通常不会有如此大的突变，因此不会造成太大的应用偏误。不过这一检验方法还是存在理论上的一定缺陷，后续相关研究也进一步指出在，原假设存在结构变化时，该方法并不能有效估计出真实的突变位置。

Perron（1997a）建议在序贯的回归检验式中加入关于潜在突变点 T_0 的哑变量，随后基于哑变量系数的 t 值绝对值最大化思路确定突变位置，这个哑变量可以是 $I(t > T_0)$，也可以是 $(t - T_0)I(t > T_0)$，还可以是 $I(t = T_0 + 1)$，具体根据可能的突变类型来设定。Perron 通过理论分析指出，当 AO

框架内的单位根原假设下确实存在突变时，这一依照哑变量显著性的估测方法可以渐近准确地识别真实突变点，在该估测方法基础上构建的单位根检验统计量（$t_D(\alpha)$）具有很好的功效。不过统计量 $t_D(\alpha)$ 对应的渐近分布和原假设数据过程不存在突变时表现出一定的差别，由于实际研究中我们事先对数据过程是否存在突变并不知晓，Perron 建议在保守情况下选取无突变情形下的临界点作为 $t_D(\alpha)$ 进行单位根判定的临界值。

后续文献进一步对单位根检验量 $t^*(\alpha)$ 和 $t_D(\alpha)$ 的统计性质进行了考察。Lee 和 Strazicich（2001）通过模拟分析发现，在内生突变点情形下，如果考察的数据过程存在结构突变，不管是平稳备择假设还是单位根原假设，有限样本内 IO 框架下基于最小化 t 值或者最大化哑变量显著性所确定的突变位置会随着突变幅度的加大越来越偏离真实值 T_b，并建议基于残差的 BIC 信息准则确定突变点。Harvey（2001）对结构突变单位根框架内确定突变位置的方法进行了细化探讨，指出 AO 框架内依据 Perron 的哑变量对应准则的检测效果还算可以，但在 IO 框架中的斜率突变情形下，基于相应哑变量的统计检验并不能渐近准确地识别突变位置。IO 情形下的模拟结果显示，当备择假设下的突变幅度较大时，依据 Perron 的哑变量准则仍会导致较强的伪拒绝；而利用最小化 $t^*(\alpha)$ 检验，无论是在 IO 还是 AO 框架下都表现较差。在 IO 框架内，Harvey 建议对哑变量检测统计量进行调整，通过 $\text{argmax}_{T_B}(|t_\delta(T_B)|)+1$ 确定突变位置。

上述突变点估测方法外，残差平方和（RSS）的最小化是近来较流行的确定内生突变位置的估测思路。Bai 和 Perron（1998，2003）对 RSS 最小化估测时序突变位置的思路进行了系统论述，并在此基础上提出了估测数据突变次数的序贯检验量。Zhu（2005）指出，如果数据过程是含有结构突变的，最小化残差（RSS）后得到的那个突变系数正是理论所得到的。Perron 和 Zhu（2005）在 AO 模型框架内考察了斜率突变、截距与斜率双突变模型下基于相应回归式的 SSR 最小值估计突变点的情形，并从理论上推导了随机误差项为 I（0）和 I（1）时，突变系数估计量收敛速度以及检验式中各参数估计量的渐近分布；同时蒙特卡罗模拟试验表明有限样本下的相关统计量性质和渐近分布差别不大。

进一步，Kim 和 Perron（2007，2009）将依据 RSS 最小化确定突变点的方法推广到 IO 模型中，同时细化分析了各种突变情形下最小化 RSS 思路得到的突变系数估计值的收敛速度。其研究表明，对截距突变的时序模型，单位根原假设下由于一阶单整的误差项占主导地位，截距项在渐近状态下会被淹没，最小化 RSS 方法并不能得到突变系数的渐近一致估计；突变发生在反映确定性趋势的斜率项时，要得到突变系数的一致估计，突变系数估计量的收敛速度必须大于 $\sqrt{T}$，在这种情况下，估计量 $\lambda\hat{}$ 收敛于真实的突变系数 λ^0 的同时，基于 $\lambda\hat{}$ 得到的单位根检验统计量与外生情形下 Perron 检验统计量具有相同的渐近分布，此时可应用后者对应的检验临界值进行单位根检验。聂巧平（2008）进一步就 OLS 及 Quasi-GLS 残差平方和最小化下突变位置的估计性质进行有限样本仿真，指出对于斜率突变、截距突变幅度较小的截距与斜率双突变的 AO 模型，依据各式 RSS 最小值估计出真正突变点的频率在有限样本下仍有待提升。Kim 和 Perron（2007，2009）提出了一种基于修整数据的单位根检验方法，通过对估计突变点附近的区段进行削减，提升有限样本下的收敛速度。基于最小化残差平方和思路，Harris（2009）指出差分后 OLS 估计下的突变系数估计量具有较快的收敛速度，估计的效果也相对较好。

Carrion、Kim 和 Perron（2009，记为 CKP）基于 Quasi-GLS 方法，结合单位根原假设和平稳备择假设都可以存在结构突变的情况对单位根问题进行分析，在突变位置未知的情况下，利用最小化 GLS-退势后的残差平方和确定突变点和非中心化参数 $\bar{c}$，并在此基础上结合相关统计量对数据的单位根特征进行分析。不过从实际操作上来看，这种方法显得过于烦琐，另外，Harvey（2013）指出，CKP 的方法存在 Power Valley（功效缺失）现象，即随着突变幅度的增加，单位根检验效能呈现先变大，后减小，之后再变大的特征。针对上述 Power Valley 现象，Harvey（2013）结合 Quasi-GLS 方法和最小化 t 统计量的思路进行了研究，有效改善了这一问题。不过，其在文献中对突变个数的确定未做细致性探讨，关于相应时间序列中确定性趋势突变个数的问题讨论仍然有待进一步完善。

此外，近来较为重要的内生结构突变单位根检验文献包括 Popp

(2009, 2011) 通过对 IO 框架下的模型检验式进行修正，分析了 IO 情形下的单个以及多个突变点的位置的确定，其在新的检验式基础上构造的单位根检验统计量在原假设和平稳备择假设下均具有较优良的性质。考虑到含有断点的结构突变函数可以由三角函数序列来逼近，Ender Lee (2009, 2011) 基于拟合突变序列的思路对单位根问题进行研究，并指出单频的傅里叶变换可有效捕捉结构突变，保证最终单位根检验的有效性；Oh 和 Shin (2014)、Vosseler (2016) 基于贝叶斯方法，结合 MCMC 技术对多结构突变点下的单位根问题进行了分析研究。

伴随着结构突变单位根理论的发展，相应的应用文献也在不断丰富。例如，Ben-David、Papell (2000) 在 Vogelsang (1997) 方法论的基础上，识别序列中可能存在的结构突变点，并通过实证发现了 1870—1989 年 G7 国家的人均 GDP 存在多次结构突变。王少平和李子奈 (2003) 最早在国内，基于结构突变理论考察了人民币汇率的稳定性，并通过崩溃模型和 Cusum-SQ 模型诊断，指出我国人民币汇率的数据特征表现为带有一次结构突变的单位根过程。任燕燕和袁丽娜 (2008) 基于带结构突变的单位根检验对我国宏观经济序列的平稳性进行了考察，结果表明：在不考虑结构突变的情形下，传统单位根检验表明考察的 16 个宏观序列中有 15 个序列接受单位根原假设，而在结构突变框架下仅有 7 个经济序列接受单位根原假设。全世文和曾寅初 (2013) 结合结构变动单位根检验对金融危机和欧债危机对我国进出口贸易的冲击效应进行了实证探讨，强调了两次冲击的效果表现差异及我国实际进出口额的分阶段趋势平稳特征。陈志宗 (2018) 在结构突变单位根框架下对中国入境旅游的月度数据进行了实证分析，使用 Bai 和 Perron 方法将考察时间序列划分成 4 个不同趋势发展阶段，并对各阶段趋势改变的原因结合外部社会经济事件进行了探讨。

1.2.2 非线性机制转换框架下的单位根检验

在现实经济问题研究中，很多变量具有非线性机制转换特征，如股票市场投资者在股市低迷或者活跃时会采取不同的投资策略；又如外汇市场上的汇率走势路径在不同的取值区段呈现非线性调整特征。本质上来看，“非线性”实际上就是经济现象的体制转换在时间及空间维度上的显现，对这一特征的刻画可以更有效地对经济序列的内部机制进行“透视”。在这一背景下，各类非线性转换模型，如平滑转移模型（STAR）、门限自回归模型（TAR）、马尔可夫转换自回归模型（MSAR）日益广泛地应用到经济问题研究中。

不同于确定性趋势在某点的结构变动设定，这类非线性机制转换设定主要强调的是考察序列在不同取值区间下的路径调整。对于这类时序的建模，同样需要保证考察序列走势的平稳性。不过，传统的单位根检验，如ADF检验、PP检验，对其也表现出较低的检验功效（Daiki Maki，2006；Balke和Fomby，1997；Taylor，2001）。随后，一系列文献在非线性框架下构建非线性单位根检验量，并据此识别这类时序的平稳性特征。

作为刻画非线性机制转换特征的一类重要模型，STAR模型由于其简洁形式在理论和应用研究中非常受欢迎，相关学者通常在其框架下进行非线性单位根检验量的构建和探讨。Kapetanios等（2003）最早考察了ESTAR模型的单位根检验问题，从一个简化的0均值ESTAR模型：$\Delta y_t = \varphi[1-\exp(-ry_{t-1}^2)]$ 出发，Kapetanios利用泰勒展开技术，将ESTAR过程近似为一个线性回归式：$\Delta y_t = \rho y_{t-1}^3 + u_t$。在此基础上，Kapetanios构建参数$\rho$的$t$统计量进行ESTAR单位根检验。延续Kapetanios的泰勒展开思路，Kruse（2009）考虑了ESTAR模型中位置参数不为0的情况，构造了一个修正的WALD检验统计量进行ESTAR单位根检验；Sandberg（2014）提出了M-类型的T统计量以解决传统LS-类型统计量对数据中可能存在的异常值较为敏感的问题，模拟结果表明M-类型统计量对于异常值较为稳健，有限样本的表现明显好于LS-类型下的统计量。除此之外，还有部分文献不利用泰勒展开技术，而是直接考察ESTAR模型中的相关参数进行单位根检验。在这种情形下，由于速度调节参数r的不可识别性，主要思路建立在通过网格搜索的办法构建参数r空间上的最小化类型t检验（Kılı，2011；Park和Shintani，2016）。

非线性STAR框架下的另一类重要模型是LSTAR模型，相较于ESTAR模型，LSTAR下非线性调整关于阈值参数c具有非对称性，如货币政策分析，通胀路径的非线性调整等，LSTAR 模型有很强的应用意义。该模型的单位根问题研究类似于 ESTAR 下的分析，主要基于泰勒展开或者非线性方法对相关参数进行搜索两类思路。近年来的主要文献包括：Eklund（2003）基于三机制 LSTAR 转移函数对 LSTAR 模型的单位根检验问题进行了细化考察；刘雪燕、张晓峒（2008）考虑常见的两机制 LSTAR 情形下的单位根检验问题，利用泰勒展开将 LSTAR 模型简化为一个关于检验参数的线性模型，并以该模型为基准模型提出了检验线性单位根对平稳 LSTAR 过程的 t_{LSTAR} 统计量；类似地，汪卢俊（2014）进一步考察了误差项存在条件方差的情形，结合极大似然估计提出了 t_{NG} 统计量并进行了相关分析。

不过，现有 STAR 框架下的单位根文献研究关于 STAR 模型设定的灵活度不够，大多研究对 STAR 模型中的线性系数和阈值参数进行了限定，使该类模型对实际数据过程的刻画存在一定偏离，进一步导致相关检验结论的失效。本书在对当前非线性框架下的单位根研究文献梳理的同时，结合 F 类型检验在更为宽泛和普适的模型设定下探讨 STAR 模型的单位根检验问题，以期推动非线性框架下单位根检验理论的进一步发展。

1.2.3 随机趋势结构变动下单位根问题研究

前述结构变化文献设定未涉及时序随机新息项的结构变动，在现实分析中，后者同样是经济序列的重要表现特征，如股票市场的群集波动现象、资产序列平稳性特征的转换。该部分结构变化设定下的单位根检验文献主要在新息项方差的变动和随机趋势系数的变动设定下展开。

（1）新息项方差波动下的单位根检验

很多经济和金融序列由于本身特征或者外界冲击，本身就表现出波动变化特征，表现在理论模型中，即数据序列的随机趋势项本身对应的新息方差不具有平稳性，而具有结构变动。已有很多文献在这一领域进行了研究。

Hamori 和 Tokihisa（1997）指出，方差的波动同样会对传统单位根检验造成影响，并通过理论分析指出，在误差方差项突变情形下，标准单位根检验下的极限分布受到突变幅度以及突变位置的影响。Busetti 和 Taylor（2003）考察了存在方差波动特征序列的平稳性检验问题，指出现有的平稳性检验，如 KPSS 检验，不仅会在这种情况下存在过度 Size 或者 Size 不足的情况，Power 的检验效能也受到很大影响，具体取决于突变位置以及突变前后的方差比率。在这两个参数已知的情形下，Busetti 和 Taylor 推导了相应的 Locally Best Invariant（LBI）检验统计量。同时，在上述参数未知的情形下，Busetti 和 Taylor 对 LBI 统计量进行了修订，以保证其渐近分布关于方差变动保持不变性。Sen（2007）构建了 *F* 统计量去进行单位根检验，相应的原假设和备择假设均允许考察序列的新息方差项存在一次结构变动。Sen 的 *F* 检验建立在 Kim、Leybourne 和 Newbold（2002）提出的修订的广义 GLS 策略基础之上，在具体检验过程中会对突变位置和方差项进行估测，该 F 检验量对应的渐近分布不受冗余参数影响，并在有限样本下有良好的表现。

Cavaliere 和 Taylor（2007）在统一框架下对时变方差情形的线性单位根检验进行了研究和分析，单点突变、多点突变、平滑转移突变均包含其中，所提出的单位根检验统计量对于方差被动具有稳健性。左秀霞（2012）在外生突变框架下，构造 *F* 统计量和 *T* 统计量对一次方差突变情形下的单位根检验进行了理论研究，同时其还将确定性趋势突变和新息方差变化同时纳入分析框架，并进行了细化研究。除此之外，左秀霞还重点关注了自回归系数变动的情形，不过相应分析建立在数据的单整性保持不变的设定之上，未涉及不同单整数据特征下的转化。此外，Sen（2017）在新息方差结构变动下，扩展了经典的 LM 单位根检验统计量，并进行了细化的理论分析和探讨。

（2）泡沫检验——单位根走势向爆炸性走势的结构转变

结构突变单位根研究的另一个重要应用涉及资产价格市场上的“泡沫”问题。在股市、房市、商品期货交易市场这类资产市场上，由于存在投机因素，资产价格会在某些时间段过度偏离均衡路径，从而体现出市场泡沫。从理论上来看，由于泡沫过程可以通过爆炸单位根过程进行有效描述，上述泡沫现象意味着数据过程在某一时段有平稳或者单位根过程向爆炸过程的转变。

泡沫现象意味着市场投机的加剧，此时市场的快速升温是一种“虚假繁荣”，并会在泡沫破灭后对市场带来惨痛的损失，加大市场崩溃的可能性。因此，对市场泡沫的检验和泡沫起始点的估测对于防范市场风险和有限有效引导市场的理性发展具有重要意义。在标准的资产市场上，由于市场的弱有效性，价格通常服从随机游走特征，从而在实际应用中，泡沫检验可以转换为单位根向爆炸根过程这一结构变化问题的考察，即 $y_t=d_t+u_t$，$u_t=\rho u_t+\varepsilon_t$ 中随机扰动项 u_t 自回归系数由 $\rho=1$ 向 $\rho>1$ 的结构变动。事实上，从很早开始，相关学者（如 Diba 和 Grossman）便结合单位根检验对泡沫问题进行研究。不过考虑到现实泡沫的复杂性和反复性，早期纯粹基于单位根右侧检验的思路并不能很好地对泡沫现象进行识别，特别是对 Evan（1991）所构建的一类周期性泡沫。

最近很多文献从递归滚动检验的思想出发，构建统计量，以有效对泡沫现象进行检测。这其中应用性最为广泛的检验统计量为 Sup-ADF 检验，该检验方法由 Phillip、Wu 和 Yu（2009）提出，主要结合右侧单位根检验和递归滚动方法对泡沫现象进行检测。其检验的基本步骤：考虑时间序列 y_t，$t=1$，…，T，首先利用前 $[Tr_0]$ 个样本进行对标准 ADF 回归检验，并得到相应的 ADF 统计量值；继而逐渐增加样本量，利用前 $[Tr]$（$r_0<r<1$）个观测值再次逐步进行 ADF 检验，如此得到一系列统计量 ADF_r。在其基础上求上确界进而便构建得到了基于序列 y_t 的 SUP-ADF 统计量值。由于区段发生爆炸意味着某个 ADF 值明显右偏，所以基于这一思路，设定 SUP-ADF 的右侧临界值，便可以对可能的泡沫区段进行分析和考察。

SUP-ADF 检验主要针对单泡沫区段的研究，当存在多个泡沫区段时，检验效果有待提升。进一步，PSY（2009，2011，2015）提出了广义的 SADF（GSADF）检验，GSADF 建立在 SADF 基础之上，初始点不是固定的，而是依次向下滑动的，该检验对多泡沫问题具有较好的检测效果，并能较准确地估测泡沫的发生时期，即有效确定随机性趋势结构突变发生的位置。Chow-type DF 检验（后记为 SDFC 检验）是另外一种近来较流行的泡沫检验，Homm 和 Breitung（2012）提出将递归思想运用到结构断点 Chow 检验中，求一系列递归 Chow 检验统计量的最大值，通过比较其与临界值的大小来判断是否有泡沫。Homm 和 Breitung 对 Chow-type DF 检验的统计性质进行了探讨并和其它泡沫检验进行了比较，发现如果泡沫出现在样本晚期且在样本结束时还未破灭，SDFC 检验比 SADF 检验有更好的有限样本表现；但如果泡沫出现较早或者整个样本同时包含泡沫破灭的过程，则 SADF 检验比 SDFC 检验更适合。进一步，Harvey 等（2013）提出一种将 SADF 和 SDFC 的优势结合起来的联合检验方法，记为 UR 检验。具体来讲，UR 检验将 SADF 和 SDFC 检验的拒绝域联合起来，即条件 $SADF > \lambda cv^{SADF}$ 或 $SDFC > \lambda cv^{SDFC}$ 成立则拒绝单位根过程的原假设。其中，cv^{SADF} 和 cv^{SDFC} 分别表示 SADF 和 SDFC 检验的渐近临界值，λ 为调整尺度水平的缩放因子①。

伴随着泡沫问题的理论研究，很多实证文献应用相关检验对股市、楼市、大宗商品市场等多个领域的资产泡沫现象进行了分析。例如，简志宏和向修海（2012）对 BSADF 检验进行了部分修正，基于修正的 BSADF 检验估计出上证综指从 2006 年 12 月到 2007 年 12 月存在持续性泡沫，同时对紧随其后的第二个短暂性泡沫进行了识别；Jiang 等（2015）运用 GSADF 检验对新加坡的房地产市场进行检测，发现新加坡房市存在一段时间的泡沫，并估测出泡沫存在的时期为 2006 年第四季度至 2008 年第一季度；Caspi 等（2015）运用 GSADF 检验检测并估计出 1876—2014 年发生的多个油价泡沫；王少平和赵钊（2019）结合 BSADF 检验方法识别我国资产市场的突出风险点，为资产市场风险的传导和防控提供数量依据。

① UR 检验统计量也可以记为 $UR = \max\left(SADF, \frac{cv^{SADF}}{cv^{SDFC}}SDFC\right)$，与之对应的临界值为 λcv^{SADF}。

1.3 研究框架和思路

当前文献已经在结构变化单位根框架内作出了诸多有益的工作，本书主要在总结前人文献的基础上，对结构变化单位根检验进行系统性梳理，并对相关问题进行进一步的深化探讨。从研究框架来看，本书从时间序列的确定性趋势突变、非线性机制转换、随机性趋势变动三个角度对结构变动框架下的单位根检验问题进行研究。研究思路上，本书主要是计量理论探讨与经验分析相结合，对相应问题的研究除了理论推导外，会伴随细致的模拟仿真实验和实证应用，以体现考察问题及研究成果的有效性和现实适用性。全书的关注点和研究价值概括如下。

1. 系统阐述了多结构突变情形下单位根研究的方法论，并对较为流行的确定内生突变位置的估测方法进行了细致的思路解析。基于蒙特卡罗仿真实验对各估测方法的有限样本性质进行的对比和总结性评述，为实证工作者在进行时序的结构突变及单位根检验时提供经验指导和支持。

2. 对内生突变单位根检验中的结构突变次数估测进行细化探讨。以经典的 CUSUM 及 MOSUM 检验入手，完善了 I（1）情形下相应检验的统计性质，并结合动态回归和差分回归检验对其进行了修订，使其能有效处理新息项平稳性未知下时序的突变次数识别问题，并在其基础上构建了结构突变单位根检验的系统分析流程。相应工作完善了单位根检验预考察和非平稳时间序列的建模理论。

3. 深入考察了非线性机制转换时序下的单位根检验问题，并在更为灵活和广泛的 STAR 模型设定框架下，提出了 F 类型的 ESTAR 及 LSTAR 单位根检验量。相较于已有检验，无论是渐近统计理论还是有限样本下的蒙特卡罗仿真实验，该类检验均具有更高的检验势。此外，对 PPP 理论的实证探讨考察进一步印证了我们所提出的 F 类型检验的现实应用优势。这一工作是对现有非线性单位根检验的有效补充。

4. 对随机趋势结构变动框架下的单位根检验问题进行了关注。系统阐述了变方差情境下的左侧单位根检验的相关理论和检验量的构建；此外，对随机性趋势下的由局部单位根走势转向爆炸根走势所描述的泡沫问题进行了细化梳理和探讨。并基于右侧上确界 ADF 类型泡沫检验，对我国股票市场的局部泡沫成分和风险表现进行了量化探讨，进而为现实资产市场的风险监管举措提供数量支撑。

在上述框架下，本书后续章节安排如下：第 2 章对单位根及结构突变单位根检验的研究历程及脉络进行梳理，并从 AO 和 IO 两个框架对 Perron 类型的结构突变单位根检流程进行了说明。第 3 章和第 4 章主要探讨内生确定性趋势突变下的单位根检验问题。其中，第 3 章主要就内生情形下的突变位置估测和相应单位根检验量的构建进行了考察，我们对较为流行的内生突变位置估测方法进行了思路解析和仿真比对，以便于经验工作者的使用。在第 4 章我们探讨了时序过程突变次数的确定问题，并在新息误差项平稳性未知的情形下扩展了对 CUSUM 和 MOSUM 类型检验的研究，基于其有效完善了内生突变单位根检验的理论工作和分析流程。第 5 章重点考察了非线性 STAR 模型的单位根检验问题，我们对 STAR 模型的平稳性设定和单位根检验思路进行了细化梳理，并在更为宽泛和灵活的模型设定基础上构建了一类 F 类型 STAR 单位根检验统计量。第 6 章对随机趋势结构变动下的单位根检验问题进行了研究。我们首先对变方差情形下的单位根检验构建进行了考察，随后重点关注随机趋势项在单位根和爆炸过程间的转换问题（泡沫检验问题），并对近来流行的 SADF 类型泡沫检验的建模逻辑和实施要点进行了细化论述和应用探讨。第 7 章为全书总结和展望。

第 2 章
Perron 类型结构突变单位根检验

单位根检验在时间序列的理论研究中具有基础性的地位。无论是时序建模的平稳性考察，还是非平稳变量间的协整关系探讨，单位根检验都是必不可少的分析环节。同时，伴随着单位根理论的发展，单位根过程也被赋予了更多的经济学含义。比如，宏观经济序列服从单位根走势意味着外在冲击对于经济面的影响具有长久性和持续性，从而为真实经济周期理论提供间接支持；资产价格走势服从单位根过程则反映了相应市场的“随机游走”态势，由此为市场有效性学说奠定理论基础。经典的单位根检验方法，如 ADF 检验、PP 检验，建立在变量间结构关系稳定这一假定基础上，未有考虑现实场景中考察序列的结构性变化特征，如宏观经济序列由于结构转型、金融海啸等内外在因素导致的水平或者时间趋势变动。为保证单位根检验理论的严谨性和科学性，有必要将可能的结构突变情形有效纳入单位根检验的分析框架。本章回顾单位根及结构突变单位根检验的发展理论，并对已有的结构变动单位根检验方法进行系统梳理和探讨。

2.1 传统单位根检验回顾

经典的计量经济学研究中通常假定所涉及的时间序列为平稳过程。当考察数据过程不满足平稳性时，我们称其为非平稳过程。而在应用经济研究的大部分情境下，非平稳过程限定为单位根过程[①]。

2.1.1 平稳过程和单位根过程的相关概念

在时序研究中，数据的平稳性分为强平稳和弱平稳两种，前者主要从概率分布的角度进行定义，后者则从二阶矩条件进行定义。

定义 2.1（强平稳过程） 对于随机过程 $\{v_t\}$，如果其任意子集的联合密度函数仅仅与时间间隔 k 相关，即对于任意时间子集 $\{t_1,$

① 爆炸过程也是非平稳的一种，不过由于发散速度过快，通常仅在资产价格泡沫理论研究中予以关注。

$t_2, \cdots, t_m\}$ 以及整数 k 有 $F\{v_{t_1}, v_{t_2}, \cdots, v_{t_m}\} = F\{v_{t_1+k}, v_{t_2+k}, \cdots, v_{t_m+k}\}$ 成立，则称 $\{v_t\}$ 为强平稳过程。

定义 2.2（弱平稳过程） 对于随机过程 $\{v_t\}$，如果其期望为固定值，不同期间的协方差只与时间间隔有关，$E(v_t)=\mu$，$Cov(v_t, v_{t-k})=c_k$，则称 $\{v_t\}$ 为弱平稳过程。

弱平稳过程也称协方差平稳，通常情况下的平稳过程若不做说明，均指的是弱平稳过程，实际应用中数据过程还往往带有时间趋势，这就引出与平稳过程相关的另一类数据过程——趋势平稳过程。

定义 2.3（趋势平稳过程） 考虑数据过程 $y_t = a + bt + v_t$，其中 v_t 为定义 2.2 下的平稳过程，则称 y_t 为趋势平稳过程。

趋势平稳过程的主导部分为截距项和时间项的加和 $a + bt$，不过在退掉确定性趋势部分后，便可以退化成弱平稳过程，所以也称退势平稳过程。

定义 2.4（白噪声过程） 考虑随机过程 $\{\varepsilon_t\}$，其中 $E(\varepsilon_t) = 0$，$Var(v_t) = \sigma^2$，且 $Cov(v, v_{t-k}) = 0$ 对于任意 k 成立，则称 $\{\varepsilon_t\}$ 为白噪声过程。

可以看到，白噪声过程就是弱平稳过程的特例，也通常将其看作最基本的平稳时间序列过程。

定义 2.5（单整性） 对于随机过程 $\{y_t\}$，若必须至少经过 d 次差分之后才能变成一个平稳的过程，则称此过程具有 d 阶单整性，记为 $\mathrm{I}(d)$。

定义 2.6（单位根过程） 考虑数据生成过程 $\{y_t\}$：$y_t = y_{t-1} + v_t$，v_t 为上述定义 2.2 下的平稳过程，通常将其设定 v_t 为关于鞅差序列 ε_t [①]的移动平均形式：$v_t = \Psi(L)(\varepsilon_t)$，其中 $\Psi(L)$ 表示多项式算子，则称 $\{y_t\}$ 为单位根过程或者随机游走过程。

单位根过程具有 1 阶单整性，通常记为 $\mathrm{I}(1)$。另外，类似于趋势平稳过程，单位根过程中也可以含有确定性时间趋势部分，定义如下：

① 鞅差序列的条件介于独立序列和不相关序列之间，白噪声过程可以看成是一个方差有限的鞅差过程。

定义 2.7（趋势单位根过程） 考虑数据过程 $\{y_t\}$：$y_t=\mu+y_{t-1}+v_t$，v_t 的设定如上定义 2.6，则称 $\{y_t\}$ 为趋势单位根过程。

无论是单位根过程还是趋势单位根过程，都意味着数据的非平稳性。由于平稳性是经典时间序列建模的基础，所以时序分析前通常需要进行单位根检验有效对数据的平稳性特征进行考察。

2.1.2 传统单位根检验方法

（1）DF 检验

最早对数据单位根特征进行检验的文献来自 Dicky 和 Fuller（1979），其提出的 DF 检验所考察的备择假设过程为平稳数据过程，原假设为随机游走或者趋势单位根数据过程，见式（2.1），其中新息项 ε_t 为白噪声过程。

$$y_t=\mu+y_{t-1}+v_t,\ v_t=\varepsilon_t \tag{2.1}$$

DF 检验中的检验式会根据 μ 是否等于 0 而有所差别。当 $\mu=0$ 时，数据过程不含有时间趋势，对应的检验回归式为：

$$y_t=\hat{\rho}y_{t-1}+e_t \tag{2.2}$$

或

$$y_t=\hat{c}+\hat{\rho}y_{t-1}+e_t \tag{2.3}$$

当 $\mu\neq 0$ 时，数据过程中含有时间趋势。由于时间趋势会掩盖单位根带来的随机趋势的波动特征，此时回归检验式中有必要加入时间趋势项，即

$$y_t=\hat{c}+\hat{\beta}t+\hat{\rho}y_{t-1}+e_t \tag{2.4}$$

上述三个回归式对应的 DF 检验量均为 $DF_{\hat{\rho}}=(\hat{\rho}-1)/se(\hat{\rho})$（也称 τ 统计量①），$\hat{\rho}$ 为系数 ρ 的 OLS 估计值，$se(\hat{\rho})$ 为 $\hat{\rho}$ 的标准差。当 DF 取值小于相应临界值时，我们拒绝数据服从单位根过程的原假设，否则接受。由于检验式不同，单位根原假设下 DF 统计量对应的渐近分布也会有所不

① DF 检验中的 $T(\hat{\rho}-1)$ 被称为 z 统计量，不过在实际单位根检验中应用较少。

同，式（2.2）~式（2.4）下 DF 统计量所对应的极限分布分别为：

$$DF_{\hat{\rho}}\mid_{式(2.2)} \Rightarrow \int_0^1 W(r)\mathrm{d}W(r) / \sqrt{\int_0^1 W(r)^2 \mathrm{d}r} \tag{2.5}$$

$$DF_{\hat{\rho}}\mid_{式(2.3)} \Rightarrow \int_0^1 W_{\mu}(r)\mathrm{d}W(r) / \sqrt{\int_0^1 W_{\mu}(r)^2 \mathrm{d}r} \tag{2.6}$$

$$DF_{\hat{\rho}}\mid_{式(2.4)} \Rightarrow \int_0^1 W_{(1,\ t)}(r)\mathrm{d}W(r) / \sqrt{\int_0^1 W_{(1,\ t)}(r)^2 \mathrm{d}r} \tag{2.7}$$

式（2.6）和式（2.7）中的 W、W_{μ} 和 $W_{(1,\ t)}$ 分别代表原始的、退均值的和退时间趋势的布朗运动。随着 DF 检验中回归元个数的不断增加，随机过程 y_t 中的波动性成分被剔除得越狠，最终使检验式（2.2）~式（2.4）下的 DF 检验临界值不断左移。

（2）ADF 和 PP 检验

DF 检验假定数据过程自身的随机扰动项 v_t 具有白噪声特性，该情形下误差项的长短期方差具有一致性，这使得 DF 统计量的渐近分布较为简化，见式（2.5）~式（2.7）。而在现实情况中，随机扰动项 v_t 在大多数情形下会存在自相关，这种情况下 v_t 的长短期方差具有差异，此时 DF 统计量的渐近分布远比式（2.5）~式（2.7）复杂，这直接导致了 DF 检验功效的降低。

针对上述问题，后续学者提出了两种较流行的处理方式，分别通过增广回归检验和非参数方法对原始 DF 统计量进行修订。它们就是大家熟知的 ADF 检验和 PP 检验，两者分别由 Dicky、Fuller（1981）和 Philips、Perron（1988）提出。具体而言，前者通过引入差分滞后项扩充之前的回归检验式（2.2）~式（2.4），以保证残差项 e_t 的独立性，在此基础上所构建的 ADF 统计量的渐近分布和式（2.5）~式（2.7）保持一致；而 Philips、Perron（1988）则在误差项自相关情形下推导出了 DF 统计量的具体渐近分布形式，之后利用非参数的方法来估计误差项的长短期方差，并在此基础上对 DF 统计量进行校正，消除渐近分布中相关冗余项的影响。具体的构建形式为：

$$PP = \frac{s_e}{s_l} t_{\hat{\rho}} - \frac{1}{2} \frac{(s_l^2 - s_e^2)}{s_e \left[T^{-2} \sum_{t=2}^{T} \tilde{y}_x^2\right]^{1/2}} \tag{2.8}$$

其中，$t_{\hat{\rho}}$ 为 DF 检验量值，$\tilde{y}_x$ 为 y_t 在确定性趋势上进行退势后的部分，s_e^2 为回归检验式的残差的短期方差估计值，s_l^2 为长期方差估计值，其具体估计思路在 2.1.3 节会予以说明。

（3）M 检验

在误差项含有系数为负的较大的移动平均成分和高自回归成分时，PP 检验存在严重的水平扭曲，Pefron 和 Ng（1996，以下简称 PN）对产生这一扭曲的原因进行了分析并提出了 3 个修正的统计量 MZ_α、MSB 和 MZ_t，构建形式上分别如下：

$$MZ_\alpha = (T^{-1}\tilde{y}_{x,T}^2 - s_l^2)\left(2T^{-2}\sum_{t=1}^{T}\tilde{y}_{x,t}^2\right)^{-1}$$

$$MSB = \left(T^{-2}\sum_{t=1}^{T}\tilde{y}_{x,t}^2/s_t^2\right)^{1/2}$$

$$MZ_t = MSB.MZ_\alpha \tag{2.9}$$

其中，$\tilde{y}_x$ 为退确定性趋势后的数据过程①，s_l^2 为式（2.1）下误差项 v_t 的长期方差估计量。

上述 3 个修正的统计量通常被称为 M 统计量。PN（1996）的蒙特卡罗实验表明：相比较 PP 统计量（2.8），M 类检验统计量在具有较优 Power 的同时可以很好地解决 PP 检验面临的水平扭曲问题。

（4）SB 和 LM 检验

除了上述检验，SB 检验和 LM 检验也是单位根检验发展历史中较为重要的两种检验方法。考虑到 ADF 检验的实施过程中需要进行差分滞后项的选取，而恰当的滞后项阶数的选取又是必须面对的问题，为了避免回归检验式的设定偏误问题，Sargan 和 Bhargava（1983）考虑将 VN 比率检验应用到单位根检验问题中来，构建了 SB 统计量。水平数据情形下，统计形式如下：

$$SB_1 = \frac{\sum_{t=2}^{T}(y_t - y_{t-1})^2}{\sum_{t=2}^{T}(y_t - \bar{y})^2} \tag{2.10}$$

① 如果考察数据无时间趋势项，就不需要进行时间退势。

进一步，Bhargava（1986）考察了带有时间趋势的情形，相应的统计量为：

$$SB_2 = \frac{\sum_{t=2}^{T}(y_t - y_{t-1})^2 - (T-1)^{-1}(y_T - y_1)^2}{(T-1)^{-2}\sum_{t=1}^{T}\left[(T-1)y_t - (t-1)y_T - (T-t)y_1 - (T-1)(\bar{y} - \frac{1}{2}(y_1 + y_T))\right]^2} \tag{2.11}$$

理论上可证明，即便在非独立误差项下，SB 统计量的渐近分布也不受多余冗余参数的影响。

LM 类型单位根检验文献的研究主要见 Schmidt 和 Lee（1991）、Phillips 和 Schmidt（1992，以下简称 PS），其主要思路是考虑基于 ML 估计的约束检验。设定数据生成为：$y_t = \mu + \beta t + u_t$，$u_t = \alpha u_{t-1} + v_t$，$v_t$ 独立的高斯误差项。利用极大似然估计，可以推得在 $\alpha = 1$ 原假设下的 LM 统计量为：

$$LM = \left[\sum_{t=2}^{T}(\Delta y_t - \tilde{\beta})\tilde{s}_{t-1}\right]^2 / \left[\tilde{\sigma}^2 \sum_{t=2}^{T}\tilde{s}_{t-1}^2\right] \tag{2.12}$$

其中，$\tilde{\beta} = \overline{\Delta y_t}$，$\tilde{s}_t = y_t - y_1 - (t-1)\tilde{\beta}$。PS（1992）指出，上述 LM 统计量的构建实际上相当于对差分序列 $y_t - y_{t-1}$ 进行参数 β 的估计，随后基于相应的回归残差进行 ADF 检验：$\Delta\tilde{s}_t = c + \alpha\tilde{s}_{t-1} + e_t$。对比来看，ADF 检验则对截距和时间趋势项进行水平 OLS 估计，之后对回归残差进行单位根检验。在误差项为 I（1）时，根据 Granger 和 Newbo1d（1974）的研究知，应用水平序列所进行的检验回归是虚假回归，相应的参数估计值和残差项具有更大的随机性；而应用差分后序列则不会出现这种情形，从而 LM 检验的检验结果更加有效。

（5）可行点最优单位根检验

Elliot、Rothenberg 和 Stock（1996，以下简称 ERS）绘制了单位根检验的功效包络线，并提出了可行点最优单位根检验。其所设定数据过程如下：

$$y_t = \beta' z_t + u_t,\ u_t = \varphi u_{t-1} + v_t \tag{2.13}$$

z_t 代表确定性成分的向量，如 $z_t = 1$ 和 $z_t = [1,\ t]$ 分别对应水平项以及时间趋势项。新息项 v_t 为长期方差为 λ^2 的平稳过程，具体设定形式为 $v_t = \sum_{j>0} c_j \varepsilon_{t-j}$，$\varepsilon_{t-j}$ 服从独立高斯分布且 $v_t = \sum_{j>0} jc_j < \infty$ 。

首先考虑点对点的假设检验：$\varphi = 1$ 对备择假设 $\varphi = \varphi^-$（$\varphi^- < 1$）。依据 Neyman-Pearson 引理，误差项分布已知情况下这一检验问题存在基于似然比函数的最优势检验：$L^*(1, \varphi^-) = L(\varphi^-) - L(1)$ 。假定 u_t 服从正态分布，此时（字间距）$L(\varphi^-) = [\Delta u_t - (\varphi^- - 1)u_{t-1}]'S^{-1}[\Delta u_t - (\varphi^- - 1)u_{t-1}]$，其中的 S 为误差序列 u_t 的协方差阵。不过，在实际序列考察中，我们所能观测到的仅是数据过程 y_t，误差项 u_t 的信息是未知的，此时关于 $\varphi = 1$ 对 $\varphi = \varphi^-$ 的最优点对点检验 L^* 构建如式（2.14），趋势项估计值 $\hat{\beta}$ 基于广义差分回归估计而得。

$$L^* = MIN_{\hat{\beta}} L(\alpha, \hat{\beta}) - MIN_{\hat{\beta}} L(1, \hat{\beta}),\ L(\alpha, \hat{\beta}) = (y_\alpha - z_\alpha \hat{\beta})' \sum{}^{-1} (y_\alpha - z_\alpha \hat{\beta})$$
$$\alpha = \varphi^-, y_\alpha = (y_1, y_2 - \alpha y_1, \cdots, y_T - \alpha y_{T-1}), Z_\alpha = (z_1, z_2 - \alpha z_1, \cdots, z_T - \alpha z_{T-1}) \tag{2.14}$$

记 $\varphi = 1$ 对 $\varphi = \varphi^-$ 的点对点最优检验为 $P_T(\varphi^-, \pi)$，π 为该检验对应的 Power 值，则基于（φ^-，π）绘制的曲线就是单位根检验的功效包络线，其对应备择假设为 $\varphi = \varphi^-$ 下，相同 size 水平的检验统计量能拒绝单位根原假设 $\varphi = 1$ 的最大概率。ERS 绘制的包络图上显示不同的 φ^- 下对应的 Power 值基本上没有重合的，这里也可以简记点对点最优检验为 $P_T(\pi)$ 。

在现实研究中，我们更为关注的是点对区间的统计假设检验，即原假设 $\varphi = 1$ 对备择假设 $\varphi \in (-1, 1)$ 。在这种情况下，相关统计理论不支持最优势检验的存在。不过 ERS 指出，应用上述最优点对点检验下 Power 值为 0.5 所对应的统计检验量，可以保证备择假设数据过程所对应的检验功效很靠近前面所提到的单位根检验的功效包络线。从而，ERS 构造单位根对备择平稳过程的可行点最优检验 L^* 如下：

$$L^* = [S(\bar{\alpha}, \hat{\beta}) - S(1, \hat{\beta})]/\bar{\lambda}^2,\ S(\bar{\alpha}, \hat{\beta}) = (y_{\bar{\alpha}} - z_{\bar{\alpha}}\hat{\beta})' \sum{}^{-1} (y_{\bar{\alpha}} - z_{\bar{\alpha}}\hat{\beta})$$
$$y_{\bar{\alpha}} = (y_1, y_2 - \bar{\alpha} y_1, \cdots, y_T - \bar{\alpha} y_{T-1}),\ Z_{\bar{\alpha}} = (z_1, z_2 - \bar{\alpha} z_1, \cdots, z_T - \bar{\alpha} z_{T-1}) \tag{2.15}$$

式（2.15）中的 $\hat{\beta}$ 通过广义差分回归：$y_{\bar{\alpha}} = Z_{\bar{\alpha}}\hat{\beta} + \hat{e}_t$ 估测得到，广义差分参数 $\bar{\alpha}$ 为最优点对点检验 $P_T(\varphi^-, \pi)$ 中 $\pi = 0.5$ 对应的 φ^- 值。考虑 $\varphi^- = 1 + \bar{c}/T$，ERS 建议在式（2.13）中的 $z_t = 1$ 情形下（数据过程不含有趋势项），取 $\bar{c} = -7$；在 $z_t = (1, t)$ 下（数据过程含有趋势项），取 $\bar{c} = -13.5$。另外，$\bar{\lambda}^2$ 为新息项 v_t 的长期方差估计量，Ng 和 Perron（2001）建议使用 $\sigma_p^2/(1 - \sum_1^p \psi_j)^2$ 对其进行估计，y_t^d 为 y_t 经过 GLS 回归退势后的部分，ψ_j 和 σ_p^2 分别对应式（2.16）的回归参数和 OLS 残差方差。

$$\Delta y_t^d = \pi y_{t-1}^d + \sum_1^p \psi_j \Delta y_{t-j}^d + \varepsilon_t \tag{2.16}$$

ERS 随后基于模拟分析，指出在没有确定性成分（数据过程无截距和时间趋势）的时候，检验统计量 $P_T(0.5)$、$P_T(0.95)$、$P_T(1)$（考虑 Power 值对应 0.5、0.95、1 的点对点检验来进行点对区段的检验）均靠近高斯包络面，ERS 指出这三种检验实际上分别对应于 DF（ρ）、DF（τ）和 SB 检验。不过，在含有均值或者时间趋势项下，这几种检验和可行点最优检验的差距开始拉大。作为对 ADF 检验的进一步扩展，ERS 提出了 GLS-ADF 检验，该检验建立在 GLS 退势的基础上，GLS 回归中差分参数 φ^- 与可行点检验中的相同。通过 GLS 回归确定相关参数后，得到退势后序列 $\tilde{y} = y - Z\hat{\beta}$，随后对 $\tilde{y}$ 进行一般的 ADF 检验。结果显示 GLS-ADF 检验在有无趋势下均逼近高斯包络面，有很好的检验势。后续文献中有很多基于该思路其进行统计量的扩展和改进。如，NG 和 PERRON（2001）将 GLS 退势与修正的 PP 检验以及可行点检验结合发展了一系列 M^{GLS} 类型单位根统计量，在有限样本下具有很好的性质。

（6）KPSS 检验

前面所列举的单位根检验均是建立在单位根原假设基础上，还有一类较重要的单位根检验是建立在平稳性原假设基础之上，这就是 KPSS 检验。其有 Kwiatkowski 等（1992）提出，本质上也是基于 LM 类型统计量构建而得。具体地，KPSS 检验所设定的数据模型为 $y_t = a + \beta t + u_t \times 1 + \varepsilon_t$，$\varepsilon_t$ 为平稳误差项。u_t 看成时变系数，并设定成随机游走的形式，即

$u_t = u_{t-1} + w_t$。当 w_t 的标准差 $se(w_t) = 0$，即 w_t 为常数时，不难发现数据 y_t 转换为前文定义的趋势平稳过程；而当 $se(w_t) \neq 0$ 时，数据 y_t 转变为趋势单位根过程。

在误差项 ε_t 独立的情形下，借鉴 Nabeya、Seiji 和 Tanaka、Katsuto（1988）对回归方程变系数问题的研究，KPSS 考虑 LM 类型统计量对 $se(w_t) = 0$ 进行这一原假设进行检验，检验统计量设计为 $\sum S_t^2 / \sum \sigma_t^2$。其中，$S_t$ 代表前 t 期序列 $\{y_t\}$ 去均值或者去趋势后的残差累积和，分母代表误差 ε_t 的短期方差，同样基于 $\{y_t\}$ 退势后的残差求得。不过，当误差项 ε_t 非独立时，KPSS 检验建议分母部分用长期方差 s_l^2 取代（一般用 Newey-West 估计量求得），同时分子部分用 T^2 进行了调整，具体构造式为 $T^{-2} \sum S_t^2 / s_l^2$。

2.1.3　一点补充：长期方差估计的两种思路

单位根检验中会涉及误差项长期方差 s_l^2 的估计。s_l^2 的构建通常采用两种方式：一是对估计残差进行带滞后项的回归检验以消除其自相关性，并以其为基础确定长期方差项 s_l^2。二是采用半参数方法进行长期方差 s_l^2 的确定。我们对上述两种方式进行简要说明。

（1）基于带有滞后项的回归检验式确定长期方差

考虑平稳误差项 $u_t = C(L)e_t$，e_t 为方差是 s_e^2 的独立新息项。利用时间序列分析相关知识，不难推得 $u_t = C(L)e_t$ 的长期方差为 $C(1)^2 s_e^2$。在误差项 u_t 满足可逆条件下，u_t 可以写成 AR（p）的形式，因此考虑对 u_t 进行带有滞后项的回归检验，滞后阶数 p 可以基于常见的 BIC 准则进行确定（更为细致的探讨见 Ng 和 Perron，2001），有：

$$u_t = \sum_1^p \tilde{b}_j u_{t-j} + \tilde{e}_t \tag{2.17}$$

上述回归检验可以有效消除 u_t 的自相关性，即 $\tilde{e}_t$ 保持独立。从而 u_t 的方差估计值可基于 $s_{\tilde{e}}^2 / (1 - \sum \tilde{b}_j)$ 进行计算。在实际问题分析中，我们并不能得到理论的误差项 u_t，而只是得到残差项 $\hat{u}_t$。当残差项 $\hat{u}_t$ 具有一致性时，我们对 $\hat{u}_t$ 进行同样的回归检验，即 $\hat{u}_t = \sum_1^p \hat{b}_j \hat{u}_{t-j} + \hat{e}_t$。随后，通过计算 $s_{\hat{e}}^2/(1 - \sum \hat{b}_j)$ 可得到 u_t 的长期方差的一致估计量。

（2）基于半参数方法确定长期方差

另外一种较为流行的长期方差估测思路建立在半参数方法基础之上。理论上，u_t 的长期方差的构建式为：

$$V(u_t) = \lim_{T\to\infty} T^{-1}E(\sum_1^T u_t)^2 = r_0 + 2\sum_{j=1}^{\infty} r_j \tag{2.18}$$

考虑误差项 u_t 的长期方差估计量 s_l^2 如下：

$$s_l^2 = \hat{r}_0 + 2\sum_1^{\infty} k_m(j)\hat{r}_j \tag{2.19}$$

$\hat{r}_j$ 代表残差项当期同滞后 j 期间的协方差，即 $\hat{r}_j = \text{cov}(\hat{u}_t, \hat{u}_{t-j})$。$k_m(j)$ 为在核函数基础上构造的权重，通常来说 $k_m(j)$ 会随着 j 的增大，最终削减为 0。通常核函数取 Bartlett 核函数和 QS 核函数（Quadratic Spectral）两种，两者分别定义如下：

$$\text{Bartlett 核函数：} k_m(j) = \begin{cases} 1 - j/(m+1), & j \leq m \\ 0, & j > m \end{cases} \tag{2.20}$$

$$\text{QS 核函数：} k_m(j) = \frac{3}{z^2}\left[\frac{\sin(z)}{z} - \cos(z)\right], \quad z = (6\pi/5)j/m \tag{2.21}$$

m 称为窗宽，是一个很重要的参数。Newey 和 West（1994）指出，相对于核函数的选择，窗宽的选择对于有效估计长期方差更为重要。以 Bartlett 核函数和 QS 核函数为例，前者分析中通常设置固定窗宽为 $m = [4(T/100)^{2/9}]$，$[.]$ 为求整符号；后者通常取窗宽 $m = [4(T/100)^{2/25}]$，这在理论上可以保证长期方差以尽可能快的速度收敛到真实值。另外，很多相关研究指出，在有限样本下，窗宽过长会带来长期方差的高估，而窗宽过短则会对长期方差造成低估，这意味着研究过程中根据具体样本的特征选择窗宽是一种更好的策略和办法。这种基于样本特征选择窗宽的方法最早由 Andrews（1991）提出，后由 Newey、West（1994）进行了提炼和完善，Newey 和 West 的自动窗宽选择步骤见表 2.1。

表 2.1 半参数方法估计长期方差的变窗宽确定流程

具体步骤	方差构建中所使用的核函数	
	Bartlett	QS
(1) 确定初始窗宽参数	$m = o(T^{2/9})$	$m = o(T^{2/25})$
(2) 计算$\hat{s}^{(0)} = \hat{r}_0 + 2\sum_{i=1}^{m}\hat{r}_i$ $\hat{s}^{(j)} = 2\sum_{i=1}^{m} i^j \cdot \hat{r}_i$		
(3) 计算最优系数 $\hat{\gamma}$	$\hat{\gamma} = 1.1447\{[\hat{s}^{(1)}/\hat{s}^{(0)}]^2\}^{1/3}$	$\hat{\gamma} = 1.3221\{[\hat{s}^{(2)}/\hat{s}^{(0)}]^2\}^{1/5}$
(4) 计算最终窗宽	$\hat{m}_T = \min[T, (\hat{\gamma}T^{1/3})]$	$\hat{m}_T = \min[T, (\hat{\gamma}T^{1/5})]$

2.2 结构突变情形下传统单位根检验的误判

Nelson 和 Plosser 在 1982 年使用 ADF 检验对美国经济的 14 个宏观变量进行了单位根检验，发现大部分经济序列表现为单位根过程，这意味着外部性冲击对相关序列具有长期和持久性影响，从而间接为真实周期理论提供支持。不过，如上节所提，传统单位根检验均是假定变量的结构关系是稳定的，而受外部宏观环境或者社会进程的影响，实际经济序列的走势很可能会发生水平或者趋势性结构突变。因此，需要将可能的结构突变项引入单位根检验回归式以保证研究结论的准确性。在这一观点下，Perron (1989) 以 1929 年的大萧条和 1973 年石油危机作为结构突变点重新对美国的 14 个宏观变量做了单位根检验，得到的结论和之前 Nelson 和 Plosser 的研究大相径庭，即大部分的宏观变量表现为趋势平稳，而非单位根走势。这意味着短期需求波动，而非长期外在冲击，才是经济波动的主因。

2.2.1 Perron 现象

Perron（1989，1990）基于理论研究，指出当真实数据生成过程为带结构突变的（趋势）平稳过程时，传统的 ADF 单位根检验很难拒绝单位根的原假设，即将其误判为单位根过程，这一现象被称为“Perron”现象。

考虑备择平稳过程对应的一次结构突变情形：水平突变（2.22）、带有时间趋势下的水平突变（2.23）、斜率突变（2.24）、截距和斜率双突变（2.25），如下：

$$y_t = \mu_1 + (\mu_2 - \mu_1)DU_t(T_b) + v_t \tag{2.22}$$

$$y_t = \mu_1 + \beta_1 t + (\mu_2 - \mu_1)DU_t(T_b) + v_t \tag{2.23}$$

$$y_t = \mu_1 + \beta_1 t + (\beta_2 - \beta_1)DT_t(T_b) + v_t \tag{2.24}$$

$$y_t = \mu_1 + \beta_1 t + (\beta_2 - \beta_1)DT_t(T_b) + (\mu_2 - \mu_1)DU_t(T_b) + v_t \tag{2.25}$$

其中，T_b 为外生已知的结构突变点。$DU_t(T_b) = I(t > T_b)$ 反映数据过程水平项的变化；$I(.)$ 为示性函数；$DT(T_b) = I(t > T_b).(t - T_b)$ 反映时间趋势项的变化，v_t 为鞅差序列。对上述平稳备择假设下的结构突变数据过程进行传统 ADF 检验，见式（2.2）~式（2.4），可以发现经典的 ADF 检验中的 z 统计量 $T(\hat{\rho} - 1)$ 以及 τ 统计量 $t_{(\hat{\rho}-1)}$ 会受到诸多冗余参数的影响。

在以上的水平突变过程式（2.22）~式（2.23）下，可以推得，随着样本量的增大，有：

$$T^{-1}[T(\hat{\rho} - 1)] \Rightarrow (r_1 - s_e^2)/[s_e^2 + \lambda(1 - \lambda)(\mu_1 - \mu_2)^2]$$

$$T^{-1/2} t_{(\hat{\rho}-1)} \Rightarrow -\sqrt{(s_e^2 - r_1)/[r_1 + s_e^2 + 2\lambda(1 - \lambda)(\mu_1 - \mu_2)^2]} \tag{2.26}$$

其中，$\lambda = [T_b/T]$，$s_e^2 = \lim_{T\to\infty} \sum_{t>0} E(v_t^2)/T$，$r_1 = \lim_{T\to\infty} \sum_{t>0} E(v_t v_{t-1})/T$。不难发现，当样本量 T 趋向无穷大时，z 统计量 $T(\hat{\rho} - 1)$ 和 τ 统计量 $t_{(\hat{\rho}-1)}$ 都会趋向于负无穷大。这意味着，大样本量下 ADF 检验的渐近功效为 1，即在备择假设存在水平突变情形下，可以有效拒绝单位根原假设，得出正确的结论。

不过在斜率及斜率趋势双突变情形下，渐近样本下 ADF 检验统计量并不具有有效性。具体地，在斜率突变情形下，Montañés 和 Reyes（1988）指出 ADF 检验对应的渐近分布为：

$$T(\hat{\rho}-1)\Rightarrow -3(1-2\lambda)/[2(1-\lambda)\lambda]$$

$$T^{-1/2}t_{(\hat{\rho}-1)}\Rightarrow -(1-2\lambda)\sqrt{\frac{3(\beta_2-\beta_1)^2(1-\lambda)\lambda}{8(\sigma_e^2-r_1)+(\beta_2-\beta_1)^2(1-\lambda)\lambda}} \tag{2.27}$$

可以看到，z 统计量 $T(\hat{\rho}-1)$ 对应的渐近分布收敛于一个关于突变位置 λ 的有界函数（见图 2.1），这意味着在某些情形下不能拒绝单位根原假设，从图 2.1 可以看到，当 λ 向右移动的时候，$T(\hat{\rho}-1)$ 值越来越大，即越来越倾向于接受单位根原假设，z 统计量的检验功效不断减少。$t_{(\hat{\rho}-1)}$ 统计量的表现类似，当突变位置 $\lambda\to 0$ 时，统计量值趋向于负无穷大，当 $\lambda\to 1$ 时则趋向于正无穷，从而随着在斜率突变位置朝样本右侧的移动，ADF 检验功效迅速降低。

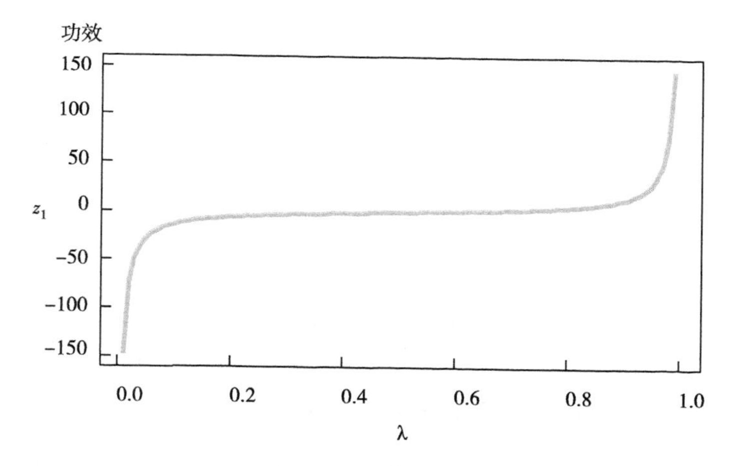

图 2.1 斜率突变下 $T(\hat{\rho}-1)$ 的渐近分布

在截距和趋势双突变的平稳备择假设下，ADF 检验下 z 统计量和 τ 统计量的渐近性质表现为：

$$T(\hat{\rho}-1)\Rightarrow -3(1+\lambda+4\lambda^2)/[2(1-2\lambda+4\lambda^2)\lambda]$$

$$T^{-1/2}t_{(\hat{\rho}-1)}\Rightarrow -(1+\lambda+4\lambda^2)\frac{\sqrt{3(\lambda-3\lambda^2+6\lambda^3-4\lambda^4)}}{2(1-2\lambda+4\lambda^2)\lambda} \tag{2.28}$$

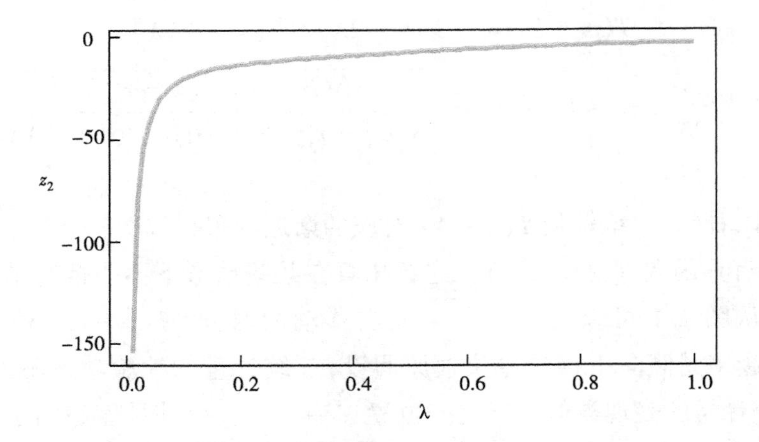

图 2.2　截距、斜率双突变下 $T(\hat{\rho}-1)$ 关于 λ 的渐近分布

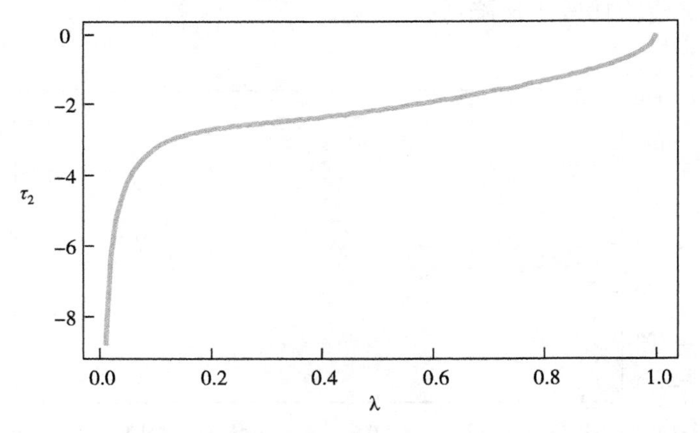

图 2.3　截距、斜率双突变下 $t_{(\hat{\rho}-1)}T^{-1/2}$ 关于 λ 的渐近分布

基于图 2.2~图 2.3，我们可以看到，z 统计量和 τ 统计量均随着 λ 的加大快速向 0 趋近。只有当突变系数 λ 较小时，z 统计量和 τ 统计量取值较负，进而有效拒绝原假设。细化地，Montanes 和 Reyes（1998）分析指出在 5%水平下，前者在相对突变位 λ 小于 0.08，后者小于 0.09 时可以拒绝原假设，但是随着 λ 的变大，检验势能不断下降。

上述的理论分析表明：在原假设过程存在突变下，主要是斜率突变情形，传统 ADF 检验很容易产生误判结论。聂巧平（2008）通过仿真实验具体分析了有限样本下传统 ADF 检验的效果，得出的结论相仿。同时，聂巧萍指出在有限样本下，即便是水平突变情形，突变位置的不同设定也会对检验势能有较大影响，并在部分情形下导致 ADF 统计量较低的检验势。

2.2.2 逆 Perron 现象

反过来考虑，当真实的 DGP 为含有结构突变的（趋势）单位根过程时，ADF 检验的表现又会如何？Leyboume、Mill 和 Newbold（1998，以下简称 LMN）与 Leyboume 和 Newbold（2000b）对这一问题进行了研究。结果表明，对于一个 I（1）序列，较早发生的结构突变（较小的突变位置系数 λ）会导致 ADF 检验过度拒绝原假设，出现可疑拒绝，从而导致水平扭曲，这种现象被称为“逆 Perron 现象”。从统计理论上来看，由于传统单位根检验对应的原假设仅仅是无突变的单位根过程，这意味着突变单位根过程，特别是数据特征与前者差异较大的突变单位根情形处于备择区域中，从而关于单位根过程的接受域被缩小，相关检验结论的有效性也大为减弱。

以水平突变和斜率突变为例，单位根原假设下的数据过程分别设定为：

$$y_t = a + \sigma k T^{1/2} DU_t(T\lambda) + u_t,\ u_t = u_{t-1} + \varepsilon_t,\ \varepsilon_t \sim iid(0,\ s^2) \tag{2.29}$$

$$y_t = a + \sigma k T^{1/2} DT_t(T\lambda) + u_t,\ u_t = u_{t-1} + \varepsilon_t,\ \varepsilon_t \sim iid(0,\ s^2) \tag{2.30}$$

$T\lambda$ 为数据过程 y_t 的实际突变位置，DU_t 和 DT_t 定义如上节。突变幅度设定为 $\sigma k T^{1/2}$，以使数据的突变特征在有限样本和渐近样本研究中能保持一致。

LMN（1998）通过理论分析指出，当真实的数据为上式中水平突变单位根过程时，ADF 检验的 τ 统计量形式较为复杂，且关于突变位置参数 λ 不具有对称性。当突变系数 $\lambda \to 0$ 时，LMN 指出 ADF 回归检验中的 τ 统计量的有：

$$t_{(\hat{\rho}-1)} \Rightarrow \left[(1+k^2)\int W_x(r)^2 \mathrm{d}r\right]^{-1/2}\left[\int W_x(r)\mathrm{d}r - k^2 + kW_x(0)\right] \tag{2.31}$$

W_x 为退均值或者退时间趋势的布朗运动过程，当突变系数 $\lambda \to 1$ 时，有：

$$t_{(\hat{\rho}-1)} \Rightarrow \left[(1+k^2)\int W_x(r)^2 \mathrm{d}r\right]^{-1/2}\left[\int W_x(r)\mathrm{d}r + kW_x(1)\right] \quad (2.32)$$

不难发现，当突变位置发生在样本前端（λ 靠近0）时，统计量的取值会伴随着突变幅度 k 的增大不断减小，导致拒绝单位根原假设的概率不断增加，进而产生严重的 size 水平扭曲；不过，随着突变系数 $\lambda \to 1$ 加大，$t_{(\hat{\rho}-1)}$ 取值越来越向右偏，ADF 检验的水平扭曲程度不断减弱直至消失。

对于斜率突变，LMN 指出此时的 ADF τ 统计量有：

$$t_{(\hat{\rho}-1)} \Rightarrow -|k|[3/4.\lambda(1-\lambda)]^{1/2}(1-2\lambda) \quad (2.33)$$

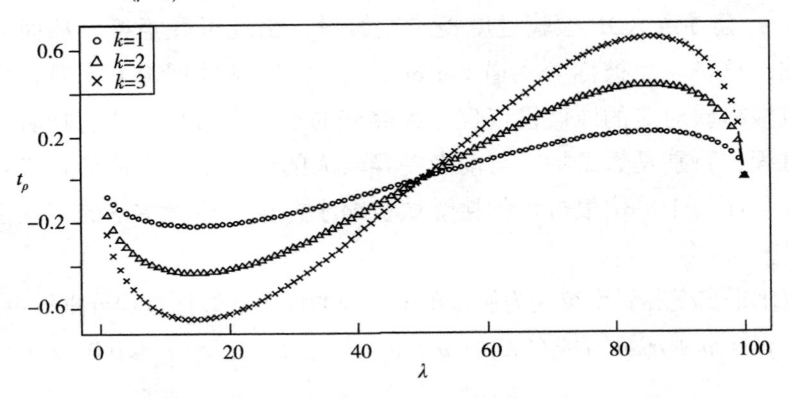

图 2.4　斜率突变备择假设下 $t_{(\hat{\rho}-1)}$ 关于 λ 的渐近分布

基于图 2.4 可以看到，当突变位置 $\lambda < 0.5$ 时，渐近情形下的 τ 统计值为正，从而 ADF 检验可以接受单位根原假设，有效识别出数据的单位根特征。不过，当突变位置 $\lambda < 0.5$ 时，渐近情形下的 τ 统计值为负，并且伴随着突变幅度 k 的加大，其值不断减小，ADF 统计量越发容易拒绝单位根原假设，产生水平扭曲。进一步，我们不难求得 $t_{(\hat{\rho}-1)}$ 的最小值在 $\lambda = 0.146$ 处取得，在该点处的斜率突变对应的水平扭曲现象最为严重。

Cook（2002）通过 Monte Carlo 实验进一步分析了结构突变单位根原假设下 z 统计量的表现，指出有限样本下 z 统计量要比上述分析的 τ 统计量的水平扭曲小很多。但是由于实际应用主要考虑的是 τ 统计量，因而 τ 统计量 $t_{(\hat{\rho}-1)}$ 表现出的"逆 Perron 现象"需要给予关注。本节关于"Perron 现象"与"逆 Perron 现象"的说明所强调的问题是：对于 ADF 单位根检验而言，当真实的DGP存在结构突变时，无论突变出现在原假设下还是备择假设下，ADF统计量的分布特征，包括渐近分布及有限样本下的分布都会受到影响。因此，在进行ADF单位根检验时需要考虑是否存在结构突变以及突变发生的位置，以便得出更为准确、客观的结论。

2.3 Perron类型的结构突变单位根检验

由于传统线性单位根检验在结构突变情形下不能对数据的单位根特征进行有效考察。Perron（1989）提出了新的检验思路，其在ADF检验式的基础上引入结构突变成分，并由此构建了相对完备的Perron类型结构突变单位根检验体系。在相应的结构突变单位根研究中，文献通常从可加异常点（AO）和新息异常点（IO）两个角度对时序的结构变化进行刻画，前者允许时间趋势函数的结构变化是瞬时完成的，而后者则意味着时间趋势的结构变化是渐进、逐步的。

2.3.1 AO框架下单位根检验

Perron（1989，1990）最早在AO框架下对结构突变单位根进行了研究。具体的突变情形考虑了如下几类：水平突变模型-O、斜率突变-A、趋势突变-B、截距和斜率双突变-C（也称水平斜率双突变），图2.5~图2.7展示了不同突变类型的散点图。

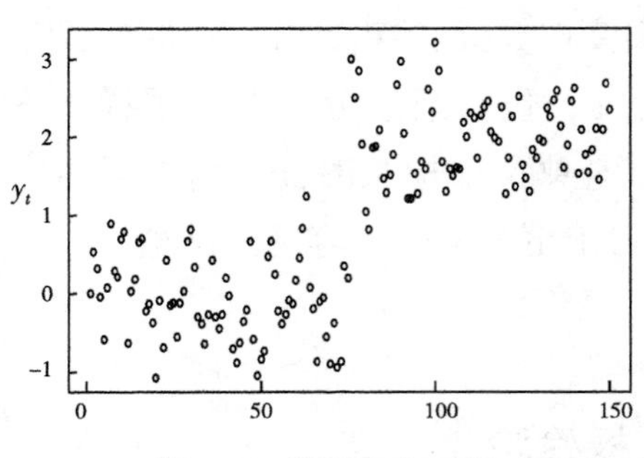

图 2.5　截距突变图示

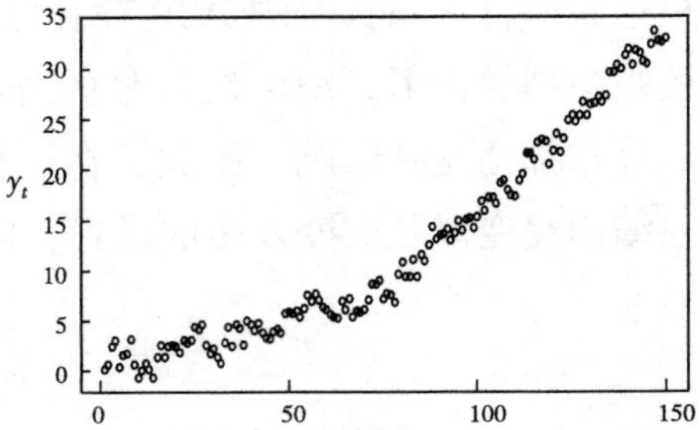

图 2.6　斜率突变图示

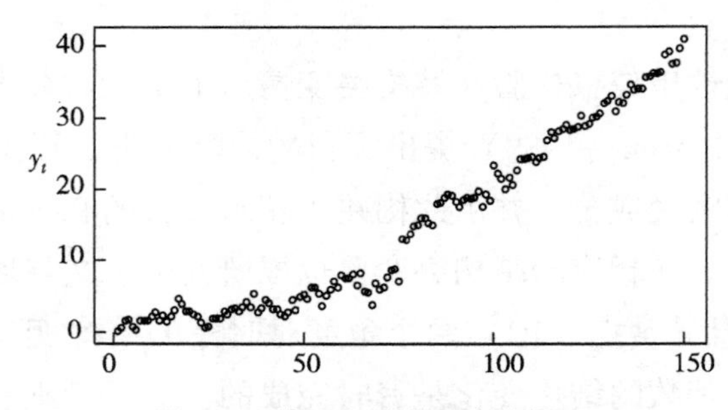

图 2.7　截距和斜率双突变图示

在理论分析中，AO 框架下不同突变类型对应的单位根原假设过程为：

$$\text{模型 A-O}: y_t = y_{t-1} + \theta D_t(T_b) + u_t \tag{2.34}$$

$$\text{模型 A-A}: y_t = \mu + y_{t-1} + \theta D_t(T_b) + u_t \tag{2.35}$$

$$\text{模型 A-B}: y_t = \mu + y_{t-1} + \gamma DU_t(T_b) + u_t \tag{2.36}$$

$$\text{模型 A-C}: y_t = \mu + y_{t-1} + \theta D_t(T_b) + \gamma DU_t(T_b) + u_t \tag{2.37}$$

其中，u_t 为平稳误差项，T_b 为外生已知的结构突变点，相对突变位置记为 $\lambda = [T_b/T]$，这样标记的原因是保证突变位置与样本量成比例，以便于理论分析。$D(T_b) = I(t = T_b + 1)$ 表示在时点 $T_b + 1$ 处的哑变量，$I(.)$ 为示性函数；$DU_t(T_b) = I(t > T_b)$ 反映数据过程水平项的变化。上述原假设也可以等价地写成如下形式[①]：

$$\text{模型 A-O}: y_t = y_0 + \theta DU_t(T_b) + \sum_1^t u_j \tag{2.38}$$

① 容易推导两者具有等价性。

$$\text{模型 A-A}: y_t = y_0 + \theta DU_t(T_b) + \mu t + \sum_1^t u_j \quad (2.39)$$

$$\text{模型 A-B}: y_t = y_0 + \mu t + \gamma DT_t(T_b) + \sum_1^t u_j \quad (2.40)$$

$$\text{模型 A-C}: y_t = y_0 + \mu t + \theta DU_t(T_b) + \gamma D_t(T_b) + \sum_{j=1}^t u_j \quad (2.41)$$

$DT(T_b) = I(t > T_b)(t - T_b)$ 反映时间趋势项的变化。相应地，不同突变类型对应的备择平稳过程设定如下：

$$\text{模型 A-O}: y_t = m + \theta DU_t(T_b) + u_t \quad (2.42)$$

$$\text{模型 A-A}: y_t = m + \mu t + \theta DU_t(T_b) + u_t \quad (2.43)$$

$$\text{模型 A-B}: y_t = m + \mu t + \gamma DT_t(T_b) + u_t \quad (2.44)$$

$$\text{模型 A-C}: y_t = m + \mu t + \theta DU_t(T_b) + \gamma DT_t(T_b) + u_t \quad (2.45)$$

对于 AO 框架下的结构突变模型，原假设和备择假设下的数据过程可以纳入如下的统一分析框架：

$$y_t = d_t + u_t,\ u_t = \rho u_{t-1} + v_t,\ v_t = \Phi(L) e_t \quad (2.46)$$

其中，$d_t = [1,\ t,\ DT(t_b),\ DU_t(t_b)]$ 为带有突变过程的趋势项，e_t 设定为鞅差序列。单位根原假设下和平稳过程备择假设下分别对应 $\rho = 1$ 和 $|\rho| < 1$。鉴于此，AO 框架下的单位根检验思路主要建立在对数据过程进行带有结构突变的时间退势，之后再对退势后数据进行 ADF 检验。具体地，上述水平突变（-O），斜率突变（-A），趋势突变（-B），斜率、趋势双突变（-C）情形下的检验回归式分别对应于式（2.47）~式（2.50）。我们首先对 y_t 进行含有突变哑变量的结构退势，之后对退势后过程 $\tilde{y}_t$ 进行单位根检验。类似于传统 ADF 检验，基于统计量 $t_\alpha(\lambda) = (\hat{\alpha} - 1)/se(\hat{\alpha})$ 的左侧检验可以对突变情形下的数据单位根特征进行分析。

检验式 a-O：

$$y_t = \mu + \theta DU_t(t_b) + \tilde{y}_t,\ \tilde{y}_t = \alpha \tilde{y}_{t-1} + \sum_{i=1}^k d_i D_{t-i}(T_b) + \sum_{i=1}^k \alpha_i \Delta \tilde{y}_{t-i} + e_t \quad (2.47)$$

检验式 a-A：

$$y_t = \mu + \beta t + \theta DU_t(T_b) + \tilde{y}_t,\ \tilde{y}_t = \alpha \tilde{y}_{t-1} + \sum_{i=1}^k d_i D_t(T_b)_{t-i} + \sum_{i=1}^k \alpha_i \Delta \tilde{y}_{t-i} + e_t \quad (2.48)$$

检验式 a-B：

$$y_t = \mu + \beta t + \gamma DT_t(T_b) + \tilde{y}_t,\ \tilde{y}_t = \alpha\tilde{y}_{t-1} + \sum_{i=1}^{k}\alpha_i\Delta\tilde{y}_{t-i} + e_t \tag{2.49}$$

检验式 a-C：

$$\begin{aligned} y_t &= \mu + \beta t + \theta DU_t(T_b) + \gamma DT_t(T_b) + \tilde{y}_t, \\ \tilde{y}_t &= \alpha\tilde{y}_{t-1} + \sum_{i=1}^{k} d_i D_{t-i}(T_b) + \alpha_i\Delta\tilde{y}_{t-i} + e_t \end{aligned} \tag{2.50}$$

上述检验式中差分滞后项 $\Delta\tilde{y}_{t-i}$ 的阶数 k 的确定和传统 ADF 检验类似，可以基于 AIC、BIC 诸如此类信息准则判定。注意到，在仅有斜率趋势突变（A-B）的情形下，不需要在退势后的 ADF 检验式中引入单点哑变量 $D_t(T_b)$；而在其余情形下，由于数据过程在 T_b+1 点有跳跃，均要加单点哑变量 $D_t(T_b)$，这一处理方式也可以保证相应的检验统计量免受误差项自相关的影响，并使其同后文 IO 框架下对应的渐近分布保持一致（Perron 和 Vogelsang，1992b）。容易推导得到，式（2.47）~式（2.50）下的检验统计量 $t_\alpha(\lambda)$ 的渐近分布为 $t_\alpha(\lambda) \Rightarrow \int_0^1 W^*(r,\lambda)\mathrm{d}W/\left[\int_0^1 W^*(r,\lambda)^2\mathrm{d}r\right]^{1/2}$，$W^*(r,\lambda)$ 表示标准布朗运动在相应确定性成分上映射后的残差。可以看到，$t_\alpha(\lambda)$ 的渐近分布与突变幅度无关，仅与突变位置有关，在具体分析中，根据不同的突变位置选定临界值即可进行结构突变单位根检验。

2.3.2 AO 框架下 FGLS 回归检验策略

AO 框架下单位根检验的基本思路：对数据进行带有结构突变哑变量的退趋势处理，之后对去势后的数据进行结构突变单位根检验。因此，确定性趋势的准确估测对于后一步的单位根检验具有重要意义。

考虑数据过程 $y_t = \Psi.d_t + u_t$，$u_t = \alpha u_{t-1} + v_t$。当 y_t 为趋势突变单位根过程时（$\alpha=1$），随机扰动项 u_t 为非平稳时间序列，如果直接对 y_t 进行 OLS 退势回归，相应的确定趋势估计量并不服从标准的 t 分布，并且趋势估计值会随着时间的增加带来偏误的加大，此时最好的办法是进行差分回

归，并基于其确定数据过程 y_t 的趋势系数 $\hat{\Psi}$。而当 y_t 为备择假设下的平稳过程时（$|\alpha|<1$），差分回归又会带来平稳新息误差项 u_t 自回归形式的复杂性，从而对统计假设造成影响，此时一般建议先估测出误差项的自相关系数 $\hat{\alpha}=\sum\hat{u}_t\hat{u}_{t-1}/\sum\hat{u}_{t-1}^2$，随后对 y_t 使用 GLS 回归：$(1-\hat{\alpha}L)y_t=(1-\hat{\alpha}L)x_t\Psi+\hat{e}_t$ 来确定趋势系数 $\hat{\Psi}$。

不过，数据过程 y_t 为 I（1）还是 I（0）是事先未知的，事实上 y_t 的单整性也是我们最终要考察的问题，这为我们有效估测确定性系数 $\hat{\Psi}$ 带来了很大的不便。鉴于此，Perron 和 Yabu（2006，2009，以下简称 PY）提出了基于退势残差的自相关系数进行修正的方法，并在其基础上进行 FGLS 回归，以统一单位根原假设和平稳备择假设下 $\hat{\Psi}$ 的分布性质。

具体地，PY 首先对确定性趋势（包括突变项）进行 OLS 回归得到残差 $\hat{u}_t$ 并确定自相关系数 $\hat{\alpha}=\sum\hat{u}_t\hat{u}_{t-1}/\sum\hat{u}_{t-1}^2$。由于真实系数 $\alpha=1$ 时，统计值 $t_{\hat{\alpha}}=(\hat{\alpha}-1)/se(\hat{\alpha})$ 为非标准分布，而在 $|\alpha|<1$ 时，$t_{\hat{\alpha}}$ 服从正态分布。为对这两种情形进行统一，PY（2009）对 $\hat{\alpha}$ 进行如下的删截修正：

$$\hat{\alpha}_s=\begin{cases}\hat{\alpha}，当\ T^{\delta}|\hat{\alpha}-1|>d\\1，当\ T^{\delta}|\hat{\alpha}-1|\leqslant d\end{cases}\tag{2.51}$$

其中，$\delta\in(0,1)$，$d>0$，PY 通过蒙特卡罗模拟建议设定 $\delta=1/2$ 和 $d=1$ 以取得更好检验效果。可以看到，PY 的核心思路在于 $\hat{\alpha}$ 很接近于 1 的时候，将误差相关系数看成 1，不接近 1 的时候保留原值。通过理论分析，PY 指出：当真实系数 $\alpha=1$ 的情况下，$T(1-\hat{\alpha}_s)\to0$；在 $|\alpha|<1$ 时，有 $T^{1/2}(\hat{\alpha}_s-\alpha)\Rightarrow N(0,1-\alpha^2)$，即在单位根误差项或者平稳误差项下 $\hat{\alpha}_s$ 估计量均具有一致性。进一步，PY 强调，在突变单位根原假设（$\alpha=1$）或者突变平稳过程备择假设下（$|\alpha|<1$），基于修订的自相关系数 $\hat{\alpha}_s$ 进行 FGLS 回归：$(1-\hat{\alpha}_sL)y_t=(1-\hat{\alpha}_sL)d_t\Psi+e_t$ 所得到的确定性趋势系数 $\hat{\Psi}$ 的 t 统计量都是弱收敛于标准正态分布的。

另外，为保证有限样本下对应分布的稳健性，PY 建议在实际应用中对式（2.51）中 $\hat{\alpha}_s$ 的取值进行了一些矫正，如式（2.52）。PY 先采用 Roy 和 Fuller（2001）提出的偏倚修正估计对 $\hat{\alpha}$ 进行修正得到 $\hat{\alpha}_m$，之后对 $\hat{\alpha}_m$ 再进行式（2.51）的删截处理，并在其基础上进行最终的 FGLS 检验。

$$\hat{\alpha}_m = \hat{\alpha} + C(\hat{\tau})s_{\hat{\alpha}},\ C(\hat{\tau}) = \begin{cases} -\hat{\tau},\ \hat{\tau} > \tau_{pct} \\ I_p\hat{\tau}T^{-1} - (1+r)[\hat{\tau} + c_2(\hat{\tau} + k_1)]^{-1},\ -k_1 < \hat{\tau} \leqslant \tau_{pct} \\ I_p\hat{\tau}T^{-1} - (1+r)\hat{\tau}^{-1},\ -c_1^{1/2} < \hat{\tau} \leqslant -k_1 \\ 0,\ \hat{\tau} \leqslant -c_1^{1/2} \end{cases} \tag{2.52}$$

式（2.52）中的 $\hat{\tau} = (\hat{\alpha} - 1)/se(\hat{\alpha})$，$s_{\hat{\alpha}}$ 为 $\hat{\alpha}$ 的标准差，$c_1 = (1+r)T$，$c_2 = [(1+r)T - \tau_{pct}^2(I_p + T)][\tau_{pct}(k_1 + \tau_{pct})(I_p + T)]$，$I_p = (p+1)/2$，$p$ 为误差项 u_t 的自回归阶数，τ_{pct} 表示 $\alpha = 1$ 下 $\hat{\tau}$ 统计量极限分布的左侧某一百分位点。在突变点已知时，PY 建议考虑 $k_1 = 5$ 和 $\tau_{pct} = \tau_{0.05}$；在突变点未知时，PY 建议 $k_1 = 10$ 及 $\tau_{pct} = \tau_{0.01}$。不同突变类型下相应的临界值可从 Perron（1989）得到。

从而在数据过程单整性未知前提下，基于上述 PY 的 FGLS 回归策略，相应的确定性趋势分析被纳入统一框架。这样我们就可以有一套比较有效的流程来考虑外生情形下 AO 框架内的单位根检验问题，即先在 FGLS 回归策略的基础上来确定趋势和突变趋势项，并在随后选择相应的检验式进行退势后的结构突变单位根检验。

2.3.3 IO 框架下单位根检验思路

AO 模型中结构突变直接作用于原变量，考察数据所对应时间趋势的变动是迅速完成的。而在现实情况中，导致时序突变的外部因素，如美国的大萧条（1929），对于宏观经济变量的冲击可能会持续一段时间。鉴于此，Perron 借用时间序列中关于信息异常值（IO）模型的设定对结构突变单位根问题进行研究。

为进一步了解 IO 模型和 AO 模型的区别，图 2.8 给出了单位根原假设下 IO 及 AO 设定对应的数据过程轨迹，虚线表示未发生结构突变时的数据路径。可以看到，在 AO 情形下，当期冲击过后序列立刻一次性地改变原来轨道，随后与原轨道的距离保持在稳定状态。而在 IO 情形下，发生外部冲击后，事件序列的状态逐步改变，随后和原序列的偏离保持稳定状态。

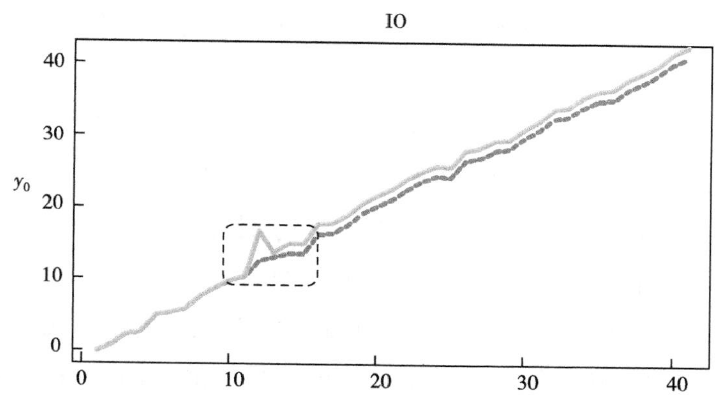

（注：虚线对应数据生成过程 $y_t = y_{t-1} + 1 + u_t$，$u_t = 0.6\varepsilon_t - 0.5\varepsilon_{t-1} + 0.1\varepsilon_{t-2}$，$\varepsilon_t \sim iidN(0,\ 1)$；实线对应数据生成过程 $y_t = y_{t-1} + 1 + w_t$，$w_t = u_t + 7 \times I(t = 11)$）

图 2.8　IO 示意

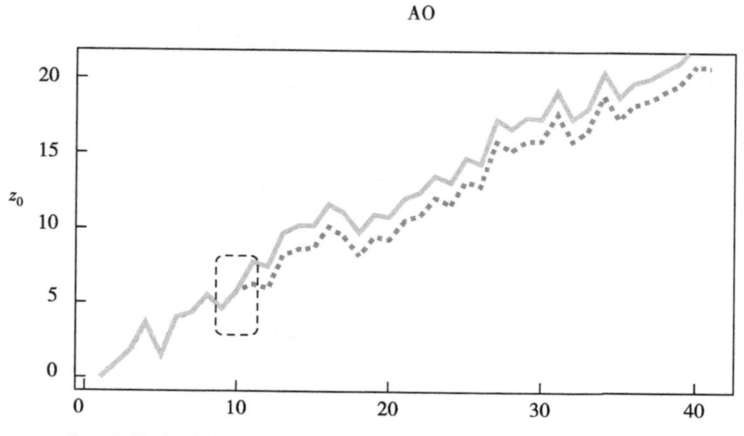

（注：虚线对应数据生成过程 $y_t = 1 + 0.5t + u_t$，$u_t \sim iidN(0,\ 1)$；实线对应数据生成过程 $y_t = 1 + 0.5t + I(t > 10) + u_t$，$u_t \sim iidN(0,\ 1)$）

图 2.9　AO 示意

延续上节的设定，IO 框架下的单位根问题研究同样考虑如下几类突变模型：水平突变（模型-O）；含时间趋势项的截距突变（模型-A）；时间趋势下的斜率突变（模型-B）；水平及斜率双突变模型（模型-C）。原假设下，突变单位根数据过程为：

$$\text{模型 I-O}: y_t = y_{t-1} + \Psi^*(L)[e_t + \theta D_t(T_b)] \tag{2.53}$$

$$\text{模型 I-A}: y_t = y_{t-1} + b + \Psi^*(L)[e_t + \theta D_t(T_b)] \tag{2.54}$$

$$\text{模型 I-B}: y_t = y_{t-1} + b + \Psi^*(L)[e_t + \theta D_t(T_b) + \gamma DU_t(T_b)] \tag{2.55}$$

$$\text{模型 I-C}: y_t = y_{t-1} + \beta t + \Psi^*(L)[e_t + \gamma DU_t(T_b)] \tag{2.56}$$

T_b 为实际突变位置，$D_t(T_b)$、$DU_t(T_b)$、$DT_t(T_b)$ 的定义如上节所述。$\Psi^*(L)=A^*(L)^{-1}.B(L)$，$A^*(L)$ 和 $B(L)$ 分别为阶数为 p 和 q 的所有根均在单位圆外的滞后算子多项式。这意味着外部结构性变动冲击对时间序列带来的影响同新息误差项一样，具有 $ARMA(p, q)$ 的形式，从而使其导致的时序的结构变动表现出渐进特征。相应地，IO 框架下备择假设对应的数据过程为

$$\text{模型 I-O}: y_t = \mu + \Psi(L)[e_t + \theta DU_t(T_b)] \tag{2.57}$$

$$\text{模型 I-A}: y_t = \mu + \beta t + \Psi(L)[e_t + \theta DU_t(T_b)] \tag{2.58}$$

$$\text{模型 I-B}: y_t = \mu + \beta t + \Psi(L)[e_t + \gamma DT_t(T_b)] \tag{2.59}$$

$$\text{模型 I-C}: y_t = \mu + \beta t + \Psi(L)[e_t + \theta DU_t(T_b) + \gamma DT_t(T_b)] \tag{2.60}$$

上述 $\Psi(L)$ 的定义与 $\Psi^*(L)$ 类似。对于 IO 框架下的单位根原假设及备择平稳数据过程，Perron 检验使用如下的回归检验范式分别针对 I-O、I-A、I-C 模型构建统计量。

检验式 i-O：

$$y_t = c + \rho y_{t-1} + \delta D_t(T_b) + \theta DU_t(T_b) + \sum{}_1^k \beta_j \Delta y_{t-k} + e_t \tag{2.61}$$

检验式 i-A：

$$y_t = c + \beta t + \rho y_{t-1} + \delta D_t(T_b) + \theta DU_t(T_b) + \sum{}_1^k \beta_j \Delta y_{t-k} + e_t \tag{2.62}$$

检验式 i-C：

$$y_t = \mu + \beta t + \delta D_t(T_b) + \theta DU_t(T_b) + \gamma DT_t(T_b) + \rho y_{t-1} + \sum_1^k c_i \Delta y_{t-i} + e_i \tag{2.63}$$

具体滞后阶数 k 的选择可参见 Ng 和 Perron（1995，2001）。在突变位置 $\lambda = T_B/T$ 固定下，基于上述检验式直接构造单位根检验统计量 $t_\rho^{io}(\lambda) = (\hat{\rho} - 1)/se(\hat{\rho})$，I-O、A、C 模型下 $t_\rho^{io}(\lambda)$ 对应的渐近分布如下：

$$t_\rho^{io}(\lambda) \Rightarrow \frac{\int W^*(r, \lambda) \mathrm{d}W}{\left[\int W^*(r, \lambda)^2 \mathrm{d}r\right]^{1/2}} \tag{2.64}$$

$W^*(r, \lambda)$ 对应在相应的确定性成分上退势后的布朗运动。可以看到，$t_\rho^{io}(\lambda)$ 与 AO 类型下检验统计量对应的渐近分布保持一致。另外，对于 I-B 模型，建议使用如下的检验回归式：

$$y_t = \mu + \beta t + \gamma DT_t + \rho y_{t-1} + \sum_{i=1}^k c_i \Delta y_{t-i} + e_i \tag{2.65}$$

不过由于模型 B 中仅仅含有斜率突变，不含有截距变化。这种情形更多时候可以用非线性函数表示，同时模型 C 所体现的截距斜率双突变在现实应用中更为广泛，所以在结构突变单位根检验框架分析中，通常不考虑 I-B。

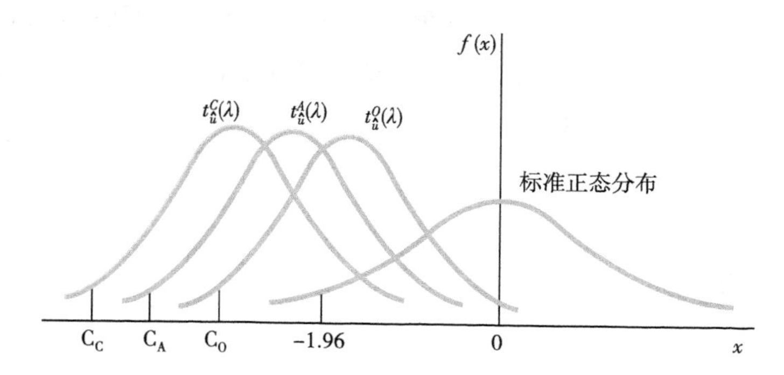

图 2.10　$\lambda_0 = 0.5$ 下不同检验式对应的分布

最后需要说明的是，从理论上来看，模型 I-O 下的数据过程可以使用检验形式 i-O、A、C 进行突变单位根检验；模型-A 可以使用检验形式 i-A、C，不过随着检验式 i-O 至 i-C 对应回归式的不断扩充，统计量

$t_{\rho}^{io}(\lambda)$ 的渐近分布会不断左移（见图 2.10），单位根原假设下对应的接受域与备择假设下对应的拒绝域部分的重叠加多，相应单位根检验的功效会有所降低，因此应选择和自身最为贴切的检验形式。另外，基于模型-A不可以使用检验形式 i-O；基于模型-C 也不可以使用检验形式 i-O、A；否则数据本身的高次趋势项可以将单位根趋势［O（$T^{1/2}$）］覆盖，这会直接导致数据的单位根或者平稳特征被淹没，不能得到有效识别。以单位根原假设下的模型-C 为例，假定数据生成式为：$y_t = c + y_{t-1} + D_t(T_B) + DU_t(T_B) + \varepsilon_t$，若使用模型-O 建议的检验式：$y_t = c + \hat{\rho} y_{t-1} + \hat{\theta} D_t(T_B) + \beta_j \sum \Delta y_{t-j} + \varepsilon_t$ 进行检验，由于此时 y_t 的主导项是一次时间趋势，检验式右侧回归变量中又没有时间变量 t，从而上述检验回归变成了一个关于确定时间趋势的回归。在这种情况下，随着样本量的增加，统计量 $t_{\rho}^{io}(\lambda)$ 会不断向标准正态分布靠拢。若数据过程同样是带有趋势突变的备择平稳过程，回归检验对应的统计值 $t_{\rho}^{io}(\lambda)$ 同样近似服从标准正态分布，这最终会导致原假设和备择假设难以辨别。

如上分析，在结构突变单位根检验问题研究中，具体检验式的选择需要基于对数据的趋势特征和突变特征的有效判断。在实际问题研究中，通常情况下会基于先验或经验知识对其进行判定，或者根据数据挖掘的方法由检验范式（2.63）入手，在检验的过程中逐步确定相关回归元的显著性，最终确定适合的回归检验式①。

2.4 本章小结

单位根检验在理论和应用研究中都具有重要意义，本章主要对传统单位根检验和外生突变情形下的单位根检验进行了回顾和梳理。结构突变的

① 关于确定性趋势突变类型的确定，聂巧平（2008）建议结合 BIC 和相关统计检验准则进行分析，当然如果能直接通过图示法看出来更为便利。

忽略使传统的单位根检验产生“Perron”现象或者逆“Perron”现象，从而使相应的检验结论和政策启示产生偏误。随后，在涉及确定性趋势突变的分析框架下，本章从 IO 和 AO 两种突变类型进行了说明。两者在本质上都是外在冲击带来的确定趋势的改变，只不过一个是逐步式的影响，一个是快速、瞬时的影响。最后，基于含有 IO 还有 AO 突变的数据过程，本章分别细化探讨了相应的单位根检验思路流程，并对检验统计量的渐近理论进行了讨论和说明。

第 3 章
内生突变点下单位根检验与仿真实验

Perron（1989，1990）提出的确定性趋势突变下的单位根检验建立在外生框架之下，即其假定待考察时序的突变位置是先验确定的。这一设定在很多时候与现实情境不符，同时具有主观随意性。如 Christiana（1992）指出，当考察序列的突变点无法通过图表之类的可视化方法进行直观判别时，我们希望从数据自身角度进行挖掘分析，并能够对突变位置进行有效确定，相应的理论框架和检验结果会更加令人满意和信服。随后，大多数文献聚焦于从内生角度对结构突变单位根问题进行研究。

内生情形下由于时序的突变位置未知，所以通常的思路是对可能的突变位置进行有效估测，之后再将其转换到外生突变框架下进行单位根分析，这意味着突变位置的确定是其重点。本章重点论述相关结构突变点的确定方法、相应检验统计量的构建及有限样本功效。

3.1 参数显著性最大化下单位根检验量构建

3.1.1 序贯 ADF 显著性检验的分析思路

早期确定时序突变位置的方法主要建立在相关参数（如自回归系数，哑变量系数）的 t 统计量上进行分析。Banerjee 等（1992）考虑对整体样本进行滚动以及序贯回归，在每个子区间上进行标准形式的 ADF 检验，如果 ADF 检验序列的最小值小于相应临界值，就拒绝数据过程服从单位根的原假设，否则接受单位根原假设。理论分析表明，在备择假设数据过程下，该检验可以渐近地拒绝单位根原假设，不过注意到该检验思路是建立在子样本基础之上，没有利用到全局样本信息，所以会存在一定的 Power 损失。

另外一种类似方法，也是早期应用较广的结构突变单位根检验方法来自 Zivot 和 Andrews（1992，以下简称 ZA）。不同于 Perron（1989）在外生突变设定下对数据过程单位根特征的考察，ZA（1992）将结构突变项看成是对数据平稳形式的拟合，其在分析中所考虑的原假设为单位根过程 $y_t = \mu + y_{t-1} + \varepsilon_t$，备择假设则为带有水平或者趋势突变的平稳过程。对于待考察的数据过程，ZA（1992）设定的检验式为带有结构突变哑变量的回归式。如下，Model O 意味着用水平突变的平稳过程拟合的考察数据；Model B 意味着用趋势条件下，带有水平突变的平稳过程拟合数据；Model C 意味用趋势水平双突变模型拟合数据。

$$\text{Model O}: y_t = \mu + \alpha y_{t-1} + \theta DU_t(t_b) + rDT_t(t_b) + \sum \beta_j \Delta y_{t-k} + \varepsilon_t \tag{3.1}$$

$$\text{Model B}: y_t = \mu + \alpha y_{t-1} + \beta t + rDT_t(t_b) + \sum \beta_j \Delta y_{t-k} + \varepsilon_t \tag{3.2}$$

$$\text{Model C}: y_t = \mu + \alpha y_{t-1} + \beta t + \theta DU_t(t_b) + rDT_t(t_b) + \sum \beta_j \Delta y_{t-k} + \varepsilon_t \tag{3.3}$$

其中，$DU_t(t_b) = I(t > t_b)$，$DT(t) = I(t > t_b)(t - t_b)$，$\lambda = [t_b/T]$ 反映相对突变位置，以保证突变的位置与样本量 T 成比例。ZA 建议基于可能的数据突变类型选择合适的检验式，对 y_{t-1} 的系数 α 进行序贯的 t 检验，并得到一系列 t 统计量值 $t_\alpha(\lambda) = (\hat{\alpha} - 1)/se(\hat{\alpha})$。在此基础上，建立最小化 t 统计量 $t_\alpha^* = \min[t_\alpha(\lambda)]$。如果 t_α^* 小于相应的临界值，就认为原始数据为带有结构突变的平稳过程，并基于 $\text{argmin}[t_\alpha(\lambda)]$ 估测最终的突变位置，否则接受单位根过程的原假设。在进行序贯检验时，ZA（1992）建议数据两侧的截断参数为 $\varepsilon = 0.15$，相应的统计形式及单位根原假设下的渐近分布为：

$$t_\alpha^* = \min_{\lambda \in [\varepsilon,\ 1-\varepsilon]} t_\alpha(\lambda) \Rightarrow \min_{\lambda \in [\varepsilon,\ 1-\varepsilon]} \frac{\int_0^1 W^*(r,\ \lambda)\mathrm{d}W}{\left[\int_0^1 W^*(r,\ \lambda)^2 \mathrm{d}r\right]^{1/2}} \tag{3.4}$$

其中，$W^*(r, \lambda)$ 为布朗运动 $W(r)$ 在空间 $\{1,\ 1(r > \lambda),\ r,\ 1(r > \lambda)(r - \lambda)\}$ 上的残差投影。

Perron、Vogelsang（1992a，以下简称 PV）就不含时间趋势的数据情形，Perron（1997a）就带时间趋势的情形，在 IO、AO 两个框架下扩展了 ZA（1992）关于单位根检验统计量 $t_\alpha^* = \min[t_\alpha(\lambda)]$ 的研究。同时，

Perron（1997a）建议在序贯 ADF 统计量构建时，可以不要设置截断参数，而是直接考虑（0，1）上的所有点作为潜在突变位置点进行分析。

ZA（1992）构建检验统计量 t_{α}^{*} 的潜在思路在于：考虑到所有可能的突变点后，如果我们可以用平稳过程拟合原始数据，就认为数据具有平稳特性。对于一个纯粹的单位根过程而言，理论上仅能通过差分将其变成平稳过程，而不可能通过加入突变点的结构退势将其平稳化①。所以无论考虑任何点作为突变点，回归检验式下对应的统计值都不会太向左偏，从而仍会接受单位根原假设。不过注意到，由于 ZA 的分析中没有考虑单位根原假设包含突变的情形，从而原假设下的数据突变只能看成是数据过程误差项的一次或多次随机冲击的组合。尽管这个框架在理论研究上是便利的，但由于忽视了原假设存在结构突变的情形，后续研究指出这会带来“虚假拒绝”的问题。Vogelsang 和 Perron（1998）分析指出，当原假设发生较大斜率突变时，上述统计量 t_{α}^{*} 会趋向负无穷大，因此会必然拒绝原假设。即便是 PV（1992a）所考虑的不含时间趋势的水平突变过程，t_{α}^{*} 尽管在大样本下可以保持对原假设过程突变幅度的不变性，但是这一结论在有限样本下并不成立。Perron 和 Vogelsang（1992b）具体分析了 t_{α}^{*} 在小样本下的 Size 表现，指出较小的突变幅度对 Size 的下影响较小，不过突变很大时，检验统计量会产生较大扭曲。Perron 指出，实际情形中通常不会有如此大的突变，因此统计量 t_{α}^{*} 不会在实际应用中产生太大的偏误。Vogelsang 和 Perron（1998）就斜率突变也进行了类似的阐述。

对比来看，在外生突变情形下，Perron 基于系数 α 对应的 t 统计值的单位根检验具有较优的性质，且并不会受到突变幅度之类参数的影响。但是在内生突变情形下，利用上述最小化 t 统计量 $t_{\alpha}^{*}=\arg_{\lambda}\min[t_{\alpha}(\lambda)]$ 却会带来对单位根原假设“虚假拒绝”，这意味着基于 $\arg_{\lambda}\min[t_{\alpha}(\lambda)]$ 对突变位置的判定存在偏误。

3.1.2 基于哑变量显著性的分析思路

在进行结构突变单位根研究时，除了之前所提的最小化 t 统计量 t_{α}^{*}，

① 引入结构突变项只能改变或者渐进地改变数据的水平或者趋势项。

Christiano（1992）、Perron（1997a）还建议基于相关哑变量的显著性确定突变位置，进行突变单位根检验①。基于考察时点哑变量对应的 t 统计量或者 F 统计量的最值来考虑突变位置的方法在一段时间内较为流行，以 IO 情形下的水平和斜率双突变过程为例，其检验式如下，其余情形下的检验式见第 2 章式（2.61）~式（2.63）：

$$y_t = c + \beta t + \alpha y_{t-1} + \theta DU_t + \delta D(T_B) + rDT_t + \sum_{j=1}^{p} \beta_j \Delta y_{t-k} + \varepsilon_t \tag{3.5}$$

序贯地设定各时点作为突变点，并构建哑变量进行上述回归检验，之后通过对哑变量的 t 检验或者 F 检验量值进行分析，具体而言，不同突变类型下的突变位置的确定方式如下：

$$\hat{T}_B = \begin{cases} \text{argmax} \mid t_{\hat{\theta}}(T_B) \mid, \ Model - O, \ A \\ \text{argmax} \mid t_{\hat{r}}(T_B) \mid, \ Model - C \\ \text{argmax} \mid F_{\hat{\theta}, \hat{r}}(T_B) \mid, \ Model - C \end{cases} \tag{3.6}$$

在单水平突变下，我们考虑最大化统计量 $\max|t_{\hat{\theta}}(T_B)|$ 确定突变点；在水平、斜率双突变下，我们可以通过 $\max|t_{\hat{r}}(T_B)|$ 或者 $\max|F_{\hat{\theta}, \hat{r}}(T_B)|$ 确定突变点，随后转化至外生情形进行单位根检验。

Perron 指出，在单位根原始假设下存在突变时，在 AO 情况下依照相应哑变量显著性的思路可以渐近准确地识别突变点，但在此基础上构造的单位根检验统计量的分布特征和原假设不存在突变时会存在一定的差别。由于我们事先并不知道考察数据过程是否存在突变，所以临界值的选取是个问题，保守起见，Perron 建议选取没有突变情形下的作为临界值。

在 IO 框架下，Harvey（2001）指出，斜率突变模型情形下基于哑变量 t 值的检验策略并不能保证其渐进有效地识别突变点。对于水平突变模型（时间趋势可能存在或者无）而言，尽管 Perron 声称此时检验统计量在渐进状态下不受突变幅度的影响，可以直接用无突变单位根原假设下的临界值进行有效判断，但 Harvey 通过对有限样本的模拟指出原假设突变

① 同时，Perron（1997a）指出在通过哑变量显著性估测突变位置时，还可以允许施加先验的信息（如突变的方向），从而为后续的单位根检验提供更强有力的检验效能。

幅度较大时，在其基础上的单位根检验会导致较强的伪拒绝；同样，Lee 和 Strazicich（2001）通过模拟实验发现，在内生突变情形下，不管是平稳备择假设还是单位根原假设下的结构突变，基于上述哑变量显著性强弱的方法估计得到的突变点会随着突变幅度的加大越来越偏离真实值，并且最终估计值 $\hat{T}_b$ 会比真实值提前一期，即 $\hat{T}_b = T_b - 1$。

最终，在 IO 框架下 Lee、Strazicich（2001）建议基于残差的 BIC 准则：$\ln(\sigma_{T_B}^2) + k\ln(T)/T$（$k$ 为对应检验式的回归元个数）对时序的突变位置进行估测。Harvey 则建议基于调整的统计检验量 $\text{argmax}(|t_\theta(T_B)|) + 1$ 判断突变位置。

3.1.3 改进的最小化 Dickey-Fuller 检验方法

在传统的无突变单位根检验研究中，第 2 章介绍的 ERS（1996）提出的局部退势检验是渐近有效的，其对应的检验势与高斯局部 Power 包络面任意接近。在外生结构突变框架下，Carrion、Kim 和 Perron（2009）基于固定突变点下进行局部 GLS 结构退势下的检验统计量也是渐近有效的。不过当数据未发生突变时，结构退势下对应的统计量不再是渐近有效的，这主要是由于检验式中多余的回归元对 Power 造成了伤害。从而在结构突变单位根分析框架下，数据是否存在结构突变对数据序列的单位根检验功效具有很大影响。尽管存在一些趋势突变预检验一些方法在大样本下渐近有效，在有限样本下仍表现出较低的 Power。

建立在以上文献背景下，以寻求对突变幅度大小较为稳健的单位根检验为目的，Harvey、Leybourne 和 Taylor（2013，以下简称 HLT）结合局部退势和最小化 ADF 统计量构建了改进的最小化 ADF 统计量。

考虑带有 m 次趋势突变的数据过程：$y_t = \alpha + bt + rDT_t(\tau_0) + u_t$，$u_t = \rho u_{t-1} + \varepsilon_t$。$\tau_0 = [\lambda_{0,1}, \lambda_{0,2}, \cdots, \lambda_{0,m}]$ 对应数据的 m 次突变位置，$r = [r_{0,1}, r_{0,2}, \cdots, r_{0,m}]$ 为相应的突变幅度。为更好地刻画有限样本下突变特征的不确定性，使所构建统计量的渐近性质尽可能接近有限样本下的表现。HLT 将突变系数 r 设定为近于 0 的形式。以第 i 个突变位置为例，对应的突变幅度为 $r_{0,i} = k_i w_i T^{-1/2}$，其中 k_i 是固定值，w_i^2 为误差项 u_t

的方差，T 为样本容量。除此之外，误差项的自回归系数设定为近于 1（Local-to-Unity）的形式：$\rho = 1 - c/T$，$c \geqslant 0$。

最小化序贯 ADF 统计量的思路最早来自 ZA（1992），我们已在 3.1.1 节指出 ZA 构建的最小化类型 ADF 统计量 t_{α}^{*} 会在趋势突变单位根原假设下趋向于负无穷，也就是 Size 会趋向于 1。即便在突变近于 0 的设定情形下，t_{α}^{*} 的 Size 在某些情况下也会渐近地趋向于 1，Perron 和 RodríGuez（2003，以下简称 PR）指出，这其中的很大问题来自基于 OLS 的退势分析，并建议在单突变点下实施局部 GLS 退势策略对 M 检验或可得性似然比检验进行处理，以有效考察数据的单位根特征。不过 PR 在大样本特征的分析下只考虑了无突变的情形。

HLT（2013）将前者工作扩展至多突变点情形下，并结合 GLS 退势对最小化 ADF 统计量的策略进行了改进。设定可能的突变位置 $(\hat{\lambda}_1, \cdots, \hat{\lambda}_k)$，通过如下的 GLS 回归估计趋势及趋势突变系数项 $\widehat{\beta}$

$$\text{GLS}: (y_t - \eta y_{t-1}) = (x_t - \eta x_{t-1})\widehat{\beta} + \hat{\zeta}_t,\ \eta = 1 - \bar{c}/T \tag{3.7}$$

$x_t = [1, t, DT_t(\hat{\lambda}_1, \cdots, \hat{\lambda}_k)]$，$DT_t(\hat{\lambda}_j) = (t - T\hat{\lambda}_j)I(\hat{\lambda}_j \leqslant t < \hat{\lambda}_{j+1})$。$\widehat{\beta} = (\hat{a}, \hat{b}, \hat{r})$。其中，$\bar{c}$ 的选择取决于突变次数 k 和位置。不过，HLT 指出在突变次数给定下，不同突变位置对应的 $\bar{c}$ 值差别不大，为便于读者使用，HLT 对不同突变位置下的 $\bar{c}$ 进行了平均化处理，从而只需要突变次数的信息，便可以确定 $\bar{c}$。基于上述 GLS 回归和估计出的突变及趋势项系数，对数据进行结构退势：

$$y_t = \widehat{\alpha} + \hat{b}t + \hat{r}'DT_t(\hat{\lambda}_1, \cdots, \hat{\lambda}_k) + \tilde{y}_t \tag{3.8}$$

对退势后的数据 $\tilde{y}_t$ 进行如下的 ADF 检验，并记对应的 ADF 值为 $DF_{\bar{c}}^{GLS}$，如下：

$$\Delta\tilde{y}_t = \alpha\tilde{y}_{t-1} + \sum p_j \Delta\tilde{y}_{t-j} + v_t,\ DF_{\bar{c}}^{GLS} = \hat{\alpha}/se(\hat{\alpha}) \tag{3.9}$$

基于上述流程进行对潜在突变位置 $(\hat{\lambda}_1, \cdots, \hat{\lambda}_k)$ 进行序贯分析，得到一系列的统计量值 $DF_{\bar{c}}^{GLS}$。之后对其取最小化，得到改进的最小化 DF 检验统计量 MDF_m。

$$MDF_m = \inf_{(\hat{\lambda}_1, \cdots, \hat{\lambda}_k)} DF_{\bar{c}}^{GLS} \tag{3.10}$$

仿真模拟显示，MDF_m 在突变幅度很小或者很大的时候（特别是在多突变情形）都表现出来很好的 Power，并且很稳定。另外，不像传统的 OLS 退势检验，MDF_m 即便在单位根原假设存在突变时，也没有倾向表现出虚假拒绝。HLT（2013）将 $\bar{c}$ 值的确定仅和突变个数相连，因此在实际问题分析中，统计量 MDF_m 的构建较为方便。不过 HLT 并未对突变次数 k 的确定进行细述，关于具体突变点个数的确定问题，我们会在下一章重点讨论。

3.2 残差平方和最小化下单位根检验量构建

自突变单位根检验问题将重心放在内生情形下以来，前期很多研究仅仅将趋势突变设定在平稳备择假设之下（Zivot、Andrews，1992；Perron，1997；Vogelsang、Perron，1998；Nunes 等，1997；Lee、Strazicich，2003），原假设则不含有结构突变。这是一种非对称分析，其思路已经偏离了最早 Perron（1989，1900）外生情形下关于结构突变问题的研究思路，相应统计量对应的渐近分布特征与原假设含有突变的情形不具有一致性。逐渐地，大部分研究开始将结构突变同时纳入原假设和备择假设中，基于最小化残差平方和（RSS）确定可能突变位置的方法也同时开始流行。

3.2.1 RSS 最小化思路下的突变位置估测

Bai 和 Perron（2003，以下简称 BP）基于残差平方和最小化方法对时间序列突变位置的确定进行了细化阐述，并在此基础上提出了动态优化的 RSS 最小化方法提高突变位置搜寻的速度。如下，设定具有 m 个结构突变点的时序模型为：

$$y_t = \beta x_t + \delta_j . I(T_{j-1} < t \leqslant T_j) . z_t + u_t,\ j = 1,\ 2,\ \cdots,\ m \quad (3.11)$$

其中，$T_1, T_2, \cdots, T_m$ 代表参数发生结构变化的时点，$\lambda_j = T_j/T$ 代表相对突变位置。m 个突变点将数据过程 y_t 划分为 $m + 1$ 个样本子区间。在每个不同的子区间内，解释变量 z_t 对被解释变量 y_t 的影响系数 δ 具有异质性，而解释变量 x_t 对 y_t 的影响系数具有时不变性。RSS 最小化方法确定突变位置的思想很简单，在分割的 $m + 1$ 块子区段上进行回归，并计算相应的残差平方和。最后通过网格搜索的方法确定最小化全局残差平方和（见式 3.12），由此估测 m 个突变时点。

$$\sum_{j=1}^{m+1} \sum_{t=T_{j-1}+1}^{T_j} (y_t - \beta x_t + \delta_j . z_t)^2 \quad (3.12)$$

注意到，突变次数 m 下对应的可能搜索区块数为 $C_T^m . (m + 1) = O(T^m)$。这意味着随着 m 的加大，最小化式（3.12）的计算成本会呈指数式增加。此时，Bai 指出在进行相应的网格搜寻时，不必联合每个突变位置在区段［1，T］上进行搜索，可以进行算法优化以减弱计算成本。首先，在两次不同分割下的网格搜索会存在部分子区段的重合；另外，在实际问题研究中，突变点间的间隔往往可以设置最短距离 h，此时可行的分割区域会得到较大程度的削减；最后，结合 Brown、Dubin 和 Evan（1975）在研究迭代残差分析的相关性质，有：

$$RSS(T_{m,\ T}) = Min_{mh \leqslant j \leqslant T-h} RSS(T_{m-1,\ j}) + RSS(j + 1,\ T) \quad (3.13)$$

$RSS(T_{m-1,\ j})$ 表示样本前 j 个数据序列在 $m - 1$ 个突变点下的最优分割（最小化 RSS 下的分割）的残差平方和，$RSS(j + 1,\ T)$ 表示剩余数据对应的残差平方和。基于上述思想，Bai 指出，序贯分析下对 m 次突变次数的最优分割可以分解为前 $m-1$ 次最优分割的信息和最后一个突变点的分割信息，从而可以保证最小化式（3.12）的计算成本缩减为 $O(T^2)$。

Bai 的动态优化算法步骤简要介绍如下：

第一步，寻找起点开始截取的子样本在单个结构突变点情形下的最优分割，并准许其突变位置在区间［h，$T-mh$］内。如此，第一步存储了 $T-(m+1)h+1$ 个单突变点下的最优分割，以及相应的残差平方和，每个最优分割对应一个结束点在［$2h$，$T-mh+h$］内的子样本。

第二步，考虑两次结构突变情形，这个时候分析结束点在［$3h$，T-（m-2）h］内的子样本（之所以这样考虑，在于允许后面可以存在m-2次突变）。对于每一个子样本，考虑进行二次最优分割，利用式（3.13），结合第一步的存储信息，可以很快地得到各子样本下对应的最优二次分割，同时存贮了T-（m-2）h-3h+1个不同子样本的二次最优分割，以及相应的残差平方和信息。

第三步，按照第一步和第二步的分割流程，循环往复，最终确定m个突变点下的最优分割以及相应的残差平方和。

注意到，Bai（1997b）及BP（2003）重点关注的是误差项已知为I（0）情形下的研究。不过，即便在I（1）误差下，RSS最小化的估计策略仍具有较好的收敛性质。Perron和Zhu（2005）在AO框架内细化考察了斜率突变、截距与斜率双突变模型下基于相应回归式的RSS最小值估计突变点的情形，并分别推导了随机误差项为I（0）和I（1）时，相对突变位置估计量$\hat{\lambda}$的统计性质，指出无论是I（0）还是I（1）误差情形下，基于RSS最小化得到的估计点$\hat{\lambda}$都一致地收敛到真实值，不过收敛速度会有所不同。在满足Perron和Zhu（2005）的假设1至假设3条件下，不同突变类型模型下$\hat{\lambda}$的收敛速度见表3.1。相应的标记分别定义如下：模型Ⅰ，斜率突变；模型Ⅱ[①]，局部离散型的截距斜率双突变；模型Ⅲ，全局离散型的截距斜率突变模型[②]各突变类型的具体模型形式见第2章，另外，模型-a对应I（1）误差情形，模型-b对应I（0）误差。

表3.1 RSS最小化在不同模型设定下突变点估计量$\hat{\lambda}$的收敛速度

模型	收敛速度
模型Ⅰ-a和Ⅱ-a：	$\hat{\lambda}-\lambda^0=O_p(T^{-1/2})$
模型Ⅰ-b：	$\hat{\lambda}-\lambda^0=O_p(T^{-3/2})$
模型Ⅱ-b：	$\hat{\lambda}-\lambda^0=O_p(T^{-1})$
模型Ⅲ-a和Ⅲ-b：	$\hat{\lambda}-\lambda^0=O_p(T^{-3})$

Kim和Perron（2007，以下简称KP）将RSS最小化确定突变点的方

① 与本文之前的水平斜率双突变模型定义相同。

② 此时突变数据过程定义为$y_t=d_t+u_t$，$d_t=\mu_1+\mu_2.DU_t(T_b)+\beta t+\beta_2.I(t-T_b)t$。

法进一步推广到IO模型中，并综合分析了各种突变类型下基于RSS最小化得到的突变系数估计量的收敛速度。其在研究中考虑了AO框架下的水平突变模型、斜率突变模型、水平和斜率项双突变模型和IO框架下的水平突变模型、水平斜率项双突变模型，分别记为A_1、A_2、A_3和I_1、I_3。KP（2007）的分析较为全面，在AO框架下考虑了静态的检验回归式和动态的检验回归式两种。如式（3.14）中，$\hat{y}_t^j$为对相应时序y_t进行退势后的残差序列。动态的回归检验式实际上对应于IO框架下的单位根问题检验。

静态检验式→：

$$\hat{y}_t^j = \alpha\hat{y}_{t-1} + \sum d_k D_{t-k}(T_b) + \alpha_k \Delta\hat{y}_{t-k} + e_t \cdots A_1,\ A_3$$

$$\hat{y}_t^j = \alpha\hat{y}_{t-1} + \sum \alpha_k \Delta\hat{y}_{t-k} + e_t \cdots A_2 \tag{3.14}$$

动态检验式→：

$$y_t = \hat{\alpha} + \hat{\rho} y_{t-1} + \hat{\delta} DU_t + \hat{\theta} D(T_B) + \sum \hat{\beta}_j \Delta y_{t-k} + \hat{u}_t \cdots I_1$$

$$y_t = \hat{\alpha} + \hat{\beta} t + \hat{\rho} y_{t-1} + \hat{\delta} DU_t + \hat{\theta} D(T_B) + \hat{\xi} DT_t + \sum \hat{\beta}_j \Delta y_{t-k} + \hat{u}_t \cdots I_3 \tag{3.15}$$

考虑真实的突变位置为$\lambda^0 = T_0/T$。KP（2007）发现，在突变幅度保持固定不变的情况下，对于带有斜率突变的模型A_2、A_3，基于静态检验式（3.14）可以得到突变位置估计量$\hat{\lambda}$以$T^{-1/2}$的速度收敛到真实值，即$\hat{\lambda} - \lambda^0 = O_p(T^{-1/2})$，而用动态检验式（3.15）进行分析时，突变位置的估计速度会加快，为$\hat{\lambda} - \lambda^0 = O_p(T^{-1})$。不过，如Hatanaka和Yamada（1999）指出，模型A_3在有限样本分析下的估计量$\hat{\lambda}$会存在较为严重的下偏，从而不利于对实际问题的考察。对于IO框架下水平斜率双突变的模型I_3，可以采用动态回归检验式或者静态回归检验式，并且同样是动态回归检验式下对应的理论收敛速度更快，为$\hat{\lambda}^{IO} - \lambda^0 = O_p(T^{-1})$，静态回归检验下突变点估计值的理论收敛速度为$\hat{\lambda}^{IO} - \lambda^0 = O_p(T^{-1/2})$。不过，动态回归下的突变位置估计量在有限样本下的表现仍然不够理想。

对于斜率突变模型A_2、A_3、I_3而言，KP（2007）进一步指出，当估测的突变点$\hat{\lambda}$与真实突变点的收敛速度快于$T^{1/2}$时，即$\hat{\lambda} - \lambda^0 =$

$O_p(T^{-1/2})$ ，可以保证基于 $\hat{\lambda}$ 得到的单位根检验统计量与外生情形下 Perron 检验统计量具有相同的渐近分布。此时可以应用后者对应的临界值进行单位根检验。而对于只有水平项突变的模型 A_1、I_1 而言，则只要求 $\hat{\lambda}-\lambda^0=O_p(1)$ 即可。不过，在突变幅度固定的情况下，水平项的一次突变在单位根原假设数据过程下不具有主导趋势，一阶单整的误差项主导数据的趋势特征，渐近状态下水平突变会被淹没，从而这种情况下无法得到理论值 λ^0 的一致估计。实际上在该情形下，标准的无突变单位根检验也可以渐近有效地对这种突变数据过程进行单位根分析（Montañés 和 Reyes，1999）。

为了更为细化地分析水平项突变下的情形，KP（2009）将水平突变的幅度设置成同时间项成正比例的变动值，即水平突变幅度 $\mu_b=cT^{1/2+\eta}$ ，这种设定下的理论分析可以得到待考察估计量有限样本性质的更好逼近。记 AO 及 IO 框架下相应的突变模型为 A_{1b} 、A_{3b} 、I_{1b} 、I_{3b} ；水平突变静态以及动态检验下对应的突变点估计值为 $\hat{\lambda}_1$ 和 $\hat{\lambda}_2$，对于模型 A_{1b} 、A_{3b} 均有 $\hat{\lambda}_1^{AO}-\lambda^0=O_p(T^{-2-2\eta})$ ，$\hat{\lambda}_2^{AO}-\lambda^0=O_p(T^{-1})$ 。而在 IO 框架下，水平突变静态检验下估计量 $\hat{\lambda}_1^{IO}$，有 $\hat{\lambda}_1^{IO}-\lambda^0=O_p(T^{-1})$ 。KP 同时还指出，水平突变与时间相关的设定下需要有 $\hat{\lambda}-\lambda^0=O_p(T^{-1})$ ，才能保证模型 A_{1b}、A_{3b}、I_{1b} 、I_{3b} 下基于 $\hat{\lambda}$ 得到的单位根检验统计量与外生突变点情形下保持相同的渐近分布，可以看到，RSS 最小化下的突变位置确定思路能够保证该结论成立。

3.2.2 结合 RSS 最小化的截断数据方法

理论上，动态回归检验式下 RSS 最小化对应的突变位置估测值的收敛速度为 $O(1/T)$ ，在其基础上的退势 ADF 分布与突变位置已知情形下的分布渐近一致。不过，Perron、Kim（2009，以下简称 PK）进一步指出，虽然动态回归式下对应的理论收敛速度大于 $O(1/\sqrt{T})$ ，其在有限样本下的性质表现不是很好。另外，对于 AO 框架下斜率突变、截距突变幅度较小的截距与斜率双突变的模型，依据各回归检验式的 SSR 最小值估计出真正突变点的频率仍有待提升，这是由于对于斜率突变，突变系数的估计量 $\hat{\lambda}$ 需要有更高的收敛速度。为了提升突变位置估计量的收敛速度，PK（2009）提出了对数据进行削减的策略。其基本思想：首先，对可能的突变位置进行估计；其次，修剪该估计值附近的数据并由此组建新的数据序列；最后，基于新修整的数据进行单位根检验。之所以采取这一修整策略的原因在于，残差平方和最小化方法下突变位置的收敛速度进一步提升后，才能使内生突变情形下单位根检验量的分布特征与外生突变情形下保持一致，而削减数据的策略可以保证突变位置的收敛速度得以加快。以 AO 框架为例，其基本思路和流程概括如下。

1. 首先基于带有斜率突变的方程，或者截距斜率双突变的方程，利用 OLS 残差平方和最小化的手段估计出突变点 T_B 以及相对突变位置 $\lambda_B = T_B/T$，真实的突变点和相对突变位置分别为 T_1 和 λ，$\lambda_B - \lambda = O_p(T^{-\alpha})$（如在 AO 情形下，有 $\alpha = 1/2$）。

2. 考虑窗宽为 $2w(T)$ 的削减区间，$w(T) = kT^{\delta}$，$k>0$，$-1<-\alpha<\delta<0$。记削减区间的左、右端点分别为 T_L 和 T_h，有：

$$(T_l - T_1) = T[\lambda_B - w(T)] - T\lambda = [T^{-\alpha-\delta}T^{\alpha}(\lambda_B - \lambda) - k]T^{\delta+1} \to -\infty \tag{3.16}$$

$$(T_1 - T_h) = T\lambda - T[\lambda_B + w(T)] = [T^{-\alpha-\delta}T^{\alpha}(\lambda - \lambda_B) - k]T^{\delta+1} \to -\infty \tag{3.17}$$

从而，我们构造的削减区间可以以概率 1 包含到真实的突变位置。

3. 排除削减区间内部的数据后，将后段数据下移 $S(T) = y_{T_h} - y_{T_l}$ 得到新的序列，新修整的数据序列为

$$\begin{cases} y_t^n = y_t,\ t \leqslant T_l \\ y_t^n = y_t - S(T),\ t > T_h \end{cases},\ S(T) = y_{T_h} - y_{T_l} \tag{3.18}$$

4. 新修整序列的突变点可以认定为 T_l，基于其进行结构退势，之后对相应的残差 $\tilde{y}_t^n$ 进行 ADF 检验，以 AO 情形下趋势突变模型为例，检验式如下：

$$\Delta\tilde{y}_t^n \sim \rho\tilde{y}_{t-1}^n + \sum_{j=1}^{k} p_j \Delta\tilde{y}_{t-j}^n + u_t \tag{3.19}$$

对于水平或者水平趋势双突变模型，则为：

$$\Delta\tilde{y}_t^n \sim \rho\tilde{y}_{t-1}^n + \sum_{j=1}^{k} p_j\Delta\tilde{y}_{t-j}^n + \sum_{j=0}^{k} w_j D(T_1)_{t-j} + u_t \tag{3.20}$$

上述是在 AO 情形下对数据的修剪分析。在 IO 框架下，PK（2009）指出单位根原假设下的数据仍可以表示成类似 AO 的构建形式，如下：

$$y_t = (1,\ t)'\beta + \sum_{i=0}^{k-1} \varsigma_i D(T_B + i) + Z(T_B + k)'\zeta_2^* + u_t^s$$

$$Z(T_\lambda)' = \begin{cases} DU(T_\lambda) & Model\_O \\ DT(T_\lambda) & Model\_A \\ [DU(T_\lambda),\ DT(T_\lambda)]' & Model\_C \end{cases} \tag{3.21}$$

其分析思路类似，基于式（3.18）进行数据修剪后，对修整序列进行结构退势和突变单位根检验，细化的说明见 PK（2009）的式（8），这里不再赘述。最后，上述 PK（2009）提出的修减策略是提升突变位置收敛速度的很好思路，可以嵌入很多检验方法中，我们在第 4 章的修正 MOSUM 检验中也有用到。

3.2.3 GLS 最小化下的突变点估测及单位根检验量

Carrion、Kim 和 Perron（2009，以下简称 CKP）利用 Elliot（1996）的可行性最优点检验思想，在 Quasi-GLS 的基础上进行残差平方和最小化确定突变位置，并扩展了 M-类检验和相关的单位根检验。理论分析指出，此时所得到的突变位置估计的收敛速度足够快，在该方法下构建的一系列统计量一致收敛于突变位置已知情形下的相应分布，并且检验势渐进地靠近最优的 Power 包络面。

CKP 的分析建立在 AO 框架之下，设定模型 $y_t = d_t(\lambda^0) + u_t$，$u_t = \alpha u_{t-1} + v_t$，$v_t = \sum \theta_j \varepsilon_{t-j}$。$d_t$ 表示带有结构突变的确定性趋势项，相对突变位置记为 $\lambda^0 = T_0/T$，ε_t 为鞅差序列。同样设定三种突变类型：水平突变、斜率突变、水平斜率双突变。借鉴 Elliot（1996）的可行性最优点检验思想，CKP（2009）首先考虑外生突变情形下的单点检验 $\alpha = 1$ 对 $\alpha = \bar{\alpha}$。在这种情形下，可构造式（3.22）的最优势检验进行统计检验。

$$P_T^{GLS}(\lambda^0) = [S(\bar{\alpha}, \lambda^0) - \bar{\alpha}S(1, \lambda^0)]/s^2(\lambda^0) \tag{3.22}$$

其中，$S(\bar{\alpha}, \lambda^0)$ 为 y_t 关于 d_t 进行 GLS 回归 $(y_t - \bar{\alpha}y_{t-1}) = \hat{\phi}(d_t - \bar{\alpha}d_{t-1}) + \hat{\pi}_t$ 后的残差平方和，即

$$S(\bar{\alpha}, \lambda^0) = \sum_t (\tilde{y}_{\bar{\alpha}, t})^2, \ \tilde{y}_{\bar{\alpha}} = y_{\bar{\alpha}} - \tilde{\beta}d_{\bar{\alpha}}$$

$$y_{\bar{\alpha}} = (y_1, y_2 - \bar{\alpha}y_1, \cdots, y_T - \bar{\alpha}y_{T-1}), \ d_{\bar{\alpha}} = (d_1, d_2 - \bar{\alpha}d_1, \cdots, d_T - \bar{\alpha}d_{T-1}) \tag{3.23}$$

通常建议式（3.22）中新息项 v_t 的长期方差估计值为 $s^2(\lambda^0) = s_e^2/(1 - \sum b_j)^2$，$s_e^2$ 和 b_j 为回归检验式：$\Delta\tilde{y}_{\bar{\alpha}, t} = b_0\tilde{y}_{\bar{\alpha}, t} + \sum_1^k b_j\Delta\tilde{y}_{\bar{\alpha}, t-j} + \hat{e}_t$ 对应的残差方差和回归系数。

在点对集合的假设检验：$\alpha = 1$ 对 $\alpha \in (-1, 1)$ 中。我们并不能得到 MPT，但此时可通过选择 Power 值为 0.5 的上述点对点的 MPT 检验：$\alpha = 1$ 对 $\alpha = \bar{\alpha}^*$，进行 GLS 回归：$(y_t - \bar{c}y_{t-1}) = \hat{\phi}(d_t - \bar{c}d_{t-1}) + \hat{\pi}_t$，$\bar{c} = \bar{\alpha}^*$，并按照式（3.22）构造统计量，这种处理方式下的 P_T^{GLS} 的检验势能一致地接近 Power 包络面。在突变位置 λ^0 不同时，广义差分参数 $\bar{\alpha}^*$ 取值也会有差异，具体取值可参见 CKP（2009）。

除了上述的 P_T^{GLS} 检验，CKP（2009）将 Perron 和 Ng（1996，2001）提出的 M 类单位根检验统计量（也称修正的 PP 统计量）引入多结构突变情形分析的框架下，新定义的 M 类统计量如下：

$$MP_T^{GLS} = \left[\bar{c}^2 T^{-2}\sum_{t=1}^{T}\tilde{y}_{\bar{c}, t-1}^2 + (1-\bar{c})T^{-1}\tilde{y}_{\bar{c}, T}^2\right]/s^2(\lambda^0)$$

$$MZ_\alpha^{GLS} = [T^{-1}\tilde{y}_{\bar{c}, T}^2 - s(\lambda^0)^2](2T^{-2}\sum_{t=1}^{T}\tilde{y}_{\bar{c}, t}^2)^{-1}$$

$$MSB^{GLS} = \left[T^{-2}\sum_{t=1}^{T}\tilde{y}_{\bar{c}, t}^2/s^2(\lambda^0)\right]^{1/2}$$

$$MZ_t^{GLS} = MSB^{GLS}.MZ_\alpha^{GLS} \tag{3.24}$$

注意到，GLS 回归中非中心化参数 $\bar{c}$ 的确定依赖于具体的突变位置。而在内生框架下，这些均是未知信息。相对于 OLS 回归，CKP 指出突变

单位根原假设下 GLS 最小化残差平方和的收敛速度更快，CKP 首先通过上述 GLS 回归下的残差平方和最小化确定突变位置（$\hat{\lambda}_1$，$\hat{\lambda}_2$，…，$\hat{\lambda}_k$），随后确定广义差分参数 $\bar{c}(\hat{\lambda}_1, \hat{\lambda}_2, \cdots, \hat{\lambda}_k)$，并进行上述 P_T^{GLS} 及 M 类统计量的构建。

CKP 在理论上证明，内生突变情形下上述基于 GLS 退势构建的统计量和外生突变情形下有相同的渐近分布，均接近于 Power 包络面。不过在数据过程没有发生突变的情形下，基于最小化残差平方和思路确定的相对突变位置估计量 $\hat{\lambda}$ 收敛到区间［0，1］上的一个随机数，而不是端点 0 或者 1。在这种情况下，由于检验式中相对于传统 ADF 检验多加入了结构突变项，会带来检验功效的降低。因此在分析之前，CKP 建议要对数据过程是否存在结构突变进行预检验。

3.3 IO 框架下突变位置确定的一种改进思路

IO 框架下单位根检验的标准模式主要建立在 Vogelsang 和 Perron（1992，1998）的相关研究基础上。如第 2 章所述，其将结构突变下的单位根原假设过程设定如式（3.25），IO、IA、IB、IC 分别对应无趋势情形下水平突变、趋势情形下水平突变、趋势突变、水平趋势双突变。

$$\text{IO}: y_t = y_{t-1} + \Psi^*(L)[\theta D_t(T_b) + e_t]$$

$$\text{IA}: y_t = y_{t-1} + \beta + \Psi^*(L)[\theta D_t(T_b) + e_t]$$

$$\text{IB}: y_t = y_{t-1} + \beta + \Psi^*(L)[rDU_t(T_b) + e_t]$$

$$\text{IC}: y_t = y_{t-1} + \beta + \Psi^*(L)[\theta D_t(T_b) + rDU_t(T_b) + e_t] \tag{3.25}$$

T_b 为突变位置，$DT_t(T_b) = I(t > T_b)(t - T_b)$，$I(.)$ 为示性函数，$DU_t(T_b) = I(t > T_b)$，$D_t(T_b) = I(t = T_b + 1)$。Vogelsang 和 Perron 在 IO 框架下的平稳备择假设过程，设定为

$$\text{IO}: y_t = \alpha + \Psi(L)[\theta DU_t(T_b) + e_t]$$
$$\text{IA}: y_t = \alpha + \beta t + \Psi(L)[\theta DU_t(T_b) + e_t]$$
$$\text{IB}: y_t = \alpha + \beta t + \Psi(L)[rDT_t(T_b) + e_t]$$
$$\text{IC}: y_t = \alpha + \beta t + \Psi(L)[\theta DU_t(T_b) + rDT_t(T_b) + e_t] \quad (3.26)$$

在水平突变，趋势斜率突变，趋势斜率双突变类型下的检验式分别如下[①]：

$$\text{IO}: y_t = \alpha + \rho y_{t-1} + \delta DU_t(T_b) + \theta D_t(T_b) + \sum \beta_j \Delta y_t + \varepsilon_t$$
$$\text{IA}: y_t = \alpha + \beta t + \rho y_{t-1} + \delta DU_t(T_b) + \theta D_t(T_b) + \sum \beta_j \Delta y_t + \varepsilon_t$$
$$\text{IC}: y_t = \alpha + \beta t + \rho y_{t-1} + \delta DU_t(T_b) + \theta D_t(T_b) + \zeta DT_t + \sum \beta_j \Delta y_t + \varepsilon_t \quad (3.27)$$

在上述IO框架设定下，如3.1节所述，Perron（1989，1997）主要基于检验式中自回归系数或相关哑变量的 t 检验或 F 检验进行IO框架下的突变位置考察，随后进行ADF单位根检验。不过在有限样本下，上述Perron类型检验在有限样本下的表现并不尽如人意。

Popp（2009，2012）强调指出，IO框架下Perron类型检验存在的一个很大的问题：其在原假设和备择假设下的数据构建形式有所不同，相关参数在原假设和备择假设下也有着不同的理解。比如，模型IA在单位根原假设下是关于 y_t 的一个自生成过程，相应的 β 对应的是截距项，或者水平项。而在与之对应的结构突变平稳过程备择假设下 β 又成了趋势项，这使原假设和备择假设下的数据生成形式不具有统一性，当参数设定本身对确定突变位置具有重要作用时，上述分析框架肯定会对最终突变位置估计的有效性和准确性产生影响。鉴于此，Popp对IO框架下原假设和备择假设的设定做了改动，使原假设和备则假设下的数据生成过程较好地融合到一块。如式（3.28）将考察数据 y_t 写成UCM（Unobserved Component Model）的形式。

① 实际应用中较少考虑仅含有趋势突变IB的情形，其对应的检验回归式为 $y_t = \alpha + \beta t + \rho y_{t-1} + \zeta DT_t + \sum \beta_j \Delta y_{t-j} + \varepsilon_t$。

$$y_t = d_t + u_t,\ u_t = \rho u_{t-1} + v_t,\ v_t = \Psi^*(L)\varepsilon_t,\ \varepsilon_t \sim iid(0,\ \sigma^2)$$

$$\text{Model}-O:\ d_t = \alpha + \Psi^*(L).\theta DU_t(T_b)$$

$$\text{Model}-A:\ d_t = \alpha + \beta t + \Psi^*(L).[\theta DU_t(T_b)]$$

$$\text{Model}-C:\ d_t = \alpha + \beta t + \Psi^*(L)[\theta DU_t(T_b) + rDT_t(T_b)]$$

(3.28)

上述设定中确定性趋势中的外在冲击项 DU_t、DT_t 和独立新息项 ε_t 前的移动算子均为 $\Psi^*(L)$，这意味着 y_t 本身对于两者的冲击都具有相同的调整过程。对照本节开篇 Perron 所设定的原假设下的数据过程，不难看到 Perron 考察的 IO 框架下的数据过程可以等价地用式（3.28）代替。此时，相应的单位根原假设和平稳备择假设对应于 $\rho=1$ 和 $|\rho|<1$，两者很好地融入一个框架下。

另外，在 Popp 提出的新检验框架下，对应的 ADF 回归检验式也有所变化。以单突变点 T_B 为例，简记 $DT_t=I(t>T_B)(t-T_B)$，$DU_t=I(t>T_B)$，$D(T_B)=I[t=(T_B+1)]$，可以推得 $DU_t=DU_{t-1}+D_t$ 以及 $DT_t=DT_{t-1}+DU_t$，从而有：

$$DU_t - \rho DU_{t-1} = (1-\rho)DU_{t-1} + D_t$$

$$DT_t - \rho DT_{t-1} = (1-\rho)DT_{t-1} + DU_t = (1-\rho)DT_{t-1} + DU_{t-1} + D_t$$

(3.29)

进一步，以式（3.28）的 Model-C 为例，有：

$$y_t - \rho y_{t-1} = \alpha^* + \beta^* t + \Psi^*(L)(k_1 DT_{t-1} + k_2 DU_{t-1} + k_3 D_t) + v_t$$

(3.30)

特别地，在单位根原假设下，有 $\Delta y_t = \beta + \Psi^*(L)(DU_{t-1} + D_t) + v_t$。当误差项 $v_t = \Psi^*(L)\varepsilon_t$ 的形式较为复杂时，相关研究通常通过加入其滞后项削弱对应残差项的相关性。同样，$\Psi^*(L)(k_1 DT_{t-1} + k_2 DU_{t-1} + k_3 D_t)$ 该项的相关性也可以通过加入其滞后项予以消除，从而最终的检验式设定如下：

$$y_t - \rho y_{t-1} = \alpha^* + \beta^* t + k_1 DT_{t-1}(T_b) + k_2 DU_{t-1}(T_b) + k_3 D_t(T_b) + \sum p_j \Delta y_{t-j}$$

(3.31)

具体地，Popp 新框架下 IO-IC 对应的检验式分别为：

$$\text{IO、IA}: y_t = \alpha^* + \rho y_{t-1} + \delta^* DU_{t-1}(T_b) + \theta^* D_t(T_b) + \sum_{j=1}^{k} \beta_j \Delta y_{t-j} + \varepsilon_t$$

$$\text{IC}: y_t = \alpha^* + \beta^* t + \rho y_{t-1} + \delta^* DU_{t-1}(T_b) + \xi^* D_t(T_b) + \varsigma^* DT_{t-1}(T_b) + \sum_{j=1}^{k} \beta_j \Delta y_{t-j} + \varepsilon_t$$

（3.32）

在如上检验式基础上，Popp（2009）建议依据相关哑变量系数显著性强弱确定突变位置。在水平突变情形下（IO、IA），Popp 通过 $\mathrm{argmax}_{T_b}[t(\theta)]$ 确定突变位置，在水平斜率双突变情形下（IC），Popp 则建议通过 $\mathrm{argmax}_{T_b} t(\xi)$ 确定突变位置点。

对于多结构突变情形，Narayan、Kumar 和 Popp（2010）同样采用了这一分析框架。以两次水平、斜率双突变为例，两次突变点分别记为 T_{b1} 和 T_{b2}，新框架下的检验回归式为：

$$y_t = \alpha^* + \beta^* t + \rho y_{t-1} + \delta_1^* DU_{t-1}(T_{b1}) + \theta_1^* D_t(T_{b1}) + \xi_1^* DT_{t-1}(T_{b1}) + \sum \beta_j \Delta y_{t-j} + \delta_2^* DU_{t-1}(T_{b2}) + \theta_2^* D_t(T_{b2}) + \xi_2^* DT_{t-1}(T_{b2}) + \varepsilon_t$$

（3.33）

通过 $\arg\max_{T_{b1},T_{b2}} F(\theta_1^*, \theta_2^*)$ 确定突变位置。为了节约计算成本，也可以先确定一个突变位置后，再估测另一个突变位置，即 $\hat{T}_1 = \arg\max_{T_{b1}} T(\theta_1^*)$，$\hat{T}_2 = \arg\max_{T_{b2},\hat{T}_1} T(\theta_2^*)$。在实际模拟中，两种分析方式效果差距不大。另外，对仅含斜率突变的数据过程，Narayan、Kumar 和 Popp 建议检验式为：

$$y_t = \alpha_1 + \beta^* t + \rho y_{t-1} + \delta_1 DU_{1,t-1}(T_{B1}) + \theta_1 D_t(T_{B1}) + \sum \beta_j \Delta y_{t-j} + \delta_2 DU_{2,t-1}(T_{B2}) + \theta_2 D_t(T_{B2}) + \varepsilon_t$$

（3.34）

在式（3.34）基础上，通过 $(\hat{T}_1, \hat{T}_2) = \mathrm{argmax}_{T_{b1},T_{b2}} F(\theta_1, \theta_2)$ 或序贯估计：$\hat{T}_1 = \mathrm{argmax}_{T_{b1}} T(\theta_1)$，$\hat{T}_2 = \mathrm{argmax}_{T_2,\hat{T}_1} T(\theta_2)$ 确定突变位置。

3.4 仿真模拟：有限样本下各类检验方法的功效比对

本章上述部分对近年较流行的时序突变位置的确定方法进行了回顾和梳理。本节，我们主要比对上述突变点估计方法的有限样本表现，为实际计量工作者的使用提供经验指导。在实际经济问题研究中，更具一般性的结构突变模型是水平和斜率双突变模型，我们在其基础上进行突变位置确定方法的考察和比对。

3.4.1 蒙特卡罗仿真

考虑单突变点的情形，并将 AO 和 IO 突变情形分别纳入分析。如下，单位根原假设及平稳备择假设下的 AO 和 IO 模型分别设定为：

$$\text{H0-AO}: y_t = a_1 + a_2 DU_t(T\lambda) + b_1 t + b_2 DT_t(T\lambda) + u_t,\ u_t = u_{t-1} + \varepsilon_t \tag{3.35}$$

$$\text{H0-IO}: y_t = y_{t-1} + a_2 D_t(T\lambda) + b_1 + b_2 DU_t(T\lambda) + \varepsilon_t \tag{3.36}$$

$$\text{H1-AO}: y_t = a_1 + a_2 DU_t(T\lambda) + b_1 t + b_2 DT_t(T\lambda) + u_t,\ u_t = \rho u_{t-1} + \varepsilon_t \tag{3.37}$$

$$\text{H1-IO}: y_t = \rho y_{t-1} + a_2 D_t(T\lambda) + b_1 + b_2 DU_t(T\lambda) + \varepsilon_t,\ \rho < 1 \tag{3.38}$$

具体地，我们在模拟中设定相对突变点 $\lambda = 0.5$，样本量为 $T = 150$，实际突变位置为 $T\lambda = 75$，$\varepsilon_t \sim i.i.d. N(0, 1)$。备择假设 H_1 下的一阶滞后系数设定为 $\rho = 0.5$，数据过程 y_t 的水平项 a_1，a_2 及趋势项 b_1，b_2 的取值设计了 9 组幅度由小到大的突变情形，如表 3.2 所示。

表 3.2 模拟中水平及趋势突变项取值

	幅度 1	幅度 2	幅度 3	幅度 4	幅度 5	幅度 6	幅度 7	幅度 8	幅度 9
a_1	0	0	0	0	0	0	0	0	0
a_2	0.5	0.5	0.5	1.5	1.5	1.5	2	2	2

续表

	幅度 1	幅度 2	幅度 3	幅度 4	幅度 5	幅度 6	幅度 7	幅度 8	幅度 9
b_1	0.01	0.01	0.01	0.01	0.01	0.01	0.01	0.01	0.01
b_2	0.26	0.51	0.81	1.01	1.51	1.71	2.01	2.51	3.01

仿真实验中采用的突变位置确定方法包括：

（1）残差平方和最小化方法。包括前节所提到的：

1>，静态的 RSS 最小化方法，其确定潜在突变位置 T_b 的估计回归式为：

$$y_t = a + \beta t + d_2.DU_t(T_b) + d_3.DT_t(T_b) + e_t \tag{3.39}$$

2>，GLS 下的 RSS 最小化方法，对应的估计回归式为：

$$(y_t - \tilde{\rho}y_{t-1}) = \tilde{a} + \tilde{\beta}t + \tilde{d}_2.DU_t(T_b) + \tilde{d}_3.DT_t(T_b) + e_t \tag{3.40}$$

3>，动态的 RSS 最小化方法，对应的估计回归式为：

$$y_t = a + \rho y_{t-1} + \beta t + d_1.D_t(T_b) + d_2.DU_t(T_b) + d_3.DT_t(T_b) + e_t \tag{3.41}$$

4>，差分回归的 RSS 最小化方法，对应的估计回归式为：

$$\Delta y = a + d_1 DU_t(T_b) + d_0 D_t(T_b) + e_t \tag{3.42}$$

（2）Perron 基于哑变量前面系数显著性的方法见式（3.5）。我们这里除了给出他所提到的哑变量 $DT_t(T_b)$ 前面系数的方法外，还给出了 $DU_t(T_b)$ 前面系数的显著性来判断。

（3）前节 Popp 在 IO 框架下的新方法见式（3.32）。我们也用它对 AO 情形的数据过程进行了分析。

3.4.2 模拟结果比对和说明

如下给出具体的模拟结果，h0_ao$j$、h0_io$j$ 和 h1_ao$j$、h1_io$j$ 分别表示第 j 种突变幅度下原假设存在 AO 突变、IO 突变的情形，备择假设存在 AO 突变、IO 突变的情形。“ols_statoc”、“ols_gls”、“ols_dynamic”、“ols_diff”、“Spop”、“Perron_DU”、“Perron_DT” 分别表示静态残差平方和最小化的估测方法、GLS 残差平方和最小化的估测方法、差分后数据残差平方和最小化方法、Ppop（2009）的检测方法、Perron 基于 DU_t 系数显著性最大化的方法、基于 DT_t 系数显著性最大化的方法。模拟分析的样本长度为 $T=150$。

表 3.3 由上至下展现的是原假设及备择假设下存在 AO 及 IO 突变时，各估测方法准确识别到真实相对突变位置 0.5 的概率，图 3.1 由上至下是相应的可视化折线图展示，横坐标对应前述不断增多幅度的九种突变情形。可以看到，在单位根过程（H_0）下，ols_diff 的表现最好。以 AO 情形为例，幅度 1 至幅度 9 下 ols_diff 估测到真实突变位置的概率为（0.03，0.07，0.14，0.48，0.64，0.67，0.83，0.84，0.86），随着突变幅度的加大，其对突变位置的识别概率快速向 1 靠近。在理论上，I（1）过程转换至平稳过程最有效的办法就是差分处理，ols_diff 的表现也符合我们的预期。在平稳备择假设下（H_1），差分回归 RSS 最小化对应的估测方法仍有较优的表现。仍以 AO 情形为例，此时幅度 1 至幅度 9 下 ols_diff 的概率对应于（0.03，0.05，0.15，0.39，0.53，0.58，0.77，0.79，0.81），在各种估测方法中仅次于 ols_gls 的表现，后者在幅度 1 至幅度 9 下对应的正确识别概率为（0.05，0.13，0.23，0.59，0.69，0.73，0.81，0.85，0.86）。

从图 3.1 可以看到，在单位根原假设或者平稳备择假设下，另外两种常用的 RSS 最小化的方法：ols_statoc 和 ols_dynamic 的识别概率均逊于 ols_diff 和 ols_gls 的表现。此外，从图 3.1 中可以看到，ols_dynamic 在单位根原假设下（H0）的表现要优于 ols_statoc，而在平稳备择假设下（H1）静态回归 ols_statoc 的估计效果反而更好。尽管 3.2.1 节在理论上指出基于动态回归的突变位置收敛速度要快于静态回归，我们的模拟结果显示动态回归在有限样本下，特别是备择平稳过程下的收敛速度有待改进。至于 Popp 在新框架下提出的针对 IO 数据过程的检验量，可以看到其在 IO 框架下有着很好的表现，随着突变幅度的加大，正确识别突变位置的概率很快得到增加。表 3.3 显示，原假设（H0-IO）幅度 1 至幅度 9 设定下“Spop”的识别概率对应于（0.04，0.04，0.06，0.29，0.43，0.48，0.69，0.77，0.84），备择假设（H1-IO）幅度 1 至幅度 9 下“Spop”的概率对应于（0.04，0.05，0.08，0.34，0.43，0.52，0.73，0.83，0.88），该表现基本保持在所有估测方法的前沿。Popp 的检验方法在 AO 框架下的原假设下（H0-AO）也具有较优的表现，不过其在备择假设下（H1-AO）的识别概率减弱了不少，幅度 1 至幅度 9 下“Spop”的概率对应于（0.02，0.02，0.03，0.12，0.13，0.12，0.27，0.25，0.38）。最后，Perron 基于虚拟变量前系数显著性的估测方案表现较差，AO 框架下 Perron_DU 正确识别出突变位置的概率不足 0.5，且随着突变幅度的增加，概率提升的速度较慢。而在 IO 框架下，Perron_DU 和 Perron_DT 的有限样本表现相当糟糕，基本不能识别出正确的突变位置。

表 3.3 不同突变估测方法估测到真实突变点 λ = 0.5 的概率①

	ols_statoc	ols_gls	ols_dynamic	ols_diff	Spop	Perron_DU	Perron_DT
H0_ao1	0.03	0.02	0.02	0.03	0.04	0.04	0.03
H0_ao2	0.04	0.04	0.03	0.07	0.04	0.06	0.02
H0_ao3	0.07	0.08	0.08	0.14	0.06	0.09	0.03
H0_ao4	0.17	0.33	0.3	0.48	0.29	0.09	0.01
H0_ao5	0.22	0.48	0.42	0.64	0.43	0.15	0.01
H0_ao6	0.22	0.53	0.43	0.67	0.48	0.16	0
H0_ao7	0.28	0.67	0.68	0.83	0.69	0.15	0
H0_ao8	0.3	0.69	0.75	0.84	0.77	0.12	0.01
H0_ao9	0.33	0.73	0.78	0.86	0.84	0.1	0.02
H0_io1	0.03	0.02	0.02	0.03	0.04	0.04	0.03
H0_io2	0.04	0.04	0.03	0.07	0.04	0.06	0.02
H0_io3	0.07	0.08	0.08	0.14	0.06	0.09	0.03
H0_io4	0.17	0.33	0.3	0.48	0.29	0.09	0.01
H0_io5	0.22	0.48	0.42	0.64	0.43	0.15	0.01

① 对照式（3.26）~式（3.29）可知，我们在模拟中设定 IO 过程中误差项的移动算子 $\psi(L)$ 为 1，此时原假设下 AO 和 IO 突变的数据过程保持一致，从而 H0_ao，H0_io 对应的模拟结果相同。

续表

	ols_statoc	ols_gls	ols_dynamic	ols_diff	Spop	Perron_DU	Perron_DT
H0_io6	0. 22	0. 53	0. 43	0. 67	0. 48	0. 16	0
H0_io7	0. 28	0. 67	0. 68	0. 83	0. 69	0. 15	0
H0_io8	0. 3	0. 69	0. 75	0. 84	0. 77	0. 12	0
H0_io9	0. 33	0. 73	0. 78	0. 86	0. 84	0. 11	0. 01
H1_ao1	0. 05	0. 05	0. 05	0. 03	0. 02	0	0. 02
H1_ao2	0. 15	0. 13	0. 06	0. 05	0. 02	0	0. 03
H1_ao3	0. 21	0. 23	0. 12	0. 15	0. 03	0	0. 01
H1_ao4	0. 5	0. 59	0. 33	0. 39	0. 12	0	0
H1_ao5	0. 58	0. 69	0. 36	0. 53	0. 13	0	0
H1_ao6	0. 58	0. 73	0. 36	0. 58	0. 12	0	0
H1_ao7	0. 7	0. 81	0. 42	0. 77	0. 27	0. 01	0
H1_ao8	0. 77	0. 85	0. 43	0. 79	0. 25	0. 02	0. 01
H1_ao9	0. 79	0. 86	0. 48	0. 81	0. 38	0. 03	0. 02
H1_io1	0	0. 03	0. 02	0. 04	0. 04	0	0. 01
H1_io2	0. 07	0. 09	0. 03	0. 04	0. 05	0. 02	0
H1_io3	0. 22	0. 18	0. 11	0. 06	0. 08	0. 07	0. 02
H1_io4	0. 48	0. 56	0. 38	0. 31	0. 34	0. 03	0. 02
H1_io5	0. 7	0. 77	0. 49	0. 45	0. 43	0. 03	0. 04
H1_io6	0. 72	0. 83	0. 53	0. 5	0. 52	0. 03	0. 03
H1_io7	0. 86	0. 95	0. 73	0. 78	0. 73	0. 04	0. 03
H1_io8	0. 88	0. 96	0. 73	0. 87	0. 83	0. 05	0. 02
H1_io9	0. 88	0. 98	0. 71	0. 95	0. 88	0. 06	0. 02

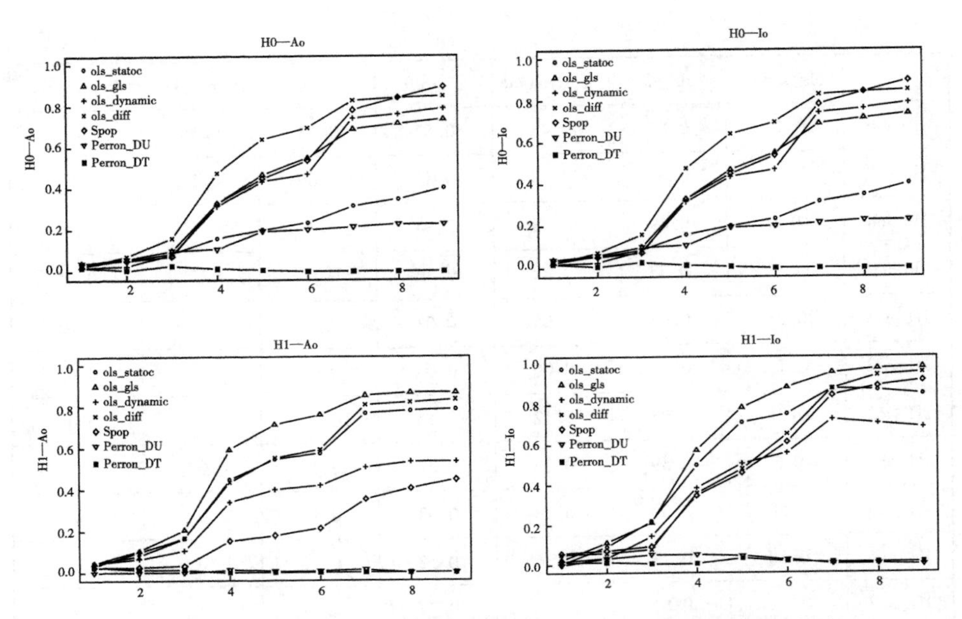

图 3.1　不同突变数据过程下各估测方法正确识别出突变位置的概率

表 3.4 给出了各估测方法在不同设定情形下所估测到的最大概率突变位置点（在 *M* 次仿真实验中出现次数最大的那个点）。可以看到，残差平方和最小化的各类估测方法无论在原假设和备择假设下，均会随着突变幅度的加大快速收敛到真实突变位置 $T=75$。同样，Popp 的估测方法也随着突变幅度的加大，以大概率收敛到真实的突变位置。而 Perron_DU 估测的突变点则随着突变幅度的加大，最终收敛到突变位置 $T=74$，即比真实突变位置靠前一个点。Perron_DT 估测出的突变点则较为随机，从表 3.3 可以看到即便在突变幅度的加大情况下，仍然不能有效估测到真实的突变位置，该方法的估测效果较差。

表 3.4　M 次仿真实验中突变时点估计值的众数（真实突变时点 $T_b=75$）

	ols_statoc	ols_gls	ols_dynamic	ols_diff	Spop	Perron_DU	Perron_DT
h0_ao1	75	71	94	59	75	75	67
h0_ao2	64	75	54	75	75	75	66
h0_ao3	75	75	75	75	75	75	62
h0_ao4	75	75	75	75	75	74	61

续表

	ols_statoc	ols_gls	ols_dynamic	ols_diff	Spop	Perron_DU	Perron_DT
h0_ao5	75	75	75	75	75	75	62
h0_ao6	75	75	75	75	75	74	65
h0_ao7	75	75	75	75	75	74	65
h0_ao8	75	75	75	75	75	74	65
h0_ao9	75	75	75	75	75	74	67
h0_io1	75	71	94	59	75	75	67
h0_io2	64	75	54	75	75	75	66
h0_io3	75	75	75	75	75	75	62
h0_io4	75	75	75	75	75	74	61
h0_io5	75	75	75	75	75	75	62
h0_io6	75	75	75	75	75	74	65
h0_io7	75	75	75	75	75	74	65
h0_io8	75	75	75	75	75	74	65
h0_io9	75	75	75	75	75	74	67
h1_ao1	67	68	80	75	84	87	67
h1_ao2	73	75	74	75	80	81	71
h1_ao3	75	75	72	75	80	79	71
h1_ao4	75	75	75	75	75	77	67
h1_ao5	75	75	75	75	78	77	71
h1_ao6	75	75	75	75	77	77	71
h1_ao7	75	75	75	75	75	77	71
h1_ao8	75	75	75	75	75	77	71
h1_ao9	75	75	75	75	75	77	71
h1_io1	70	41	59	75	75	115	105
h1_io2	75	75	74	75	75	74	64
h1_io3	75	75	75	75	75	74	64
h1_io4	75	75	75	75	75	74	57
h1_io5	75	75	75	75	75	74	86
h1_io6	75	75	75	75	75	74	86
h1_io7	75	75	75	75	75	74	74
h1_io8	75	75	75	75	75	74	74
h1_io9	75	75	75	75	75	74	74

我们进一步考察结合上述突变位置确定方法对时序过程进行单位根检验的功效。其中，检验量 $t_{(\alpha)}=\hat{\alpha}/se(\hat{\alpha})$ 基于如下动态检验式构造，$\hat{T}_b$ 为估测的突变时点。

$$\Delta y_t = c + \beta t + \alpha y_{t-1} + \theta DU_t(\hat{T}_b) + \delta D_t(\hat{T}_b) + rDT_t(\hat{T}_b) + \varepsilon_t \quad (3.43)$$

表 3. 5 ~ 表 3. 6 给出了基于各估测方法进行单位根检验的 Size 和 Power 表现，其中 Size 对应的数据过程为备择假设 H_1 下的结构突变过程；Power 对应的数据过程为单位根原假设 H_0 下的结构突变过程；临界值均取的是 0. 05 名义水平的临界值。从 Size 角度来看，Popp 方法和残差平方和最小化的各类方法，均会随着突变幅度的加大快速向名义水平 0. 05 靠近，不过在突变幅度较小情形下，ols_statoc、ols_dynamic 和 ols_diff 相对于 ols_dynamic 有更好的表现性质，故更建议使用前三者进行分析。Perron 类型的两种方法对于突变位置估计的偏离导致 Size 存在较大扭曲，尤其是基于 Perron_DT 估测方法进行单位根检验对应的 Size 表现非常差。最后，在 Power 表现上，各估测方法下检验量取值均能较大概率地拒绝备择数据过程。对于 Perron 类型的两类估测方法，由于在单位根原假设下存在过度拒绝，犯第一类错误的概率较大，模拟分析中对应的 Power 值也基本接近于 1。

表 3. 5　不同突变点估测方法下单位根检验量的 Size 表现

	ols_statoc	ols_gls	ols_dynamic	ols_diff	Spop	Perron_DU	Perron_DT
h0_ao1	0. 13	0. 08	0. 19	0. 07	0. 08	0. 25	0. 18
h0_ao2	0. 05	0. 03	0. 17	0. 03	0. 05	0. 17	0. 23
h0_ao3	0. 07	0. 06	0. 21	0. 06	0. 07	0. 19	0. 38
h0_ao4	0. 06	0. 07	0. 21	0. 04	0. 09	0. 17	0. 53
h0_ao5	0. 07	0. 10	0. 26	0. 04	0. 07	0. 17	0. 80
h0_ao6	0. 05	0. 08	0. 19	0. 03	0. 06	0. 14	0. 95
h0_ao7	0. 05	0. 08	0. 09	0. 04	0. 06	0. 15	0. 99
h0_ao8	0. 05	0. 07	0. 07	0. 04	0. 05	0. 14	1. 00
h0_ao9	0. 05	0. 05	0. 05	0. 04	0. 04	0. 13	1. 00
h0_io1	0. 13	0. 08	0. 19	0. 07	0. 08	0. 25	0. 18

续表

	ols_statoc	ols_gls	ols_dynamic	ols_diff	Spop	Perron_DU	Perron_DT
h0_io2	0. 05	0. 03	0. 17	0. 03	0. 05	0. 17	0. 23
h0_io3	0. 07	0. 06	0. 21	0. 06	0. 07	0. 19	0. 38
h0_io4	0. 06	0. 07	0. 21	0. 04	0. 09	0. 17	0. 53
h0_io5	0. 07	0. 10	0. 26	0. 04	0. 07	0. 17	0. 80
h0_io6	0. 05	0. 11	0. 19	0. 03	0. 06	0. 14	0. 95
h0_io7	0. 05	0. 08	0. 09	0. 04	0. 06	0. 15	0. 99
h0_io8	0. 05	0. 07	0. 07	0. 04	0. 05	0. 14	1. 00
h0_io9	0. 05	0. 05	0. 05	0. 04	0. 04	0. 13	1. 00

表 3. 6　不同突变点估测方法下单位根检验量的 Power 表现

	ols_statoc	ols_gls	ols_dynamic	ols_diff	Spop	Perron_DU	Perron_DT
h1_ao1	1. 00	1. 00	1. 00	0. 82	0. 87	0. 99	1. 00
h1_ao2	1. 00	1. 00	1. 00	0. 85	0. 83	1. 00	1. 00
h1_ao3	1. 00	1. 00	1. 00	0. 93	0. 88	0. 99	1. 00
h1_ao4	1. 00	1. 00	1. 00	0. 97	0. 93	1. 00	1. 00
h1_ao5	1. 00	1. 00	1. 00	0. 99	0. 88	0. 99	1. 00
h1_ao6	1. 00	1. 00	1. 00	0. 99	0. 93	0. 97	1. 00
h1_ao7	1. 00	1. 00	1. 00	1. 00	0. 95	0. 93	1. 00
h1_ao8	1. 00	1. 00	1. 00	1. 00	0. 95	0. 89	1. 00
h1_ao9	1. 00	1. 00	1. 00	1. 00	0. 96	0. 77	1. 00
h1_io1	1. 00	1. 00	1. 00	1. 00	1. 00	1. 00	1. 00
h1_io2	1. 00	1. 00	1. 00	1. 00	1. 00	1. 00	1. 00
h1_io3	1. 00	1. 00	1. 00	1. 00	0. 99	1. 00	1. 00
h1_io4	1. 00	1. 00	1. 00	0. 99	1. 00	1. 00	1. 00
h1_io5	1. 00	1. 00	1. 00	0. 97	1. 00	1. 00	0. 99
h1_io6	1. 00	1. 00	1. 00	0. 93	0. 99	1. 00	0. 90
h1_io7	1. 00	1. 00	1. 00	0. 92	0. 99	1. 00	0. 75
h1_io8	1. 00	1. 00	1. 00	0. 97	1. 00	1. 00	0. 43
h1_io9	1. 00	1. 00	1. 00	0. 97	1. 00	1. 00	0. 32

本节模拟显示①，残差平方和最小化的估测方法和 Popp 方法可以有效地估测到突变位置，而 Perron_DT、Perron_DU 方法的表现则相对较差。其中，前者所估测出的突变位置较为随机，而后者则随着突变幅度的加大，最终收敛到真实突变位置的前一个点。由于突变位置的估计偏差，直接带来了后续结构突变单位根检验的过度 Size 扭曲问题。另外，从上述模拟结果可以看到，即便是残差平方和最小化或者 Popp 的方法，在突变幅度较小的情形下估测到的突变位置和真实突变位置还是存在一定的偏离。所以在实际分析中，当样本量较少或者突变幅度较小时，建议采取数据区段削减的策略（见 3.2.2 节分析），以更有效地确定突变位置，进而提升结构突变单位根检验的检验功效。

3.5 本章小结

本章主要讨论了内生突变框架下的单位根检验问题。在该情形下，时序的突变位置未知，所以通常的研究思路是基于相关信息对具体突变位置进行有效估测，之后转化到外生情形进行结构突变单位根检验。我们对现有的突变位置确定方法进行了系统梳理，同时对不同方法在有限样本下的表现进行了比较和说明，以便实际计量工作者的应用。有限样本下的分析表明，Perron 类型的基于哑变量系数显著性估测数据突变位置的效果并不好，尤其是 Perron_DT 方法；而残差平方和最小化类型的方法（特别是差分和 GLS 回归检验下 RSS 最小化思路）和 Popp（2008，2010）基于新修订检验式的方法表现出较好的估测结果。另外，在突变幅度较小时，各方法估测到的突变点和真实突变点均会存在一定的偏离，我们建议可以通过对突变估测点附近的区域进行削减，提升突变位置的估计精度，进而提高随后单位根检验的功效。

① 我们仅给出了单结构突变情形下的模拟结果，多突变点情形下各估计方法的相对表现类似，这里不再赘述。

除了本章先估测突变位置，之后转化至外生框架进行突变单位根检验的思路，近来还有部分文献从另一个角度出发，不估测突变位置，而是直接基于检验模型对数据的单位根特征进行考察。这其中较流行的方法是傅里叶变换，其理论基础在于：通过傅里叶变换后的三角函数对有断点的结构突变函数进行逼近。

第 4 章

时序结构突变的预检验：内生突变单位根检验的补充

第 3 章关于结构突变单位根检验的探讨建立在时序突变次数已予以确定的基础之上。在时序过程无突变特征场景下，我们无须进行突变单位根检验的分析流程。事实上，此时基于第 3 章所述的突变位置估测方法所得到的突变点 $\hat{\lambda}$ 在区间［0，1］上并不收敛于端点 0 或者 1，而是收敛于一个非退化的极限分布（Bai，1998；Carrion、Kim 和 Perron，2007）。这意味着我们会错误地用结构突变序列对单位根过程进行拟合并进行单位根检验，此时检验的 Size 表现必然会受到很坏影响。另外，在数据过程存在 m 次突变情形下，如果按照 $j\,|\,(j\neq m)$ 个突变点对应的先验信息进行结构突变单位根检验，由于真实数据的生成过程未能得到准确描述，相应的检验结论同样会存在偏误。在结构突变单位根检验之前，对时序过程具体突变次数的确定具有重要意义，本章对该问题进行细化考察。

4.1 时间序列的结构突变预检验

（1）三中常见的 F 类检验

Chow（1960）最早对经济序列的结构突变检验问题进行了研究。考虑回归模型

$$y_t = x_t^{T}\beta_t + u_t,\ t = 1,\ 2,\ \cdots,\ T \tag{4.1}$$

x_t 为维度为 q 的解释变量，通常考虑其为时间变量或者 $\sum_{i=1}^{T} x_i x_i^T / T \to Q$，$Q$ 为正定矩阵；$u_t \sim i.i.d(0,\ \sigma^2)$。

模型（4.1）不存在结构突变可以归结为原假设 H_0：$\beta_t = \beta$，$t = 1,\ \cdots,\ T$。为有效判断在时点 i 处，x_t 对于 y_t 的施加影响是否有变化，Chow（1960）提出了约束性的 F 检验：

$$F_i = \frac{\sum_1^T \hat{u}_t^2 - \hat{e}_t^2}{\sum_1^T \hat{e}_t^2 / (T - 2q)} \tag{4.2}$$

$\hat{u}_t$ 代表约束条件下回归检验：$y_t = x_t\beta + \hat{u}_t$ 的残差（时点 i 两侧不存在结构

突变)，$\hat{e}_t$ 代表无约束回归检验：$y_t = x_t\beta_1 I(t \leqslant i) + x_t\beta_2 I(t > i) + \hat{e}_t$（时点 i 两侧存在突变）的残差。在无突变原假设下，式（4.2）的渐近分布为 $F(q, T-q)$，从而基于 F 检验可以对时点 i 处数据过程 y_t 是否表现出结构突变进行考察。

Chow 提出的约束性 F 检验假定数据过程的可能突变位置是外生已知的。在突变点不确定的情况下，自然的想法是对所有可能的突变位置进行序贯 F 检验。在此基础上，Andrews（1993）、Andrews 和 Ploberger（1994）构建了三类检验结构突变的 F 类型统计量。这三类统计量分别是 sup-F 统计量，ave-F 统计量，exp-F 统计量，定义如式（4.3）~式（4.5）。其中，i_a，$i_b \in (1, T)$ 代表突变位置搜索区段的前后端点，当相应的统计量值大于临界值时，判定数据过程存在突变。

$$SupF = Sup_{i_a \leqslant i \leqslant i_b} F_i \tag{4.3}$$

$$AveF = \frac{1}{i_b - i_a + 1} \sum_{i_a}^{i_b} F_i \tag{4.4}$$

$$Exp - F = \log\left[\frac{1}{i_b - i_a + 1} \sum_{i_a}^{i_b} \exp(F_i/2)\right] \tag{4.5}$$

在某些情形下，如果 Wald 统计量更容易构建，式（4.2）~式（4.5）中的约束性 F 统计量 F_i 可以用 Wald 统计量进行替代。

（2）双最大化检验（Double Maximum Test）

为判断式（4.1）的数据过程 y_t 是否存在突变，BP（2003）先验的假定数据过程 y_t 最多存在 M 个突变点，并在此基础上提出了检验结构突变的双最大化检验统计量：

$$\mathrm{Dmax}F_T = \max_{1 \leqslant m \leqslant M} supF_T(m, q) \tag{4.6}$$

$F_T(m, q)$ 为数据过程 y_t 存在 m 次突变情形下对应的 F 检验统计量。考虑 m 次突变时序模型：$y_t = \hat{\delta}_j I(\hat{T}_{j-1} < t \leqslant \hat{T}_j) x_t + u_t$，$j = 1, 2, \cdots, m$，突变位置 $\hat{T}_j$ 基于残差平方和最小化估测得到，并构建关于联合检验（$\hat{\delta}_1 = \hat{\delta}_2 = \cdots \hat{\delta}_m$）的 F 统计量，具体为：

$$F_T(m, q) = \frac{1}{T}\left[\frac{T - (m+1)q}{mq}\right] \hat{\delta}' R' (RV(\hat{\delta}) R')^{-1} R\hat{\delta} \tag{4.7}$$

q 对应 x_t 的维度，$V(\hat{\delta})$ 为参数 $\hat{\delta}=(\hat{\delta}_1, \hat{\delta}_2, \cdots, \hat{\delta}_m)$ 的稳健—协方差矩阵，R 为系数约束矩阵，对应于：

$$R\hat{\delta}=\begin{bmatrix} 1 & -1 & & & \\ & 1 & -1 & & \\ & & \cdots\cdots & & \\ & & 1 & & -1 \end{bmatrix}\begin{pmatrix} \hat{\delta}_1 \\ \hat{\delta}_2 \\ \cdot \\ \hat{\delta}_m \end{pmatrix}=0 \tag{4.8}$$

为保证不同 m 值下单个 sup$F$ 检验的边界 p 值保持一致，Bai 和 Perron 建议对其进行加权处理得到加权双最大化检验，详细处理策略及检验临界值见 BP（1998）。

（3）尺度调整的 W_{FS} 统计量

上述结构突变检验量的分析建立在误差项已知为 I（0）的情形上。随着相关研究的推进，近来部分学者对误差平稳性未知下的结构突变检验进行了关注。建立在 Vogelsang（1998）关于趋势函数假设检验的理论研究基础之上，Vogelsang（2001）构造了检测结构突变的一类 Wald 统计量。以水平、斜率双突变数据过程 y_t 为例，设定为式（4.9），T_B 为突变位置发生点。$DU_t(T_B)$ 和 $DT_t(T_B)$ 的概念如前章，即 $DU_t(T_B)=I(t>T_B)$，$DT_t(T_B)=I(t>T_B)(t-T_B)$。

$$y_t=\mu+\beta t+\delta DU_t(T_b)+rDT_t(T_b)+u_t \tag{4.9}$$

考虑 $z_t=\sum_1^t y_j$，有

$$z_t=\mu t+\beta(t^2+t)/2+\delta DT_t(T_B)+r[DT_t^2(T_B)+DT_t(T_B)]/2+\sum_{j\geq 1}u_j \tag{4.10}$$

记上述两式对应的 OLS 回归自变量集为（1，t，DU_t，DT_t）和（μ，$(t^2+t)/2$，DT_t，DT_t^2+DT）；（μ，β，δ，r）为待估参数向量；式（4.9）、式（4.10）对应的回归残差平方和分别记为 RSS_y，RSS_z。在此基础上，定义两类检验原假设 $\delta=r=0$（突变是否存在）的统计量 PS_T 和 PSW_T：

$$PS_T=T^{-1}(R\theta-r)'[R(X'_zX_z)R']^{-1}(R\theta-r)/\{s_z^2\exp[bJ_T(m)]\} \tag{4.11}$$

$$PSW_T = T^{-1}(R\iota - r)'[R(X'_yX_y)R']^{-1}(R\iota - r)/\{100T^{-1}s_z^2\exp[bJ_T(m)]\} \tag{4.12}$$

其中，b 为可调节的常数项；R 和 r 为无突变原假设下对应的约束矩阵和约束目标值；$J_T(m) = (RSS_y - RSS_J)/RSS_J$，$RSS_J$ 为回归检验：$y_t = \mu + \beta t + \delta DU_t(T_B) + rDT_t(T_B) + \sum_{i=1}^{m} c_i t^i + e_t$ 对应的残差平方和。实际上，$T.J_T(m)$ 即是进行联合检验 $c_1 = c_2 = \cdots. c_m = 0$ 的 Wald 统计量。

Vogelsang 指出，无论式（4.9）中误差项 u_t 为I（0）还是I（1）情形，上述统计量 PS_T 和 PSW_T 的渐近分布均为非退化分布。并且在I（1）情形下，两者的渐近分布取决于参数 b 和尺度因子 $\exp[-bJ^*(m)]$，I（0）情形下的渐近分布则不受 b 和 $\exp[-bJ^*(m)]$ 的影响。因此，Vogelsang 指出通过设定合适的 b 值，可以保证上述结构突变检验统计量 PS_T 和 PSW_T 在数据过程在I（0）还是I（1）两种情形下对应的渐近临界值保持一致。

（4）Exp-W_{FS} 统计量

PY（2009b）基于指数型 F 统计量考察了误差单整性未知下的结构突变检验问题。以水平趋势双突变为例，考虑数据过程：

$$y_t = x'_t\Psi + u_t,\ (t = 1, 2, .., T).\ x_t = [1, t, DU_t(T_B), DT_t(T_B)],$$
$$\Psi = (\mu, \beta_0, \theta_1, \beta_1) \tag{4.13}$$

T_B 为突变点，$\lambda^* = T_B/T$ 为相对突变位置，$DU_t(T_B)$ 和 $DT_t(T_B)$ 的概念如前述。由于误差项 u_t 的单整性先验未知，可能为单位根，也可能为平稳项。PY 建议考虑下述的 FGLS 回归：

$$\begin{cases}(1-\alpha L)y_t = (1-\alpha L)x_t'\Psi + (1-\alpha L)u_t,\ t > 1 \\ y_1 = x_1'\Psi + u_1,\ t = 1\end{cases} \tag{4.14}$$

其中，L 表示滞后算子，广义差分参数 α 基于第 2 章 2.3.2 节的修正方式进行确定。借鉴 Andrews 和 Ploberger（1994）的指数类 F 统计量，PY 在式（4.14）的 FGLS 回归基础上，构建了如下的 Exp-W_{FS} 统计量：

$$\exp - W_{FS} = \log\left\{T^{-1}\sum_{\lambda_1\in\Lambda}\exp\left[\frac{W_{FS}(\lambda_1)}{2}\right]\right\}$$

$$W_{FS} = R(\widehat{\Psi} - \Psi)'[{}^{s2}R(X'X)^{-1}R']^{-1}R(\widehat{\Psi} - \Psi) \tag{4.15}$$

W_{FS} 为考察结构突变约束条件 $R(\widehat{\Psi}-\Psi)=0$ 的 Wald 统计量，其中 R 表示约束条件系数阵，s^2 为式（4.14）的残差方差估计值，$\Lambda=[T\varepsilon,\ T(1-\varepsilon)]$ 为对潜在突变位置 λ_1 进行搜索的信息集，ε 为截断参数。PY 指出，尽管在 I（0）和 I（1）误差情形下，统计量 Exp-W_{FS} 的渐近分布不一致，相应的渐近分位点却很接近（见表 4.1）。从而上述 Exp-W_{FS} 统计量可以有效处理误差平稳性未知下的结构突变检验问题。在实际模拟或者应用中，为尽可能地防止虚假拒绝现象，考虑使用表 4.1 中 I（0）、I（1）对应临界值的最大值，比如，在截断参数 0.1 下，模型 C 在 0.05 置信水平上考虑临界值 3.16 进行结构突变检验。

表 4.1　统计量 Exp-WFS 对应的渐近临界值

截断参数	=0.01		=0.05		=0.10		=0.15		=0.25	
分位点（%）	I（0）	I（1）	I（0）	I（1）	I（0）	I（1）	I（0）	I（1）	I（0）	I（1）
Model A（仅水平突变，但是数据过程中仍含时间趋势）										
0.900	1.59	1.60	1.47	1.52	1.33	1.41	1.22	1.26	0.83	0.91
0.950	2.07	1.92	1.97	1.86	1.88	1.70	1.74	1.58	1.33	1.26
0.990	3.33	2.99	3.24	2.81	3.05	2.67	3.12	2.64	2.83	2.32
Model B（仅趋势结构突变）										
0.900	1.45	1.52	1.34	1.40	1.20	1.28	1.07	1.13	0.71	0.74
0.950	1.97	2.02	1.90	1.93	1.75	1.86	1.61	1.67	1.25	1.28
0.990	3.30	3.37	3.07	3.27	3.20	3.18	2.97	3.06	2.60	2.61
Model C（水平和趋势双突变）										
0.900	2.68	2.96	2.51	2.82	2.35	2.65	2.25	2.48	1.86	2.15
0.950	3.34	3.55	3.12	3.36	2.98	3.16	2.84	3.12	2.50	2.79
0.990	4.67	5.02	4.78	4.76	4.57	4.59	4.35	4.47	4.04	4.57

（5）加权平均的 t 检验

Harvery（2009b）基于一个加权平均的 t 检验对 I（0）、I（1）误差情形下的趋势突变问题进行了考察。设定带有趋势突变的数据过程 y_t：

$$y_t = \alpha + \beta t + \gamma DT_t(T_B) + u_t, \; u_t = \rho u_{t-1} + \varepsilon_t. \; (t = 1, 2, \cdots, T) \tag{4.16}$$

T_B 为突变位置发生点，$\lambda^* = T_B/T$，$DT_t(T_B)$ 的概念如前述。当 λ^* 已知时，Harvery 构造如下加权形式的检验统计量：

$$t_w^* = \{w[S_0(\lambda^*), S_1(\lambda^*)]|t_0(\lambda^*)|\} + \left\{\{1 - w[S_0(\lambda^*), S_1(\lambda^*)]\}|t_1(\lambda^*)|\right\} \tag{4.17}$$

$t_0(\lambda^*)$ 为对数据过程 y_t 进行直接回归：$y_t = \hat{\alpha} + \hat{\beta} + \hat{\gamma}DU_t(T_B) + \hat{u}_t$ 下趋势突变系数 $\hat{\gamma}$ 对应的 t 统计值，$t_0(\lambda^*)$ 对应基于差分后数据 Δy_t 进行回归检验：$\Delta y_t = \hat{\beta} + \hat{\gamma}DU_t(T_B) + \hat{e}_t$ 时突变系数 $\hat{\gamma}$ 的 t 统计值，$w[S_0(\lambda^*), S_1(\lambda^*)] = \exp\{-g[S_0(\lambda^*), S_1(\lambda^*)]^2\}$ 为权重函数，其中的 $S_0(\lambda^*)$，$S_1(\lambda^*)$ 为前述基于 y_t 和 Δy_t 进行回归检验后，在残差基础上求得的 KPSS 统计量值。理论上，Harvey 证明指出在单位根误差（$\rho=1$）或者平稳误差（$|\rho| < 1$）情形下，式（4.17）基于数据构造的加权平均 t 检验具有相近的渐近分位点。

进而，在突变位置 λ^* 未知情形下，Harvery（2009b）基于最大化 t 统计量绝对值的思路对加权统计量（4.17）进行了修订，为：

$$t_w^* = \{w[S_0(\hat{\lambda}), S_1(\tilde{\lambda})]|t_0^*|\} + m_\varsigma\left\{\{[1 - w[S_0(\hat{\lambda}), S_1(\tilde{\lambda})]\}|t_1^*|\}\right\} \tag{4.18}$$

其中，$t_0^* = \sup_{\lambda\in\Lambda}(t_0|\lambda|)$，$t_1^* = \sup_{\lambda\in\Lambda}(t_1|\lambda|)$，$\hat{\lambda} = \sup_{\lambda\in\Lambda}(t_0|\lambda|)$，$\tilde{\lambda} = \sup_{\lambda\in\Lambda}(t_1|\lambda|)$。$\Lambda$ 为可能的突变位置信息集，m_ς为修正系数。同样，式（4.18）的加权平均 t 检验在数据过程 y_t 为（趋势）单位根原假设或者平稳备择假设下具有相近的渐近分位点。

4.2 CUSUM 及 MOSUM 类型结构变动检验及修订

上节所提的结构突变检验研究的思路是从全体样本出发，构建统计量对数据过程是否存在突变，及具体的突变次数进行分析。还有一类结构突变检验的思路是通过滚动分析的方法，由前至后建立一系列统计量值，对数据的突变特征进行实时考察。这其中比较具有代表性的是 CUSUM 和 MOSUM 检验，CUSUM 及 MOSUM 检验是回归诊断中常用的参数稳定性检验，两者均建立在滚动的回归残差和之上。在数据过程不存在结构变化情形下，CUSUM 及 MOSUM 的统计值会落入对应的渐进临界线内，而当数据存在结构变化时，统计值会超出临界线。基于此，可以对数据序列的结构变化特征进行分析。

4.2.1 结构突变次数的估测——序贯检验策略

上节的关注点在于考察数据结构是否存在突变。在结构突变情形下，有必要进一步估测出具体的突变发生次数。BP（2003）对 I（0）误差情形下的结构突变问题进行了系统研究，并结合动态规划算法构造了一个序贯统计量确定数据具体的突变次数。如下，设定具有 k 个结构突变点的时序过程为：

$$y_t = \beta x_t + \delta_j I(T_{j-1} < t \leq T_j) z_t + u_t,\ j = 1,\ 2,\ \cdots,\ k \qquad (4.19)$$

T_1，T_2，…，T_k 代表参数发生结构变化的时点，k 个突变点将数据划分为 $k+1$ 个样本子区间，在不同的子区间内解释变量 z_t 对 y_t 的影响系数 δ 具有异质性。

在对突变次数进行识别的过程中，BP（2003）构造了如下的 F 统计量对式（4.19）含有 k 个突变点的原假设（即 $\delta_1 = \delta_2 = \cdots = \delta_k$）进行检验。

$$F_T(k) = \frac{1}{T}\left(\frac{T-(k+1)q-p}{kq}\right)\hat{\delta}' R_k' (R_k V(\hat{\delta}) R_k')^{-1} R_k \hat{\delta} \qquad (4.20)$$

其中，p 和 q 分别对应 x_t 和 z_t 的维度，$V(\hat{\delta})$ 为参数 $\hat{\delta}=(\hat{\delta}_1,\ \hat{\delta}_2,\ \cdots,\ \hat{\delta}_k)$ 对应的稳健—协方差矩阵，$\hat{\delta}$ 基于 BP（2003）的动态优化算法求得，R_k 为约束矩阵，对应如下：

$$R_k\delta = \begin{bmatrix} 1 & -1 & & & \\ & 1 & -1 & & \\ & & \cdots\cdots & & \\ & & & 1 & -1 \end{bmatrix} \begin{pmatrix} \delta_1 \\ \delta_2 \\ . \\ \delta_k \end{pmatrix} = 0 \tag{4.21}$$

进一步，由于实际发生的突变次数未知，BP 结合上述统计量关于突变次数 k 由小至大进行序贯检验。假设已经通过分析发现突变点至少为 $k = l$ 个，首先，利用动态 RSS 最小化算法确定数据的 l 个突变位置。此时，数据过程被划分成 $l+1$ 块，在这 $l+1$ 块数据区段上分别进行 $l+1$ 次的无突变对一次突变的假设检验 $F_{[t_{j-1}+1,\ t_j]}(1)$。最后，基于这 $l+1$ 个区段上的统计量 $F_{[t_{j-1}+1,\ t_j]}(1)$，$j=1,\ \cdots,\ l+1$ 求最大值，得到考察 $l+1$ 次突变对 l 次突变的检验统计量。

$$F_T(l+1 \mid l) = \max_{j=1,\ \cdots,\ l+1}[F_{[t_{j-1}+1,\ t_j]}(1)] \tag{4.22}$$

统计量 $F_T(l+1 \mid l)$ 大于相应临界值时，拒绝数据具有 $l+1$ 次突变的备择假设，否则接受数据含有 l 次突变的原假设。结合式（4.22）对 l 进行序贯向下的检验，最终可确定数据过程 y_t 的突变次数。

BP（2003）关注的是 I（0）误差情形下的结构突变次数研究。在误差项平稳性未知下，KP（2011）对 BP 的研究进行了扩展。考虑水平和斜率双突变数据过程：

$$y_t = x_t{}'\Psi + u_t,\ u_t = \alpha u_{t-1} + e_t,\ \alpha \in (-1,\ 1] \tag{4.23}$$

其中，$x_t =（1,\ t,\ DU_t,\ DT_t）$，$\Psi =（\mu,\ \beta_0,\ \gamma_1,\ \beta_1）$，$DT_t =（t - T_0)I(t > T_0)$，$DU_t = I(t > T_0)$。考虑数据过程 y_t 含有 l 个突变点对含有 $l+1$ 个突变点这一统计检验问题。在数据含有 l 个突变点的原假设下，KP（2011）同样利用全局 RSS 最小化方法估计 l 个突变位置。之后，类似于 BP（2003）的分析思路，KP 关注在已划分的 $l+1$ 个区段内是否还存在一个额外的突变点，即对划分区段进行 $l+1$ 次无突变对一次突变的统计检验。此时，由于新息误差项 u_t 的单整性质未知，为保证误差项 I（0）和 I（1）情形下相应的统计检验能保持一致性，结合上节 PY（2009b）进行数据结构预检验的 Exp-W_{FS} 统计量，式（4.15）的序贯统计量转化为：

$$F_T(l+1 \mid l) = \max_{l<i\leqslant l+1}[\exp - W_{FS}^{(i)}]$$

$$\exp - W_{FS}^{(i)} = \log\left\{(\hat{T}_i - \hat{T}_{i-1})^{-1}\sum_{\tau\in\Lambda_{i-1,\ i}}\exp\left[\frac{W_{FS}^{[\hat{\lambda}_{i-1},\ \hat{\lambda}_i]}(\tau)}{2}\right]\right\} \quad (4.24)$$

$\hat{\lambda}_i = \hat{T}_i/T$，$\hat{T}_i$ 为 RSS 最小化估测的第 i 个突变点。$\Lambda_{i-1,\ i} = [\hat{\lambda}_{i-1} + \Delta\hat{\lambda}_i. \varepsilon,\ \hat{\lambda}_i - \Delta\hat{\lambda}_i. \varepsilon]$ 为在区段 $[\hat{T}_{i-1},\ \hat{T}_i]$ 上对第 $l+1$ 个潜在突变点 $\hat{\tau}$ 进行搜寻的信息集，ε 为截断参数。$W_{FS}^{[\hat{\lambda}_{i-1},\ \hat{\lambda}_i]}(\tau)$ 是检测区段 $[\hat{T}_{i-1},\ \hat{T}_i]$ 是否有突变特征的 Wald 统计量，构造式为 $W_{FS}^{[\hat{\lambda}_{i-1},\ \hat{\lambda}_i]}(\tau) = R(\widehat{\Psi} - \Psi)'[s^2R(X'X)^{-1}R']^{-1}R(\widehat{\Psi} - \Psi)$。其中，$R$ 为 FGLS 回归式（4.14）对应的约束条件系数阵，s^2 为 FGLS 回归式（4.14）的残差方差估计量。

基于上述统计量 $F(l+1 \mid l)$ 进行序贯检验：0 次突变对 1 次突变，1 次突变对 2 次突变，…，m 次突变对 $m+1$ 次突变，直到统计量拒绝原假设为止，最终确定考察数据过程的突变次数。KP 推导出 $F(l+1 \mid l)$ 的渐近分布为：

$$F(l+1 \mid l) = \max_{l>0}\{\exp - W_{FS}^{l}\} \Rightarrow \left\{\log\left\{\int_{\lambda_1}\exp\left[\frac{g(\lambda_1)}{2}\right]\right\}\mathrm{d}\lambda_1\right\}^{l+1} \quad (4.25)$$

其中，$g(\lambda_1) = \begin{cases} G_0(\lambda_1)\cdots I(0) \\ G_1(\lambda_1)\cdots I(1) \end{cases}$，$G_0(\lambda_1) \equiv \{R[\int_0^1 F(s,\ \lambda_1)F(s,\ \lambda_1)'\mathrm{d}s]^{-1}\int_0^1 F(s,\ \lambda_1)\mathrm{d}W(s)\}' \times \{R[\int_0^1 F(s,\ \lambda_1)F(s,\ \lambda_1)'\mathrm{d}s]^{-1}R'\}^{-1} \times \{R[\int_0^1 F(s,\ \lambda_1)F(s,\ \lambda_1)'\mathrm{d}s]^{-1}\int_0^1 F(s,\ \lambda_1)\mathrm{d}W(s)\}$。在趋势突变情形下，有 $G_1(\lambda_1) = \frac{|\lambda_1 W(1) - W(\lambda_1)|}{|\lambda_1(1-\lambda_1)|}$，在水平趋势双突变下，则有 $G_1(\lambda_1) = \lim_{T\to\infty}\frac{e[T\lambda_1]}{\sigma^2} + \frac{|\lambda_1 W(1) - W(\lambda_1)|}{|\lambda_1(1-\lambda_1)|}$。

另外，在单趋势突变情形下有，$F(s,\ \lambda_1) = [1,\ s,\ I(s > \lambda_1)(s -$

$\lambda_1)]$，在水平和趋势双突变下有，$F(s, \lambda_1) = [1, s, I(s > \lambda_1), I(s > \lambda_1)(s - \lambda_1)]$。注意到，在I（0）和I（1）误差设定下，统计量$F(l+1|l)$对应的理论分布不一致。不过，该序贯检验$F(l+1|l)$在I（0）和I（1）误差项下对应的渐近临界值差别很小（见表4.2），从而可以保证其在误差平稳性未知情形下有效识别数据过程的突变次数。

表 4.2 序贯统计量 $F(l+1|l)$ 对应临界值

		I（0）误差					I（1）误差				
截断参数 ε	分位点	l=1	2	3	4	5	L=1	2	3	4	5
Model 1：斜率突变											
0.01	0.90	2.02	2.33	2.60	2.82	2.97	2.08	2.37	2.65	2.81	2.99
	0.95	2.61	2.98	3.24	3.41	3.59	2.66	3.03	3.25	3.47	3.62
	0.99	4.04	4.40	4.75	5.09	5.30	4.14	4.50	4.79	4.95	5.07
0.05	0.90	1.90	2.25	2.52	2.72	2.88	1.93	2.23	2.46	2.62	2.82
	0.95	2.55	2.92	3.15	3.31	3.47	2.49	2.84	3.04	3.22	3.37
	0.99	3.86	4.25	4.52	4.76	4.97	3.80	4.32	4.67	4.84	4.90
0.10	0.90	1.75	2.08	2.30	2.50	2.68	1.82	2.12	2.40	2.56	2.71
	0.95	2.32	2.72	3.00	3.23	3.38	2.41	2.73	2.90	3.07	3.25
	0.99	3.79	4.11	4.53	4.76	4.86	3.76	4.18	4.51	4.72	4.82
0.15	0.90	1.67	1.94	2.18	2.36	2.53	1.66	1.97	2.20	2.37	2.54
	0.95	2.19	2.54	2.85	3.10	3.24	2.22	2.56	2.78	2.94	3.15
	0.99	3.64	4.01	4.22	4.37	4.81	3.66	4.04	4.20	4.43	4.56
0.25	0.90	1.29	1.62	1.87	2.08	2.24	1.27	1.62	1.85	2.01	2.15
	0.95	1.89	2.27	2.45	2.61	2.73	1.88	2.19	2.41	2.61	2.75
	0.99	3.17	3.61	4.01	4.13	4.34	3.27	3.59	3.93	4.07	4.25
Model 2：水平和斜率双突变模型											
0.01	0.90	3.34	3.70	3.97	4.19	4.38	3.52	3.86	4.11	4.34	4.52
	0.95	3.99	4.41	4.73	4.96	5.20	4.13	4.53	4.83	4.99	5.20

续表

截断参数 ε	分位点	I（0）误差					I（1）误差				
		$l=1$	2	3	4	5	$l=1$	2	3	4	5
Model 2：水平和斜率双突变模型											
0.01	0.99	5.53	6.05	6.28	6.60	6.82	5.59	5.94	6.20	6.73	7.10
0.05	0.90	3.20	3.57	3.84	4.08	4.25	3.36	3.70	3.97	4.14	4.33
	0.95	3.87	4.27	4.56	4.74	4.94	4.02	4.37	4.67	4.87	5.02
	0.99	5.41	5.81	6.13	6.34	6.76	5.58	5.97	6.16	6.30	6.52
0.10	0.90	2.96	3.37	3.64	3.87	4.13	3.26	3.60	3.83	3.99	4.10
	0.95	3.67	4.15	4.37	4.56	4.67	3.85	4.15	4.38	4.57	4.72
	0.99	5.21	5.65	5.92	6.10	6.59	5.15	5.65	5.84	6.08	6.19
0.15	0.90	2.91	3.34	3.60	3.86	4.03	3.09	3.44	3.64	3.84	3.99
	0.95	3.63	4.06	4.34	4.59	4.79	3.66	4.00	4.28	4.61	4.73
	0.99	5.28	5.70	5.83	5.98	6.22	5.17	5.57	5.93	6.07	6.15
0.25	0.90	2.54	2.88	3.16	3.36	3.57	2.72	3.05	3.31	3.52	3.69
	0.95	3.90	4.35	4.57	4.77	5.00	3.99	4.30	4.55	4.80	4.95
	0.99	4.77	5.22	5.50	5.81	6.00	4.80	5.21	5.39	5.63	5.73

4.2.2 传统 CUSUM 与 MOSUM 统计量的构建

考虑带有时间趋势的平稳数据过程：

$$y_t = \alpha x_t + \beta t + u_t,\ u_t \sim iid(0,\ \sigma^2).\ (t = 1,\ 2,\ \cdots,\ n) \qquad (4.26)$$

x_t 为独立解释变量，并有 $\sum_{i=1}^{n} x_i x_i^T / n \to Q$，$Q$ 为正定矩阵。

在模型（4.26）不存在结构突变情况下，式（4.26）的回归残差项同样不会表现出突变特征。在此基础上，Brown、Durbin 和 Evans（1975）建议基于回归残差对模型（4.26）进行结构突变检验。记 $\hat{u}_i$ 为退时间趋势的全局 OLS 残差，即在全局样本 $t=1$，…，n 上进行回归检验：$y_t = \hat{\alpha} + \hat{\beta} t + \hat{u}_t$ 后的残差。时点 t_0 处基于全局残差的 CUSUM 统计量［记为 $G\_cu(t_0)$］定义如下：

$$G\_cu(t_0)=\frac{\sum_{i=1}^{t_0}\hat{u}_i/\sqrt{n}}{\left(\sum_1^n\hat{u}_i^2/n\right)^{1/2}} \tag{4.27}$$

在无结构突变原假设下，容易推得该统计量的渐近分布为：

$$G\_cu(t_0)\Rightarrow\frac{\sum_{i=1}^{t_0}u_i/\sqrt{n}}{\left(\sum_{i=1}^n u_i^2/n\right)^{1/2}}\Rightarrow B^*\left(\frac{t_0}{n}\right) \tag{4.28}$$

$B^*(r)=W(r)-rW(1)$ 为定义在区间 $r\in[0,1]$ 上的标准布朗桥，该过程对应于均值为 0，方差为 $r(1-r)$ 的高斯过程。

统计量 $G\_cu(t_0)$ 建立在全局残差之上。除此之外，CUSUM 检验也可以考虑基于迭代残差 $\tilde{u}_i$ 构建。所谓迭代残差，是指在递归滚动检验中，基于前期样本对后续样本进行预测的一步误差。式（4.27）给出了时点 i 处对应的向前一步迭代残差 $\tilde{u}_i$ 的公式，其中 $\alpha^{(i-1)}$，$\beta^{(i-1)}$ 为基于前 $i-1$ 个样本进行式（4.24）的 OLS 回归得到的参数估计值；X_i 为前 $i-1$ 个样本下的解释变量矩阵；$\tilde{\sigma}^2$ 为在迭代残差基础上构建的误差方差估计量。

$$\tilde{u}_i=\frac{y_i-(x_i,\ i)(\alpha^{(i-1)},\ \beta^{(i-1)})'}{\sqrt{1+(x_i,\ i)(X_i'X_i)^{-1}(x_i,\ i)'}},\quad \tilde{\sigma}^2=\frac{1}{n-k}\cdot\sum_{i=k+1}^{n}(\tilde{u}_i-\bar{\tilde{u}}_i)^2 \tag{4.29}$$

时点 t_0 处基于迭代残差的 CUSUM 统计量［记为 $C\_cu(t_0)$］构建如下：

$$C\_cu(t_0)=\frac{\sum_{i=1}^{t_0}\tilde{u}_i/\sqrt{n}}{\tilde{\sigma}} \tag{4.30}$$

注意到，$y_i-(x_i,\ i)'(\alpha^{(i-1)},\ \beta^{(i-1)})=u_i+(x_i,\ i)(X'_{i-1}X_{i-1})^{-1}X'_{i-1}(u_1,\ \cdots,\ u_{i-2},\ u_{i-1})'$。容易推知，上式对应方差为 $\sigma^2[1+(x_i,\ i)(X'_{i-1}X_{i-1})^{-1}(x_i,\ i)']$。进而，可推知在无突变原假设下，统计量 $C\_cu(t_0)$ 的渐近分布为：

$$C\_cu(t_0)=\frac{\sum_{i=1}^{t_0}\tilde{u}_i/\sqrt{n}}{\tilde{\sigma}}\Rightarrow W\left(\frac{t_0}{n}\right) \tag{4.31}$$

可以看到，CUSUM 检验是建立在不断增加容量的残差和基础之上的，随着时刻 t_0 由 1 向 n 变动，残差和 $\sum_{i=1}^{t_0}\tilde{u}_i$ 也在不断滚动累加。仿照 CUSUM 的检验思路，从固定容量的累积残差和出发，Chu 等（1995）提出了 MOSUM 检验方法对结构突变问题进行考察。其对应的统计形式和 CUSUM 统计量基本一致，只是累积残差和是建立在固定容量为 $[nh]$ 的滚动样本之上。同样，MOSUM 统计量可以基于全局残差和向前一步的迭代残差进行构建。

时点 t_0 处全局残差下的 MOSUM 统计量［记为 $G\_mo(t_0)$］构建如下：

$$G\_mo(t_0)=\frac{\sum_{i=t_0+1}^{t_0+[nh]}\hat{u}_i/\sqrt{n}}{\hat{\sigma}},\ h\in(0,\ 1) \tag{4.32}$$

其中，h 为事先固定的窗宽，即在 t_0 点处基于后续样本宽度为 $[nh]$ 的全局残差构建统计量。类似于对 CUSUM 统计量的分析，容易推知在无结构突变原假设下，$G\_mo(t_0)$ 的渐近分布为：

$$G\_mo(t_0)\Rightarrow B^*\left(\frac{t_0}{n}+h\right)-B^*\left(\frac{t_0}{n}\right) \tag{4.33}$$

基于迭代残差的 MOSUM 统计量 $C\_mo(t_0)$ 为：

$$C\_mo(t_0)=\frac{\sum_{i=t+1}^{t+[nh]}\tilde{u}_i/\sqrt{n}}{\tilde{\sigma}} \tag{4.34}$$

对应的渐近分布为：

$$C\_mo(t_0)\Rightarrow W\left(\frac{t_0}{n}+h\right)-W\left(\frac{t_0}{n}\right) \tag{4.35}$$

考虑到布朗桥过程 $B^*(r)$ 和布朗运动 $W(r)$ 的独立增量特性，即 $B^*(r+h)-B^*(r)=N(0,\ \sqrt{h(1-h)})$，$W(r+h)-W(t)=N(0,\ \sqrt{h})$。在全局或者迭代残差下的 MOSUM 检验中，可以基于相应的正态分布临界值对数据的突变特征进行判断。

上述 MOSUM 及 CUSUM 检验的分析是建立在平稳误差项 u_t 为独立分布的基础之上。当 u_t 表现出自相关性时候，MOSUM 及 CUSUM 检验的渐近分布会在一定程度上受到误差项长短期方差的影响。以全局残差下的 CUSUM 检验为例，容易推得此时：

$$G\_cu(t_0)\Rightarrow\frac{\sum_{i=1}^{[nt_0]}u_i/\sqrt{n}}{\left(\sum_{i=1}^{n}u_i^2/n\right)^{1/2}}\Rightarrow\frac{\bar{\sigma}.B^*(t_0/n)}{\sigma^2} \tag{4.36}$$

$\bar{\sigma}^2$、σ^2 分别为误差项 u_t 的长短期方差，此时我们建议用长期方差估计量 $\bar{s}^2$ 对式（4.36）分母中的短期方差估计值 $\sum_1^n\hat{u}_i^2/n$ 进行替代，以保证渐近分布的中枢性。

对于迭代残差下的 CUSUM 检验，此时有：

$$\begin{aligned}y_i-(x_i,\ i)(\alpha^{(i-1)},\ \beta^{(i-1)})' &= u_i-(x_i,\ i)(X'_{i-1}X_{i-1})^{-1}X'_{i-1}\vec{u}_{i-1}\\ &= u_i-C_{i-1}\vec{u}_{i-1}\\ &= u_i-(C_{i-1,\ 1}u_1+\cdots+C_{i-1,\ i-1}u_{i-1})\end{aligned} \tag{4.37}$$

其中，$C_{i-1,\ j}$ 为向量 $C_{i-1}=(x_i,\ i)'(X'_{i-1}X_{i-1})^{-1}X'_{i-1}$ 的第 j 行元素。可以证明，式（4.37）的方差为 $[1-(C_{i-1,\ 1}+\cdots+C_{i-1,\ i-1})]^2\bar{\sigma}_u^2$。我们建议可以考虑修改式（4.29）中的迭代残差为 $\tilde{u}_i=(y_i-x_i'\beta^{(i-1)})/|1-(C_{i-1,\ 1}+\cdots+C_{i-1,\ i-1})|$，并结合 $\tilde{u}_i$ 的长期方差估计值 $\bar{s}^2$ 构建 CUSUM 检验，如下：

$$C\_cu(t_0)=\frac{\sum_{i=1}^{t_0}\tilde{u}_i/\sqrt{n}}{\tilde{s}} \tag{4.38}$$

不难推得，此时 CUSUM 检验的渐近分布仍为标准的布朗运动 $W(t_0/n)$。误差项 u_t 表现出相关性下对 MOSUM 检验的分析类似，这里不再赘述。

4.2.3 误差平稳性未知下 CUSUM、MOSUM 检验量的修订

现有关于 CUSUM 和 MOSUM 检验的文献并未考虑 u_t 为非平稳误差项的情形。在非平稳误差 I（1）设定下，考虑数据过程 y_t 为：

$$y_t=\alpha+\beta t+u_t,\ u_t=\sum_{j=1}^{t}\varepsilon_j,\ \varepsilon_t\sim iid(0,\ \sigma^2).(t=1,\ 2,\ \cdots,\ n) \tag{4.39}$$

此时，CUSUM 及 MOSUM 检验的渐近分布不再是上节的布朗运动或者布

朗桥的形式。以全局残差对应的 CUSUM 统计量为例，结合泛函中心极限定理，可以推导得到：

$$G\_cu(t_0)\mid_{I(1)}=\frac{\sum_{i=1}^{t_0}\hat{u}_i/\sqrt{n}}{\left(\sum_{i=1}^{n}\hat{u}_i^2/n\right)^{1/2}}$$

$$=\frac{\sqrt{n}.\sum_{i=1}^{t_0}(\hat{u}_i/\sqrt{n})\frac{1}{n}}{\left(\sum_{i=1}^{n}\frac{\hat{u}_i^2}{n}\frac{1}{n}\right)^{1/2}}\Rightarrow\frac{\sqrt{n}\int_0^{t_0/n}\tilde{B}(r)\,\mathrm{d}r}{\left[\int_0^1\tilde{W}^2(r)\,\mathrm{d}r\right]^{1/2}}$$

(4.40)

其中，$\tilde{B}(r)$ 为退时间趋势的布朗桥过程，$\tilde{W}(r)$ 为退时间趋势的布朗运动。

基于迭代残差的 CUSUM 统计量的渐近分布则为：

$$C\_cu(t_0)\mid_{I(1)}=\frac{\sum_{i=1}^{[nt]}\tilde{u}_i/\sqrt{n}}{\left(\sum_{i=1}^{n}\tilde{u}_i^2/n\right)^{1/2}}$$

$$=\frac{n\cdot\sum_{i=1}^{[nt]}(\tilde{u}_i/\sqrt{n})/n}{\sqrt{n}\cdot\left(\sum_{i=1}^{n}\frac{u_i^2}{n}\frac{1}{n}\right)^{1/2}}\Rightarrow\frac{\sqrt{n}\int_0^{t_0/n}\tilde{W}(r)\,\mathrm{d}r}{\left[\int_0^1\tilde{W}^2(r)\,\mathrm{d}r\right]^{1/2}}$$

(4.41)

类似可推得，MOSUM 检验在 I（1）误差情形下，基于全局和迭代残差对应的统计量渐近分布分别为：

$$G\_mo(t_0)\mid_{I(1)}=\frac{\sum_{i=t_0+1}^{t_0+[nh]}\hat{u}_i/\sqrt{n}}{\left(\sum_{i=1}^{n}\hat{u}_i^2/n\right)^{1/2}}$$

$$\Rightarrow\frac{n\int_{(t_0+1)/n}^{(t_0+1)/n+h}\tilde{B}(r)\,\mathrm{d}r}{\left(\sum_{i=1}^{n}\frac{u_i^2}{n}\right)^{1/2}}\Rightarrow\frac{\sqrt{n}\int_0^{h}\tilde{B}(r)\,\mathrm{d}r}{\left[\int_0^1\tilde{W}^2(r)\,\mathrm{d}r\right]^{1/2}}$$

(4.42)

$$C\_mo(t_0)\mid_{I(1)} = \frac{\sum_{i=t_0+1}^{t_0+[nh]}\tilde{u}_i/\sqrt{n}}{\left(\sum_{i=1}^{n}\tilde{u}_i^2/n\right)^{1/2}}$$

$$\Rightarrow \frac{n\int_{(t_0+1)/n}^{(t_0+1)/n+h}W(r)\mathrm{d}r\left(\frac{1}{n}\right)^{1/2}}{\left(\sum_{i=1}^{n}\frac{u_i^2}{n}\frac{1}{n}\right)^{1/2}} \Rightarrow \frac{\sqrt{n}\int_0^h W(r)\mathrm{d}r}{\left[\int_0^1\tilde{W}^2(r)\mathrm{d}r\right]^{1/2}} \tag{4.43}$$

可以看到，I（1）误差下 CUSUM 及 MOSUM 统计量的渐近分布与 I（0）情形下有较大差异，这不利于我们在新息误差项平稳性未知前提下对结构突变问题进行分析。便于我们后续的理论研究，待考察的时序过程以如下形式给出：

$$y_t = \alpha + \beta t + r.\Phi(t,\ \lambda_1) + u_t,\ u_t = \rho u_t + v_t,\ v_t \sim iid(0,\ \sigma^2) \tag{4.44}$$

其中，v_t 为鞅差序列，βt 为时间趋势项，λ_1 反映数据的相对突变位置，$\Phi(t,\ \lambda_1)$ 为突变特征项，无突变发生时有 $\Phi(t,\ \lambda_1)=0$。式（4.44）通过对新息误差项 u_t 进行自回归形式的设定，将 I（0）（$|\rho|<1$）及 I（1）（$\rho=1$）情形纳入统一框架，式（4.44）所考察的数据过程可能是（趋势）平稳过程，也可能是（趋势）单位根过程。在该设定下，如下我们采取两种策略对 CUSUM 和 MOSUM 检验进行调整。

调整方案 1：动态回归检验式

为保证平稳或者单位根误差情形下，退势处理后的残差项均能收敛到 I（0）序列，不同于传统 CUSUM 和 MOSUM 检验基于静态回归式：$y_t=\hat{c}+\hat{\beta}t+\hat{e}_{1t}$ 计算残差，我们考虑如下的动态回归检验：

$$y_t = \hat{c} + \hat{\beta}t + \hat{\lambda}y_{t-1} + \hat{e}_{2t} \tag{4.45}$$

可以证明在无突变原假设下，基于动态检验式（4.45）得到的回归残差项 $\hat{e}_t$ 一致收敛于式（4.44）中的平稳新息项 v_t（详细证明见本章附录），从而我们建议在式（4.45）的基础上结合回归残差构造 CUSUM 和 MOSUM 统计量，此时的 CUSUM 和 MOSUM 检验回归到上节平稳误差情形下的分析。

调整方案 2：差分化处理

对于误差项为 I（1）情形下的数据过程，使其平稳化的最有效方法是进行差分处理；同时，对于差分后的 I（0）数据而言，尽管其对应的自相关形式有一定的复杂性，通常情形下并不改变数据的平稳性特征①；另外，对于结构突变过程而言，差分处理后，原始数据的结构突变特征仍然会得以保留。因此，在数据平稳性未知情形下，我们可以在差分后数据的基础上进行结构突变检验。

考虑水平、趋势双突变过程：

$$y_t = a + bt + a_2 D(t > T_0) + b_2(t - T_0)D(t > T_0) + u_t，\ u_t = \rho u_{t-1} + v_t \tag{4.46}$$

当 $a_2 = b_2 = 0$ 时，数据不具有突变特征。对式（4.46）进行差分，整理得到 $\Delta y_t = b + a_2 D(t = T_0 + 1) + b_2 D(t > T_0) + \Delta u_t$，即差分后数据表现为水平突变特征。注意到，此时随机误差项 Δu_t 存在自相关性，为尽量减弱回归检验残差的相关性，类似于调整方案 1 的处理，对差分数据考虑动态检验：

$$\Delta y_t = \hat{b} + \hat{\varphi}\Delta y_{t-1} + e_t \tag{4.47}$$

此时，对数据过程 y_t 结构突变的分析实际上再次回归到传统 I（0）框架下 CUSUM 类型检验的分析。通过对 Δy_t 进行动态回归检验，我们基于相应残差构造 CUSUM、MOSUM 检验统计量进行结构突变分析，相应的统计构建形式和渐近分布同 4.2.1 节传统形式一致，不再赘述。

4.2.4 一点补充

基于全局或者滚动残差的 CUSUM 检验的渐近分布会受考察时刻 t_0 的影响，从整个数据过程来看，CUSUM 检验对应的渐近分布并不是稳定的。

---

① 一个特例是平稳数据过程 y_t 对应的误差项 u_t 完全独立，此时差分项 $u_t - u_{t-1}$ 不具有平稳性。不过在现实情形分析中完全的独立误差项鲜有存在，另外，这种情况下通过后面所提的差分后的动态检验 $\Delta y_t = b + \beta\Delta y_t + e_t$，可以在很大程度上使残差项向平稳过程靠拢。

以迭代残差下的 CUSUM 检验为例，在无突变原假设下，Brown、Durbin 和 Evans（1975）研究指出，随着样本容量 n 的增加，第 $t_0=[nr]$ 点和第 $t_1=[ns]$ 点对应的 CUSUM 统计量有如下的渐近性质：

$$C\_cu(t_0)=\frac{\sum_{i=k}^{t_0}\tilde{u}_i/\sqrt{n}}{\sigma_u}\Rightarrow W(r)$$

$$C\_cu(t_1)=\frac{\sum_{i=k}^{t_1}\tilde{u}_i/\sqrt{n}}{\sigma_u}\Rightarrow W(s) \tag{4.48}$$

$$\mathrm{cov}[C\_cu(t_0),\ C\_cu(t_1)]\Rightarrow \min(r,\ s)-k/n\Rightarrow \min(r,\ s)$$

k 为回归检验式的解释变量维度。可以看到在不同时点处，CUSUM 检验的分布有差异，同时不具有独立性。事实上，即便我们考虑用 $\sqrt{r}$ 和 $\sqrt{s}$ 作为分母对其进行调整，CUSUM 统计量对应的渐近分布仍然不具有平稳性：

$$\mathrm{cov}\left[\frac{C\_cu(r)}{\sqrt{r}},\ \frac{C\_cu(s)}{\sqrt{s}}\right]\Rightarrow\frac{\min(r,\ s)}{\sqrt{rs}} \tag{4.49}$$

记 $s-r=p$，式（4.49）转化为

$$\mathrm{cov}\left[\frac{C\_cu(r)}{\sqrt{r}},\ \frac{C\_cu(r+p)}{\sqrt{r+p}}\right]\Rightarrow\frac{r}{\sqrt{r}\sqrt{r+p}} \tag{4.50}$$

固定 p，随着 $r\rightarrow 1$，$t_0=[nr]$ 点和 $t_1=[ns]$ 对应的统计值的相关性不断加强，从而调整后统计量对应的渐近分布仍不具有平稳性。此时，CUSUM 检验对应的边界为一条变动的临界线，而非固定值，用标准正态分布的 α-分位点（如±1.96、±1.645）作为临界值对 CUSUM 统计量进行分析不合适。很多文献基于 $(k,\ \pm c_w\sqrt{n-k})$ 或者 $(k,\ \pm 3c_w\sqrt{n-k})$ 的近似边界直线进行 CUSUM 检验下的结构突变分析。细化研究可以见 Brown、Durbin 和 Evans（1975）及 Hisashi（2001）。

相对而言，MOSUM 统计量对应的渐近分布仅依赖于事先给定的固定窗宽。从而经固定窗宽调整后，MOSUM 统计量渐近收敛于标准高斯过程，临界值可以直接参照正态分布进行确定。出于分析和应用的便捷性，我们在后节主要基于 MOSUM 统计量进行结构突变问题的分析和考察。

4.3 修订后 MOSUM 检验的理论分析与应用流程

在本节部分，我们对修订后 MOSUM 统计量的结构突变检验及突变次数估测效果进行细化分析，同时对前节所提到的确定突变个数的 KP（2011）方法也进行了考察。

4.3.1 突变情形下 MOSUM 检验的偏离度分析

考虑时间跨度为 n 的时序过程 y_t 在 T_0 点发生了水平和趋势突变，见下式。

$$y_t = a_0 + b_0 t + a_1 DU_t(T_0) + b_1 DT_t(T_0) + u_t,$$
$$u_t = \rho u_{t-1} + v_t,\ v_t \sim iid(0,\ \sigma^2) \tag{4.51}$$

$I(.)$ 为示性函数，$DU_t(T_0) = I(t = T_0 + 1)$，$DT_t(T_0) = (t - T_0)I(t > T_0)$。对其进行上节的动态回归检验①：$y_t = \hat{a} + \hat{b}t + \hat{\rho}y_{t-1} + \hat{e}_t$。注意到，在突变位置 T_0 点处有 $y_t = \rho y_{t-1} + (1-\rho)a + \rho b + bt - \rho bt + v_t = c_0 + c_1 t + v_t$，易发现在时点 T_0 及之前对应的迭代残差有 $\tilde{e}_t \Rightarrow v_t$，在时点 $T_0 + 1$ 处对应的迭代残差有 $\tilde{e}_t \Rightarrow c_0 + c_1 + v_t$。进一步，在 $T_0 + j$ 位置处得到的迭代残差 $\tilde{e}_t$ 近似于 $c_0 + c_1 j + v_t$，不过随着 j 的增大，迭代回归中所用到的突变后样本的信息不断增加，其对模型拟合的权重加大，此时迭代残差相对于原始新息项 v_t 的偏离幅度减弱，明显小于 $c_0 + c_1 j$。

在上述分析基础上，我们考察式（4.51）对应的固定窗宽为 h 的迭代残差 MOSUM 统计量值相对于无突变情形的偏离度。在观测点 t_0 处，当式（4.51）中的实际突变位置 T_0 大于或等于 $t_0 + [nh]$ 时，MOSUM 检验中的迭代回归并没有用到突变后的样本信息，此时 MOSUM 统计值相对于

① 本部分想强调的问题是在突变位置附近，MOSUM 统计值取值相较于无突变数据情形下的偏离度达到最大，基于差分回归的 MOSUM 检验分析类似。

数据无突变下的渐近分布没有差别，仍为 $W(h)$ ；而当 T_0 位于区间内 $[t_0,\ t_0+[nh]]$ 时，t_0 处对应的 MOSUM 统计值则有：

$$C\_mo(t_0)=\frac{\sum_{i=t_0+1}^{t_0+[nh]}\tilde{e}_i/\sqrt{n}}{\tilde{\sigma}}=\frac{(\sum_{i=t_0+1}^{T_0}\tilde{e}_i)}{\sqrt{n}\tilde{\sigma}}+\frac{\sum_{j=1}^{t_0+[nh]-T_0}(v_{T_0+j}+c_0+jc_1)}{\sqrt{n}\tilde{\sigma}}$$

$$\Rightarrow\frac{(\sum_{i=t_0+1}^{t_0+[nh]}v_i)}{\sqrt{n}\sigma}+\frac{(\sum_{j=1}^{t_0+[nh]-T_0}jc_1)+c_0\{[nh]-(T_0-t_0)\}}{\sqrt{n}\sigma}$$

$$\Rightarrow W(h)+\frac{c_1\{[nh]-(T_0-t_0)\}\{[nh]-(T_0-t_0)+1\}}{2\sigma\sqrt{n}}$$

$$+\frac{c_0\{[nh]-(T_0-t_0)\}}{\sigma\sqrt{n}}\qquad(4.52)$$

当考察点 $t_0=T_0$ 时，MOSUM 统计值有：

$$\frac{\sum_{i=T_0+1}^{T_0+[nh]}\tilde{e}_i}{\sigma\sqrt{n}}=\frac{\sum_{i=T_0+1}^{T_0+[nh]}v_i}{\sigma\sqrt{n}}+\frac{(\sum_{j=1}^{[nh]}c_0+jc_1)}{\sigma\sqrt{n}}$$

$$\Rightarrow W(h)+\frac{c_1[nh]([nh]+1)+c_0[nh]}{2\sigma\sqrt{n}}\qquad(4.53)$$

此时，MOSUM 统计值相较于无突变数据过程下渐近分布 $W(h)$ 的偏离幅度达到最大，为 $\{c_1[nh]([nh]+1)+c_0[nh]\}/(2\sigma\sqrt{n})$。进而，当 T_0 小于 t_0 时（实际突变位置发生在观测点 t_0 之前），随着观测点 t_0 和 T_0 距离的拉远，如前分析，t_0 及后续样本点对应的迭代残差的偏离度不断减弱。从而，MOSUM 统计量值相较于无突变数据情形下的偏离幅度也会逐渐下降和减弱。

从以上分析可以推测，当数据过程在 T_0 点存在结构突变时，基于迭代残差的 MOSUM 统计值会在 T_0 及附近达到最大。而对全局残差而言，由于其是建立在全局信息上的估测，局部结构突变信息的干扰使全局残差在 T_0+1 位置通常并不会达到迭代残差所对应的 $c_0+c_1+v_t$。而且在 T_0+j 位置后的残差偏离幅度也难以定量分析，而是会随着具体的突变幅度和突变情形表现不同。因此可以预估，基于全局残差的 MOSUM 检验可能在结构突变设定下不如迭代残差的 MOSUM 检验更有效果。

如下，我们通过仿真实验分析动态和差分回归下 MOSUM 检验对数据过程是否存在结构突变的检测效果。模拟中设定的单点和双点突变过程分别为式（4.54）和式（4.55）

$$y_t = a_0 + a_1 DU_t(\lambda_1 T) + b_0 t + b_1 DT_t(\lambda_1 T) + u_t,$$
$$u_t = \rho u_{t-1} + \varepsilon_t,\ \varepsilon_t \sim N(0,\ 1) \tag{4.54}$$

$$y_t = a_0 + \sum_{j=1}^{2} a_j DU_t(\lambda_j T) + b_0 t + \sum_{j=1}^{2} b_j DU_t(\lambda_j T) + u_t,$$
$$u_t = \rho u_{t-1} + \varepsilon_t,\ \varepsilon_t \sim N(0,\ 1) \tag{4.55}$$

$\rho = 1$ 对应单位根原假设，$|\rho| < 1$ 对应备择假设下的平稳过程。表 4.3 给出了单结构突变点下各种 MOSUM 类型检验检测到结构突变的概率，对应的突变位置为 $\lambda_1 = 0.4$，具体水平突变幅度 a_1 和趋势突变幅度 b_1 的设定在表中给出，样本长度 $T = 150$；表 4.4 给出了两次结构突变点下各种 MOSUM 类检验检测到结构突变的概率，两个突变位置设置为 $\lambda_1 = 0.4$，$\lambda_2 = 0.75$，水平突变幅度（a_1，a_2）和趋势突变幅度（b_1，b_2）的设定见表 4.4。模拟中取窗宽为 $h = 0.3$，为保证各点处的 MOSUM 检验具有相同的分布，我们对全局残差及迭代残差下 MOSUM 检验式（4.32）和（4.34）的分母分别用 $\sqrt{h(1-h)}$ 和 $\sqrt{h}$ 进行调整，即：

$$G\_mo(t_0) = \frac{\sum_{i=t_0+1}^{t_0+[nh]} \hat{e}_i / \sqrt{n}}{\hat{\sigma}\sqrt{h(1-h)}},\ C\_mo(t_0) = \frac{\sum_{i=t_0+1}^{t_0+[nh]} \tilde{e}_i / \sqrt{n}}{\tilde{\sigma}\sqrt{h}} \tag{4.56}$$

$\tilde{e}_i$ 对应动态或者差分回归下的迭代残差及在其标准差估计量，$\hat{e}_i$ 和 $\hat{\sigma}$ 对应动态或者差分回归下的全局残差及相应的标准差。在无突变原假设下，上述统计量收敛于标准正态分布 $N(0,\ 1)$，从而当上述统计量的绝对值在样本区间（1，2，…，n）上大于临界值 1.645 时，我们在 0.1 显著水平上拒绝数据过程无突变的原假设。表 4.3 和表 4.4 具体列出了动态及差分回归下 MOSUM 检验拒绝无突变原假设的概率。“Dif_c” 和 “Dif_g” 代表差分思路下的迭代残差和全局残差 MOSUM 检验量，“Dy_c” 和 “Dy_g” 为动态回归思路下的迭代残差和全局残差 MOSUM 检验量。

表 4.3　单突变点下各类 MOSUM 检验表现（模拟：500 次）

	水平突变幅度 a_1	趋势突变幅度 b_1	Dif_c	Dif_g	Dy_c	Dy_g
$\rho=1$	1.5	0.25	0.30	0.05	0.80	0.06
	1.5	0.5	1.00	0.58	1.00	0.08
	2	0.5	1.00	0.58	1.00	0.12
	2	1	1.00	1.00	1.00	0.28
$\rho=0.4$	1.5	0.25	0.76	0.66	0.92	0.62
	1.5	0.5	0.84	0.82	0.98	0.56
	2	0.5	0.92	0.92	0.98	0.54
	2	1	1.00	1.00	0.94	0.66

表 4.4　双突变点下各类 MOSUM 检验表现（模拟：500 次）

	水平突变幅度（a_1，a_2）	趋势突变幅度（b_1，b_2）	Dif_c	Dif_g	Cu1_c	Cu1_g
$\rho=1$	(1.5，1.5)	(0.25，0.25)	1.00	0.36	1.00	0.00
	(1.5，1.5)	(0.5，0.5)	1.00	1.00	1.00	0.05
	(2，-2)	(0.5，-0.5)	1.00	0.80	1.00	0.84
	(2，-2)	(1，-0.1)	1.00	1.00	1.00	1.00
$\rho=0.4$	(1.5，1.5)	(0.25，0.25)	0.90	0.90	1.00	0.44
	(1.5，1.5)	(0.5，0.5)	1.00	1.00	1.00	0.28
	(2，-2)	(0.5，-0.5)	0.84	0.76	1.00	0.96
	(2，-2)	(1，-0.1)	1.00	1.00	1.00	1.00

注：为尽可能涵盖实际情形，两个突变点下的数据过程考虑了不断增加的趋势和先增加后减弱的趋势变化两种情形。

基于表 4.3-4.4 模拟结果可以看到，无论在单位根误差情形（$\rho=1$），还是平稳误差情形（$\rho=0.4$）下，随着突变幅度的增加，基于迭代残差的检验方法均能有效检测出数据的突变特征。以单点突变为例，在 $\rho=1$ 下，水平突变幅度 $a_1=(1.5，1.5，2，2)$，趋势突变幅度 $b_1=(0.25，0.5，0.5，1)$ 设定下，“Dif_c”识别出数据突变的概率为 (0.3，1.0，1.0，1.0)；“Dy_c”识别出数据突变特征的概率为

(0.8，1.0，1.0，1.0)。而基于全局残差的 CUSUM 检验的检验效能则相对较低，特别是动态回归下的全局残差 CUSUM 检验，检测概率在上述模拟中的很多情形下甚至不足 0.5。同样以单点突变例，在$\rho=1$及前述突变幅度 a_1 和 b_1 的设定下，“Dy_g”识别出数据突变特征的概率为(0.06，0.08，0.12，0.28)。这一结果主要由于全局分析下突变点前后的信息容易掺杂到一起，相应检验量的偏离度不足以越过临界线所致。因此，在实际分析中，我们更建议基于迭代残差构建 MOSUM 统计量进行突变问题研究。

4.3.2　迭代残差下 MOSUM 检验的分析流程和仿真实验

承接上节分析，本节基于模拟实验细化考察迭代残差 MOSUM 检验进行突变次数及突变点的检测功效。作为比对，对 4.1 节所提到的确定突变个数的 KP（2011）方法也进行了考察。我们首先对这两类检验的应用流程予以简要说明。

1. 迭代残差 MOSUM 检验策略

（1）设定窗宽 h①，基于式（4.51）在各时点构建迭代残差下的 MOSUM 统计量。

（2）当各时点对应的 MOSUM 统计值均未过临界线时（90%和 95%置信水平下，临界线分别为取值为 ±1.65 和 ±1.96 的直线），判定数据未发生突变；当某点的 MOSUM 统计取值超过临界线时，判定数据存在结构突变。

（3）进一步，数据突变情形下我们建议基于如下策略对具体的突变次数进行考察。前节分析指出，MOSUM 统计值会在结构突变点附近的偏离幅度达到最高，之后再逐步降低，从而我们可以通过 MOSUM 统计值出现局部最大或者最小峰值的次数来判断数据过程的突变次数。图 4.1 表明数据过程存在一次突变；而图 4.2 出现两次高于临界线的峰值，意味数据的突变次数为 2。

（4）我们同时建议根据 MOSUM 统计量的峰值确定突变位置的可能区

① 窗宽的设置对结果影响不大，模拟中设置为 $0.25*T$，T 为样本容量。

间，之后利用数据截断（如对峰值附近的 l 个点进行删截），提升修整后序列中突变位置的收敛速度，进一步在此基础上有效进行结构突变单位根检验。

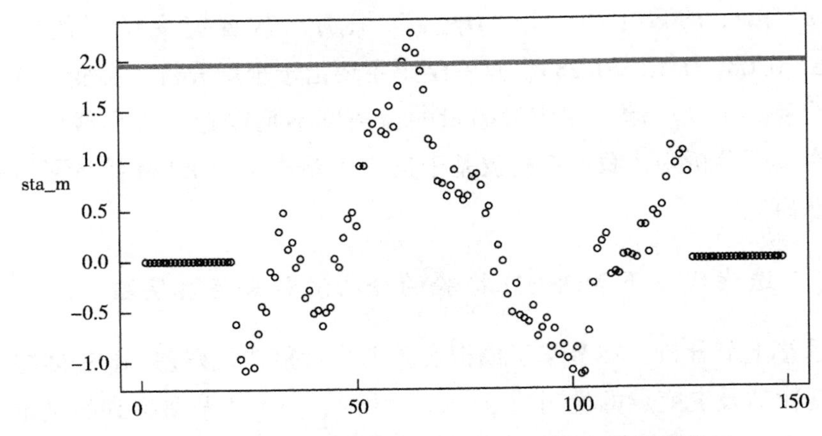

图 4.1　存在一次结构突变情形下的 MOSUM 检验判定

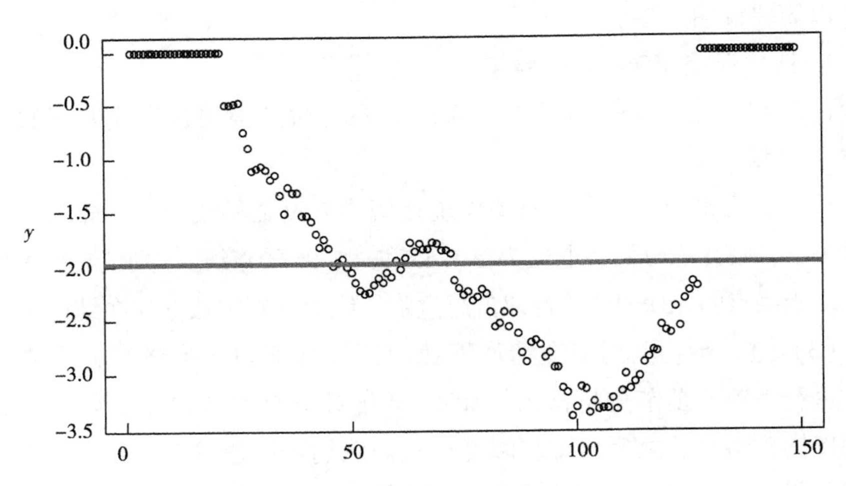

（注：图 4.2 和图 4.3 中，红线对应 $y = \pm 1.96$ 的临界线）

图 4.2　存在两次结构突变情形下的 MOSUM 检验判定

2. KP 结构突变序贯检验策略

KP（2011）关于数据过程结构突变次数检验的思路在 4.1.2 节已进行过说明，这里再次简要回顾其流程。

（1）给定截断参数 ε，在区间 $(\varepsilon, 1-\varepsilon)$ 上进行序贯分析并构造 Exp-W_{FS} 统计量：

$$Exp - W_{FS} = \log\left\{T^{-1}\sum_{\lambda_1\in(\varepsilon,\ 1-\varepsilon)}\exp\left[\frac{W_{FS}(\lambda_1)}{2}\right]\right\} \tag{4.57}$$

$W_{FS}(\lambda_1)$ 为如下 FGLS 回归式在潜在突变位置 $\lambda_1 \in (\varepsilon, 1-\varepsilon)$ 处关于参数 $\hat{r}_1 = \hat{r}_2 = 0$ 的 Wald 联合检验：

$$\begin{aligned}&(1-\hat{\alpha}L)y_t = (1-\hat{\alpha}L)x_t.\hat{\beta} + e_t,\ \hat{\beta} = (\hat{a},\ \hat{b},\ \hat{r}_1,\ \hat{r}_2)\\&\tilde{x}_t = (1-\hat{\alpha}L)x_t,\ x_t = [1,\ t,\ DT(T\lambda_1),\ DU(T\lambda_1)]_t\end{aligned} \tag{4.58}$$

具体构造形式为：

$$W_{FS}(\lambda_1) = \left(\begin{bmatrix}0&0&1&0\\0&0&0&1\end{bmatrix}\begin{pmatrix}\hat{a}\\\hat{b}\\\hat{r}_1\\\hat{r}_2\end{pmatrix}\right)'\left[s^2\begin{pmatrix}0&0&1&0\\0&0&0&1\end{pmatrix}(X'X)^{-1}\begin{pmatrix}0&0\\0&0\\1&0\\0&1\end{pmatrix}\right]^{-1}\begin{bmatrix}0&0&1&0\\0&0&0&1\end{bmatrix}\begin{pmatrix}\hat{a}\\\hat{b}\\\hat{r}_1\\\hat{r}_2\end{pmatrix} \tag{4.59}$$

X 为 OLS 回归式中的解释变量矩阵，s^2 为回归残差方差的估计值。

（2）当上述 Exp-W_{FS} 统计取值小于相应临界值时，认为数据不存在结构突变。当 Exp-W_{FS} 统计值大于相应临界值时，认为数据发生了结构变化，随后通过 RSS 最小化来确定突变位置，并将全局样本分成两个子区间。

（3）记两个子样本上的 Exp-W_{FS} 统计量为 $W_{FS}^{(i)}|_{i=1,\ 2}$，构建条件统计量 $F_T(2|\ l=1)=\max_{1<i\leqslant 2}[\exp - W_{FS}^{(i)}]$。如果统计值小于相应的临界值，判定数据只含有一次结构突变；如果统计值再次大于相应临界值，认定数据含有两次结构突变。

（4）再次基于 RSS 最小化确定突变位置，并将全局样本分成 3 个区间，并构建联合统计量 F_T（$l=3 \mid l=2$）$=\max_{2<i\leq 3}$［$\exp-W_{FS}^{(i)}$］重复进行上述步骤的检验。如此，直至最后构建的统计值 F_T（$l+1 \mid l$）不再超过临界值为止。

3. Monte Carlo 实验设计

如下，我们通过 Monte Carlo 模拟实验对不同数据过程下迭代残差 MOSUM 检验以及 KP（2011）序贯检验的检测功效进行考察。在模拟中，我们考虑无突变、一次突变、两次突变三种突变情形。一次突变下的突变位置设定为 0.35，两次突变下的突变位置设为（0.35，0.7），突变情形均考虑的是水平及趋势双突变模型。无突变、一次突变和两次突变情形下的数据过程分别对应于式（4.60）~式（4.62），其中 $\varepsilon_t \sim N(0,1)$。

$$y_t = a_0 + b_0 t + u_t, \quad u_t = \rho u_{t-1} + \varepsilon_t \tag{4.60}$$

$$y_t = a_0 + a_1 DU_t(\lambda_1 T) + b_0 t + b_1 DT_t(\lambda_1 T) + u_t, \quad u_t = \rho u_{t-1} + \varepsilon_t \tag{4.61}$$

$$y_t = a_0 + \sum_{j=1}^{2} a_j DU_t(\lambda_j T) + b_0 t + \sum_{j=1}^{2} b_j DU_t(\lambda_j T) + u_t, \quad u_t = \rho u_{t-1} + \varepsilon_t \tag{4.62}$$

在具体模拟中，（趋势）单位根过程（$\rho=1$）和（趋势）平稳过程（设定为 $\rho=0.4$）均有考虑。在单突变情形下，式（4.61）的趋势及突变趋势项系数 a_0，a_1，b_0，b_1 考虑了 4 组参数设定，见表 4.5。从第一组系数到第四组系数设定，数据过程对应的突变幅度在不断加大。

表 4.5 单突变情形下趋势项系数的设定①

	第一组系数	第二组系数	第三组系数	第四组系数
a_0	0.05	0.05	0.05	0.05
a_1	0.25	0.25	0.25	0.25
b_0	0.5	0.5	0.5	0.5
b_1	0.75	1.0	1.25	1.5

两次突变情形下式（4.62）的趋势及突变趋势项系数 a_0-a_2、b_0-b_2

① 水平项的突变幅度保持不变。

考虑6组参数设定，见表4.6。前三组系数对应第一至第二个突变点后数据趋势不断增加的情形，后三组系数对应第一个突变点后数据确定性趋势增加，第二个突变点后趋势减弱的情形。同时第1组至第3组系数设定和第4组至第6组系数设定下，对应的突变幅度依次加大。

表4.6　双突变情形下趋势项系数的设定

	趋势项不断增加			趋势项先变大后变小		
	第一组系数	第二组系数	第三组系数	第一组系数	第二组系数	第三组系数
a_0	0.01	0.01	0.01	0.01	0.01	0.01
a_1	0.25	0.25	0.25	0.25	0.25	0.25
a_2	0.5	0.5	0.5	0.5	0.5	0.5
b_0	0.5	0.5	0.5	0.5	0.5	0.5
b_1	1	1.5	2	1	1.5	2
b_2	1.5	2.5	3.5	0.5	0.5	0.5

4. 模拟结果和分析

（1）MOSUM类型检验和KP（2011）序贯检验的比对

仿真实验进行了500次，我们如下汇报出具体的模拟结果，基于原始回归式：$y_t = c + \beta t + \hat{e}_t$、动态回归式（4.45）和差分后数据处理方式（4.47）的MOSUM检验量分别记为CU0、CU_dy和CU_dif。KP（2011）的序贯检验方法记为KP_F。

表4.7为无突变情形下各检验统计量正确识别出无突变的概率。误差项u_t为I（0）和I（1）情形下的模拟分析结果均有列出，其中I0_1对应误差项u_t设定为AR（0.4）：$u_t = 0.4u_{t-1} + \varepsilon_t$的平稳过程，I1对应$u_t$设定为单位根过程：$u_t = u_{t-1} + \varepsilon_t$。除此之外，我们还给出了误差项$u_t$关于MA的设定，I0_2对应于$u_t = \varepsilon_t + 0.4\varepsilon_{t-1}$的平稳过程。由于传统基于静态回归检验式的MOSUM统计量CU0是建立在回归误差项独立情形下，可以看到，其对自相关新息项或者单位根新息项下数据过程的突变检测效果较差，在很大概率上产生了误判，误差项设定为“I0_1”“I0_2”“I1”下检测出数据过程无突变的概率仅为0.05，0.12和0.08。CU_dy的检验效果同样表现不佳，特别是在I（1）误差情形下，其正确识别出无突变的概率仅为

0.11，这意味着它在很大程度上将随机游走特征误判为了结构突变特征。相对地，CU_dif 的表现则明显好于前两者。无论是在 I（0）还是 I（1）误差情形下，都能以较大概率正确识别数据的无突变特征，“I0_1”“I0_2”“I1”下检测出数据过程无突变的概率为 0.98、0.99 和 0.72。对于 KP_F 而言，其检测效果同样表现很好，并且在 I（1）情形下识别出无突变特征的概率为 0.93，要优于 CU_dif 的表现。

表 4.7　无突变情形下各统计量检测出无突变的概率

误差项 u_t 设定	CU0	CU_dy	CU_dif	KP_F
I0_1	0.05	0.65	0.98	0.91
I0_2	0.12	0.72	0.99	0.99
I1	0.08	0.21	0.72	0.93

表 4.8 为一次突变数据过程下各检验识别出数据序列存在突变的概率。结果显示在各种设定下，KP_F 及 MOSUM 类型检验均能有效检测出数据的突变特征，特别是随着突变幅度由组别 1 至组别 4 的推进和增加，检测概率很快向 1 靠近。进一步，表 4.9 报告出各检验正确识别出突变次数为 1 的概率。可以看到，虽然 CU0 检验识别出了结构突变特征，但正确估测出突变次数的概率却较低，在 I（1）误差情形设定下，突变组别 1 至组别 4 下，对应的检测概率分别为 0.12、0.24、0.31、0.34，均不足 0.5，这是非常糟糕的表现。相对而言，CU_dif 的检测效果最佳，并且在很多情形下高于 KP_F 的表现，如在 I（1）误差情形下，组别 1 至组别 4 下 CU_dif 的概率为 0.41、0.60、0.72、0.79；相对应地，KP_F 检验正确识别出突变次数 1 的概率为 0.24、0.57、0.75、0.78。对于 CU_dy，从整体来看，其微劣于 CU_dif 和 KP_F 的表现。特别是“I1”误差设定下，突变组别 1 至组别 4 下对应的正确识别概率为 0.45、0.53、0.58、0.59，随着突变幅度的加大，其正确识别到突变次数的概率有所增加，但非常缓慢。

表 4.8 一次突变情形下检测出突变的概率

误差项 u_t	突变幅度设定	CU_dy	CU0	CU_dif	KP_F
I0_1	组 1	1.00	0.86	0.57	1.00
	组 2	1.00	1.00	0.97	1.00
	组 3	1.00	1.00	1.00	1.00
	组 4	0.96	1.00	1.00	1.00
I0_2	组 1	0.95	1.00	0.62	1.00
	组 2	0.97	1.00	0.85	1.00
	组 3	0.98	1.00	1.00	1.00
	组 4	0.98	1.00	1.00	1.00
I1	组 1	0.92	0.97	0.60	0.33
	组 2	0.95	0.96	0.86	0.69
	组 3	0.90	0.98	0.97	0.95
	组 4	0.93	1.00	1.00	0.99

表 4.9 一次突变下正确识别出突变次数的概率

误差项 u_t	突变幅度设定	CU_dy	CU0	CU_dif	KP_F
I0_1	组 1	0.73	0.63	0.44	0.79
	组 2	0.98	0.64	0.98	0.79
	组 3	0.98	0.65	1.00	0.81
	组 4	0.92	0.65	1.00	0.82
I0_2	组 1	0.94	0.68	0.56	0.86
	组 2	0.90	0.70	0.88	0.87
	组 3	0.98	0.70	1.00	0.88
	组 4	0.98	0.70	1.00	0.89
I1	组 1	0.45	0.12	0.41	0.24
	组 2	0.53	0.24	0.60	0.57
	组 3	0.58	0.31	0.72	0.75
	组 4	0.59	0.34	0.79	0.78

表 4.10 为真实数据过程存在两次突变下各检验正确识别出突变次数为 2 的概率。类似于一次突变下的表现，从整体来看，CU_dif 检验可以有效识别出正确的突变次数，其在 MOSUM 类型检验中表现最好，同时和

KP_F 检验的检测效果差别不大，甚至在很多情形下优于 KP_F 检验的表现。比如，“I0_2”误差下趋势先增后减的设定中，组别 1-3 中 CU_dif 检验正确识别出突变次数的概率为（0.22，0.64，0.94），KP_F 检验的正确识别概率为（0.02，0.27，0.82）。“I1”误差下趋势先增后减的设定中，CU_dif 检验正确识别出突变次数的概率为（0.17，0.54，0.74），KP_F 检验的识别概率为（0.14，0.69，0.71）。CU_dy 的表现再次劣于 CU_dif 和 KP_F 检验的表现，详细结果见表 4.10。

表 4.10　两次突变下正确识别出突变次数的概率

误差项 u_t 设定	两次趋势突变设定	突变幅度组别	CU0	CU_dy	CU_dif	KP_F
I0_1	趋势不断增加	1	0.36	0.30	0.66	0.68
		2	0.35	0.14	0.65	0.72
		3	0.34	0.24	0.54	0.71
	趋势先增后减	1	0.62	0.54	0.33	0.01
		2	0.64	0.62	0.82	0.34
		3	0.65	0.65	0.95	0.74
I0_2	趋势不断增加	1	0.31	0.18	0.56	0.83
		2	0.31	0.15	0.40	0.82
		3	0.31	0.22	0.83	0.80
	趋势先增后减	1	0.69	0.69	0.22	0.02
		2	0.69	0.63	0.64	0.27
		3	0.69	0.71	0.94	0.82
I1	趋势不断增加	1	0.66	0.28	0.46	0.14
		2	0.65	0.27	0.64	0.72
		3	0.63	0.32	0.70	0.72
	趋势先增后减	1	0.33	0.49	0.27	0.24
		2	0.30	0.52	0.54	0.69
		3	0.30	0.54	0.74	0.71

（2）MOSUM 检验下突变位置的确定

进一步，我们结合 MOSUM 检验对时序突变位置进行考察和估测。如

4.3.1 节所分析，MOSUM 检验值在突变位置附近达到最大，从而可以考虑在 MOSUM 统计量的峰值附近进行邻域截取，当截取的邻域能有效覆盖真实突变点时，新的截断序列下的突变点也便随之确定，这为进一步的序列平稳特征的分析提供了便利。

模拟实验中，我们以 MOSUM 检验峰值对应的时点 ±4 对突变位置区间进行估测[①]。以两次突变为例，表 4.11 给出了该思路下不同 MOSUM 检验确定的区段包含住真实突变位置的概率，其中 CU0_b1（CU0_b2）、CU_dy_b1（CU_dy_b2）、CU_dif_b1（CU_dif_b2）分别为 CU0 检验、CU_dy 检验、CU_dif 检验涵盖住第 1（2）个突变位置的概率。从仿真结果可以看到，相比较 CU0 检验和 CU_dy 检验，CU_dif 检验所确定的突变位置邻域可以以更大的概率涵盖住真实突变位置，并且随着突变幅度的加大（组别 1~组别 3），不断向概率 1 逼近。以“I0_2”误差下“趋势先增后减”设定为例，突变幅度组别 1~组别 3 下 CU0 检验包含住第一个和第二个突变位置的概率为 0；CU_dy 检验包含住第一个突变位置的概率为（0.69，0.23，0），包含住第二个突变位置的概率为（0.59，0.89，0.91）；CU_dif 检验包含住第一个突变位置的概率为（0.68，0.94，0.98），包含住第二个突变位置的概率为（0.61，0.79，0.86）。可以看到 CU0 检验和 CU_dy 检验的表现较差，前者基本不能有效确定突变位置的邻域，后者则在很多情况下只能以略大于 0.5 的概率估测出一个突变位置的邻域。

整体来看，CU_dif 检验不仅可以有效估测出时序过程的突变次数，同时在较窄区间内[②]所确定的突变位置邻域可以有效涵盖住真实突变位置。从而，我们更建议基于差分后的策略进行 MOSUM 结构突变检验。在其基础上，我们还可以利用前章的区段削减策略（见 3.2.2 节），保证修整后数据过程位置的准确性以及进一步突变单位根检验的有效性。

① 我们尝试过 ±5，±3 设定邻域对突变位置进行框定，各 MOSUM 检验的相对表现类似。

② 我们模拟中对应的区间长度为 4+1+4=9。

表 4.11 区间 [检验峰值-4，检验峰值+4] 盖住真实突变点的概率

误差项 u_t	两次趋势突变设定	突变幅度组别	CU0_b1	CU0_b2	CU_dy_b1	CU_dy_b2	CU_dif_b1	CU_dif_b2
I0_1	趋势不断增加	1	0.00	0.00	0.58	0.03	0.71	0.72
		2	0.00	0.00	0.00	0.00	0.88	0.90
		3	0.00	0.00	0.00	0.00	0.97	0.85
	趋势先增后减	1	0.00	0.00	0.61	0.64	0.78	0.10
		2	0.00	0.00	0.17	0.94	0.92	0.75
		3	0.00	0.00	0.01	0.96	0.97	0.85
I0_2	趋势不断增加	1	0.00	0.00	0.52	0.00	0.77	0.77
		2	0.00	0.00	0.00	0.00	0.84	0.94
		3	0.00	0.00	0.00	0.00	0.98	0.89
	趋势先增后减	1	0.00	0.00	0.69	0.59	0.68	0.61
		2	0.00	0.00	0.23	0.89	0.94	0.79
		3	0.00	0.00	0.00	0.91	0.98	0.86
I1	趋势不断增加	1	0.04	0.05	0.16	0.14	0.36	0.48
		2	0.00	0.01	0.35	0.15	0.58	0.70
		3	0.00	0.00	0.08	0.00	0.76	0.67
	趋势先增后减	1	0.10	0.00	0.20	0.49	0.62	0.48
		2	0.03	0.00	0.23	0.62	0.61	0.58
		3	0.00	0.00	0.07	0.70	0.78	0.72

本节通过模拟考察了误差项平稳性未知下迭代残差 MOSUM 检验对数据结构突变特征的检测效果。我们给出了原始静态回归检验式、动态回归检验式和差分后动态检验式的 MOSUM 检验结果，结果表明：差分后动态检验式的 MOSUM 检验可以有效识别 I（0）及 I（1）情形下数据过程的结构突变次数，且检验流程保持一致。同时，其还可以通过统计量峰值对应的邻域有效涵盖住数据的突变位置，这进一步为结构突变次数及位置的确定提供了便利。作为比对，我们将 KP（2011）的检验结果也予以列出。相比较而言，基于差分后数据的 MOSUM 检验和 KP（2011）的检验功效差别不大，甚至在不少情形下明显高于后者表现。另外，从运算成本上来看，MOSUM 检验的计算成本为 O（T）；而 KP（2011）的检验方法结合全局信息的

残差平方和最小化对突变位置行网格搜索，k 个突变位置下的计算成本为 $O(T^k)$，即便使用动态算法，计算成本也会达到 $O(T^2)$。从应用操作来看，我们的方法直接建立在差分数据的动态回归检验上，较为便捷，在实证研究中可以作为对时序进行突变次数估测的备选方案。

4.4 实证应用：我国宏观经济序列的结构突变单位根检验

本节利用上节提出的差分调整 MOSUM 检验量对我国部分宏观经济变量进行结构突变检验，并在此基础上对宏观经济变量的平稳性特征进行分析。考察变量选取 1952—2019 年我国国内生产总值（GDP）、国内消费水平及从业人数反映新中国成立以来我国的宏观经济发展状况。选用数据来源于《中国国内生产总值核算历史资料：1992—1995》以及历年的《中国统计年鉴》。其中，GDP 和国内消费水平值均是以 1978 年为基期进行调整后的实际水平值，两者均进行了对数化处理，并分别记为 LGDP 和 LCONSUME，从业人口数则用 EMPLOY 标记。

图 4.3～图 4.5 展示了待考察宏观序列的走势，可以看到各数据序列具有明显的时间趋势特征。鉴于此，我们基于本章前述模型 C，即水平、趋势双突变模型对宏观序列的结构突变特征进行分析。对序列 LGDP、LCONSUME 和 EMPLOY 的 MOSUM 检验结果在图 4.6 予以展示，其中的虚线为 $y=1.645$，对应 0.1 显著性水平临界线，实线为差分后数据的 MOSUM 检验值。

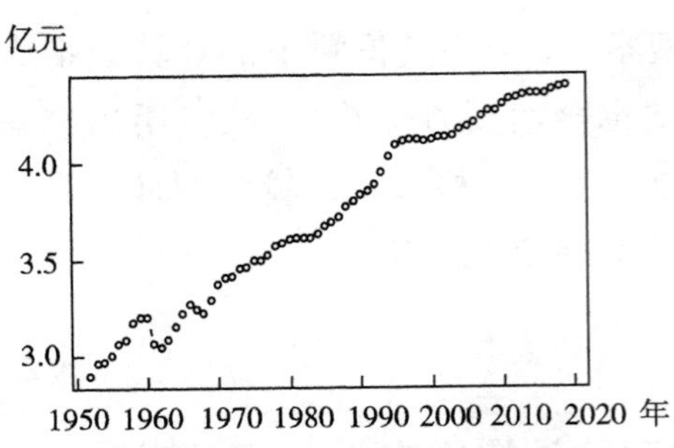

图 4.3　1952—2019 年实际 GDP 走势

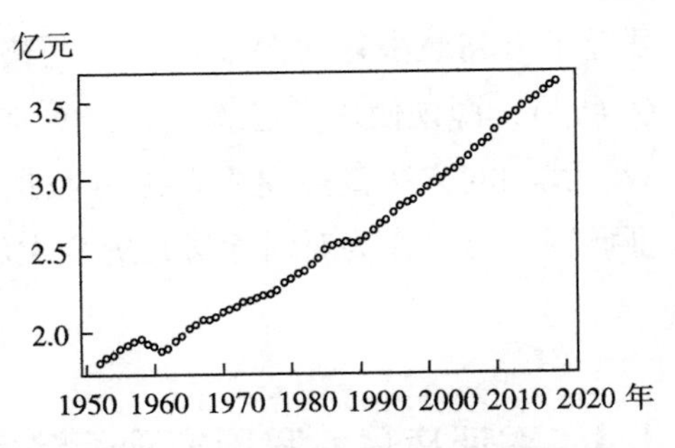

图 4.4　1952—2019 年实际消费走势

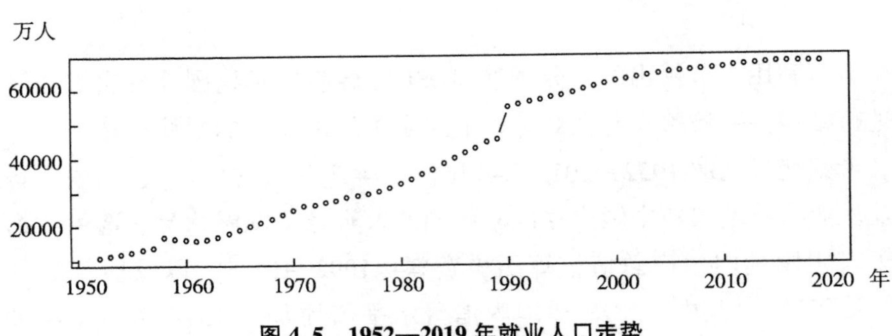

图 4.5　1952—2019 年就业人口走势

图 4.6 的 MOSUM 检验结果显示，所考察的三个宏观经济变量均存在明显的结构突变特征。序列 LGDP、EMPLOY 仅在一个子区段上超出临界线，表明其存在一次结构变化；对于序列 LCONSUME，MOSUM 统计值出现了三次超过临界线 1.645（0.1 显著水平）的局部区段，意味着相应数据序列出现了三次结构变化，结合相应 MOSUM 检验量峰值所在位置，三次结构变点分别在 1961 年、1980 年、1990 年附近。

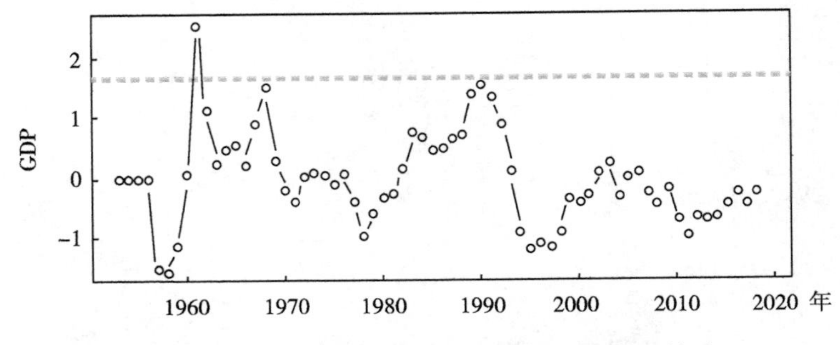

图 4.6　考察时间段内各宏观变量的 MOSUM 检验

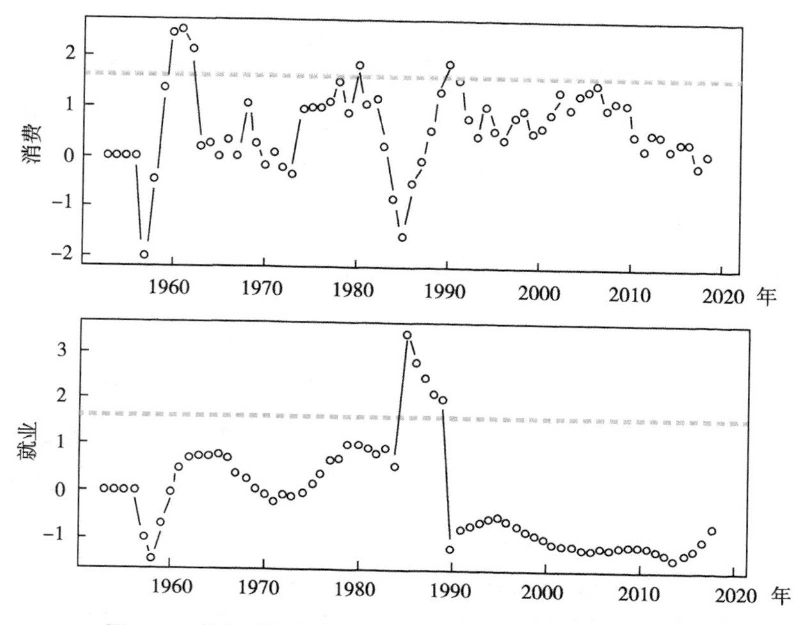

图 4.6　考察时间段内各宏观变量的 MOSUM 检验（续）

为了更准确地对数据的突变位置进行估测，我们在突变次数为 1、3、1 的设定下结合 Bai 和 Perron（2003）的动态优化算法对序列 LGDP、LCONSUME、EMPLOY 的突变位置进行检测。表 4.12 的估测结果显示，序列 LGDP 的一次结构突变点发生于 1960 年，序列 LCONSUME 的三次结构突变点分别为 1962 年、1978 年和 1991 年，序列 EMPLOY 的一次突变发生在 1989 年。可以看到，所考察的宏观变量的结构变化集中在 1960 年和 1993 年附近，这两个时点和新中国成立以来的两次重要社会事件：新中国成立初期的自然灾害和社会主义市场经济的全面推行基本对应，在很大程度上体现了外部冲击对数据过程走势带来的影响。

表 4.12　RSS 最小化动态算法下对各序列突变点的估计值

突变位置	LGDP	LCONSUME	EMPLOY
突变点 1（T1）	1960	1962	1989
突变点 2（T2）		1978	
突变点 2（T3）		1991	

基于表 4.12 估测出的突变位置，我们基于带有突变趋势项的时序模型 1 和时序模型 2，对序列 LGDP、EMPLOY 和 LCONSUME 分别进行刻画。

$$y_t = a + bt + \beta_1 DT_t(T_1) + \mu_1 DU_t(T_1) + \varepsilon_t \quad (模型 1)$$

$$y_t = a + bt + \beta_j \sum_{j=1}^{3} DT_t(T_1) + \mu_j \sum_{j=1}^{3} DU_t(T_1) + \varepsilon_t \quad (模型 2)$$

在上述设定模型基础上，我们进一步对序列 LNGDP、LCONSUME 及 EMPLOY 是否具有单位根特征进行分析。结合上述模型 1、模型 2 对应的回归方程式进行结构退势，并基于相应的残差 $\hat{\varepsilon}_t$ 进行单位根检验：$\Delta\hat{\varepsilon}_t = \rho\hat{\varepsilon}_{t-1} + \sum_{k=1}^{p} \Delta\hat{\varepsilon}_{t-k} + \hat{\zeta}_t$，对应的 ADF 检验值在表 4.13 列出。可以看到，仅 LCONSUME 对应的 ADF 统计值明显小于临界值，序列过程拒绝单位根原假设；LGDP 和 LCONSUME 则未拒绝单位根原假设，相应宏观序列表现为含有趋势突变的单位根走势征。

表 4.13　宏观经济序列结构退势后的 ADF 检验

检验量	LGDP	LCONSUME	EMPLOY
ADF 值	-2.02	-3.12	-1.17

注：ADF 检验的左侧 0.05 和 0.1 显著水平下的临界值分别为-2.89 和-2.58。

上述应用分析指出，本节所考察的宏观变量（包括 GDP、消费和就业人口）均存在结构变动，这意味着在新中国成立以来的六十多年中确实存在着一些能改变宏观经济运行趋势的大事件。第一个结构突变点发生在 20 世纪 60 年初期，该时点对应于新中国成立初期的“大跃进运动”与三年自然灾害时期，受这一社会经济背景的负面影响，大多宏观经济变量（如这里所考察的实际 GDP 及消费水平）的确定性趋势在这一时期发生了结构变化。第二次的结构突变对应于 1978 年改革开放的这一历史事件，主要影响的宏观序列体现为实际消费水平，对外开放大门的打开有效推动了居民的收入及消费潜力，从图 4.4 可以看到，该时点后相应序列正向趋势的加强。第三次的结构突变发生在 20 世纪 90 年代附近，主要是全面市场经济的逐步推行加快了宏观经济的增长态势，带来对数化后宏观变量在该点的结构变化。另外，就业人员的确定性趋势在 1989 年发生了明确的突变，很大一部分原因在于 1990 年国家提出科技发展农业、提高农业产量、增加农业贷款等举措，使第一产业的就业人数在该年急剧增加，最终使可统计的就业人员数出现明显增加。此外，进一步的分析指出，实际经济产出序列和就业人数序列均表现为存在趋势结构突变的单位根走势，不具有平稳特征。这一实证结果意味着短期的需求波动仅仅是随机扰动，外部冲击对相应宏观序列具有长期的、持久的影响，它的变差是经济产出和就业波动的主要原因，这在一定程度上为真实经济周期理论提供了支持。对于实际消费序列，检验结果则显示其表现为存在趋势结构突变的平稳性走势，这一结果反映了居民消费水平长期稳定性走势的内在支撑，扩大内需是未来我国经济发展重要且稳健的着力点。

4.5 本章小结

本章主要考察了新息误差项平稳性未知下时序过程突变次数的估测问题。我们对现有确定时序突变次数的文献进行了梳理，随后对 CUSUM 及 MOSUM 类型的结构突变检验进行了扩充研究。传统的 CUSUM 及 MOSUM 结构突变检验建立在 I（0）的新息误差项之上，没有考虑到新息误差项为 I（1）的情况，本章在理论上完善了 I（1）情形下 CUSUM 及 MOSUM 检验的统计性质，并结合动态回归和差分回归对其进行了修订，使其能有效处理新息误差项平稳性未知下的突变次数识别问题。

以 MOSUM 检验为例，我们进行了模拟实验，结果表明修正后的 MOSUM 检验统计量可以很好地识别数据的突变特征和具体的突变次数。同时，相对于 KP（2011）提出的序贯检验方法，我们的检验在保证估测结果有效性的同时，在很大程度上削减了检测成本和时间，在实证研究中可以作为对时序进行突变次数估测的备选方案。最后，本章基于修订的 MOSUM 检验对我国宏观经济变量的结构突变及单位根特征进行了检验和现实解读。

4.6 加入滞后项消除误差相关性的思路说明

考虑带有趋势项的数据过程：

$$y_t = \alpha + bt + x_t\beta + u_t,\ u_t = \rho u_{t-1} + \varepsilon_t \qquad (A-1)$$

ε_t 方差为 σ_ε^2 的鞅差序列，各观测向量 x_t 间相互独立，且有 $\sum x_i x_i^T/T \to Q$，Q 为有界正定矩阵，对式（A-1）进行动态回归：

$$y_t = \hat{\rho} y_{t-1} + \hat{\alpha} + \hat{b}t + X\hat{\beta} + \hat{e}_t \qquad (A-2)$$

注意到，数据过程（A-1）等价于：

$$y_t = \rho y_{t-1} + c_0 + c_1 t + \beta(1-\rho)x_t + \beta\rho\Delta x_t + \varepsilon_t,$$

$$c_0 = (1-\rho)a + b\rho,\ c_1 = (1-\rho)b$$

则动态回归式（A-2）可写成：

$$y_t = (z_t\gamma + \beta\rho\Delta x_t + \varepsilon_t) \sim z_t\hat{\gamma}$$

$z_t = (y_{t-1},\ 1,\ t,\ x_t)$，回归参数为 $\gamma = [\rho,\ c_0,\ c_1,\ \beta(1-\rho)]'$，其对应的 OLS 估计量为：

$$\begin{aligned}\hat{\gamma} &= (Z_{2:T}'Z_{2:T})^{-1}Z_{2:T}'(Z_{2:T}\cdot\gamma + \beta\rho\Delta X_T + \varepsilon_t)\\ &= \gamma + \beta\rho.(Z_{2:T}'Z_{2:T})^{-1}Z_{2:T}'\Delta X_T + (Z_{2:T}'Z_{2:T})^{-1}Z_{2:T}'\varepsilon_t\end{aligned}$$

其中，$Z_{2:T} = \begin{bmatrix} y_1 & 1 & 2 & x_2 \\ \vdots & 1 & \vdots & \vdots \\ y_{T-1} & 1 & T & x_T \end{bmatrix}$ $\Delta X_T = \begin{bmatrix} x_2 - x_1 \\ x_3 - x_2 \\ \vdots \\ x_T - x_{T-1} \end{bmatrix}$, $X_{1:(T-1)} = \begin{bmatrix} x_1 \\ x_2 \\ \vdots \\ x_{T-1} \end{bmatrix}$,

$u_{1:(T-1)} = \begin{bmatrix} u_1 \\ u_2 \\ \vdots \\ u_{T-1} \end{bmatrix}$,

注意到，无论新息误差 u_t 为I（1）还是I（0）情形下，均有：

$$\begin{bmatrix} T^{-2} & & & \\ & T^{-1} & & \\ & & T^{-2} & \\ & & & T^{-1} \end{bmatrix} Z_{2:T}{}'Z_{2:T} = \begin{pmatrix} \frac{\vec{y}'\vec{y}}{T^2} & \frac{\vec{y}'\vec{1}}{T^2} & \frac{\vec{y}'\vec{t}}{T^2} & \frac{\vec{y}'\vec{x}}{T^2} \\ \frac{1'\vec{y}}{T} & \frac{1'\vec{1}}{T} & \frac{1'\vec{t}}{T} & \frac{1'\vec{x}}{T} \\ \frac{\vec{t}'\vec{y}}{T^2} & \frac{\vec{t}'\vec{1}}{T^2} & \frac{\vec{t}'\vec{t}}{T^2} & \frac{\vec{t}'\vec{x}}{T^2} \\ \frac{\vec{x}'\vec{y}}{T} & \frac{\vec{x}'\vec{1}}{T} & \frac{\vec{x}'\vec{t}}{T} & \frac{\vec{x}'\vec{x}}{T} \end{pmatrix}$$

$$= \begin{pmatrix} O(T) & O(1) & O(T) & O(1) \\ O(T) & O(1) & O(T) & O(1) \\ O(T) & O(1) & O(T) & O(1) \\ O(T) & O(1) & O(T) & O(1) \end{pmatrix}$$

从而

$$\begin{bmatrix} T^{-2} & & & \\ & T^{-1} & & \\ & & T^{-2} & \\ & & & T^{-1} \end{bmatrix} Z_{2:T}{}'Z_{2:T} \begin{bmatrix} T^{-1} & & & \\ & 1 & & \\ & & T^{-1} & \\ & & & 1 \end{bmatrix} \Rightarrow Q_Z \text{ 为常矩阵，}$$

类似地，容易推得：

$$(X_{1:(T-1)}{}')\Delta X_T/T = \frac{\sum x_j x_{j-1} - \sum x_{j-1}^2}{T} = \frac{\sum (x_j - x_{j-1})x_{j-1}}{T} \rightarrow 0$$

$$(X_{2:(T)}{}')\Delta X_T/T = (\sum x_j x_j - \sum x_j x_{j-1})/T \rightarrow 0$$

$$\vec{t}.\ \Delta X_T/T^2 = \sum t\Delta x_t/T^2 \rightarrow 0,\ \vec{y}_T.\ \Delta X_T/T^2 \rightarrow 0$$ ①

进而有：

① y_t 的主导项是一次时间趋势，单位根误差项对它影响不大。

$$(\hat{\gamma}-\gamma)=\beta\rho({}^{Z}_{2:T}{}'Z_{2:T})^{-1}Z_{2:T}{}'\Delta X_T+({}^{Z}_{2:T}{}'Z_{2:T})^{-1}Z_{2:T}{}'\varepsilon_t$$

$$=\beta\rho(Q_Z)^{-1}\begin{bmatrix}T^{-2}\vec{y}_{2:T}{}'\vec{\Delta x}_T\\ T^{-1}1'\vec{\Delta x}_T\\ T^{-2}\vec{t}'\vec{\Delta x}_T\\ T^{-1}\vec{\Delta x}'\vec{\Delta x}_T\end{bmatrix}+(Q_Z)^{-1}\begin{bmatrix}T^{-2}(\vec{y}_{2:T}{}'\vec{\varepsilon}_T)\\ T^{-1}(1'\vec{\varepsilon}_T)\\ T^{-2}(\vec{t}'\vec{\varepsilon}_T)\\ T^{-1}(\vec{\Delta x}'\vec{\varepsilon}_T)\end{bmatrix}\to 0$$

上述分析表明，动态回归下各参数估计值不受 u_t 单整性的影响，均为一致估计量。同样，可以证明此时的残差方差一致收敛于 σ_ε^2。首先，

$$\hat{e}_t=\beta\rho M(\Delta x_t)+M\varepsilon_t\Rightarrow\beta\rho M(\Delta x_t)+\varepsilon_t$$

其中，$M=I-P$ 为空间（c，y_{t-1}，1，t，x_t）上的残差投影算子。$P=Z'(Z'Z)^{-1}Z$，$Z=[\vec{x},\ \vec{y}]$。其次，有：

$$\frac{\vec{\hat{e}}_t{}'\vec{\hat{e}}_t-\vec{\varepsilon}_t{}'\vec{\varepsilon}_t}{T}=\frac{(\beta\rho)^2\vec{\Delta x}_t{}'I.\vec{\Delta x}_t}{T}-\frac{(\beta\rho)^2\vec{\Delta x}_t{}'P.\vec{\Delta x}_t}{T}$$

$$=\frac{(\beta\rho)^2\sum(\Delta x_t)^2}{T}-\frac{(\beta\rho)^2[\vec{\Delta x}_tZ'(Z'Z)^{-1}Z\vec{\Delta x}_t]}{T}$$

定义对角元素为（T^{-2}，T^{-1}，T^{-2}，T^{-1}）的对角阵为 H，对角元素为（T^{-1}，1，T^{-1}，1）的对角阵为 H_2，可知：

$$\frac{\vec{\Delta x}_t{}'Z'(Z'Z)^{-1}Z\vec{\Delta x}_t}{T}=\begin{bmatrix}T^{-2}(\vec{y}_{2:T}{}'\vec{\Delta x}_T)\\ T^{-1}(1'\vec{\Delta x}_T)\\ T^{-2}(\vec{t}'\vec{\Delta x}_T)\\ T^{-1}(\vec{\Delta x}'\vec{\Delta x}_T)\end{bmatrix}'(H.Z_{2:T}{}'Z_{2:T}.H_2)^{-1}\begin{bmatrix}T^{-2}(\vec{y}_{2:T}{}'\vec{\Delta x}_T)\\ T^{-1}(1'\vec{\Delta x}_T)\\ T^{-2}(\vec{t}'\vec{\Delta x}_T)\\ T^{-1}(\vec{\Delta x}'\vec{\Delta x}_T)\end{bmatrix}=o_p(1)$$

又 $-k.\dfrac{(\beta\rho)^2\sum\Delta x_t}{T}\leqslant\dfrac{(\beta\rho)^2\sum\Delta x_t\Delta x_t}{T}\leqslant k.\dfrac{(\beta\rho)^2\sum\Delta x_t}{T}$，易知 $(\beta\rho)^2\sum(\Delta x_t)^2/T\to 0$。

最终可推得：$(\vec{\hat{e}}_t'\vec{\hat{e}}_t - \vec{\varepsilon}_t'\vec{\varepsilon}_t)/T \to 0$。

因此，无论 I（1）还是 I（0）情形，残差方差项 $\vec{\hat{e}}_t'\vec{\hat{e}}_t/T$ 均一致收敛于 σ_ε^2。类似地，可以证明 $(\vec{\hat{e}}_t'\vec{\hat{e}}_{t-j} - \vec{\varepsilon}_t'\vec{\varepsilon}_{t-j})/T \to 0$，从而，动态回归式下的残差项具有和 ε_t 相同的平稳性特征。

第 5 章 非线性 STAR 机制转换框架下的单位根检验

前面章节主要在线性框架内通过引入水平或者时间项的哑变量刻画数据过程的结构变化，强调的是一种离散型的结构突变情形。除此之外，还有一类非线性模型在机制转移设定下对序列的连续型结构变化特征进行刻画。这类模型下的数据过程在某个阈值附近呈现渐近式的自我调整特征，越过阈值后，数据完成自身运行路径由某一机制向另外机制的连续型转变。在现实研究中，该类模型有着广泛的应用性，如在经济趋向低迷和不断复苏的过程中，厂商会不断调整自身行为以适应经济发展形势，直至经济形势趋于稳定，结合非线性机制转换模型可以对厂商的生产行为进行有效刻画。又如在股票市场上，股票价格的波动在一定区间内是相对稳定的，但一旦高于或者跌破人们的预期价格，随后的走势往往是急剧且陡峭的，从而体现了股价关于自身前期价格的多机制调节特性。在这类非线性机制转换框架下，线性单位根检验在有限样本下很容易将单位根过程和这一框架下的平稳过程混淆，从而不利用非线性建模的开展和进行。作为非线性机制转移模型的典型代表，STAR（Smooth Transition Autoregressive）模型具有简洁、直观的形式，在实际经济建模中得到了广泛应用。鉴于此，本章在 STAR 框架下展开非线性机制转换序列及单位根检验问题的论述和探讨。

5.1 非线性 STAR 模型的平稳性与 ADF 检验功效

5.1.1 STAR 模型介绍

自 Teräsvirta（1994）就非线性 STAR（Smooth Transition Autoregressive Model）模型的构建、识别和估测进行论述以来，STAR 模型在经济和金融时序的动态建模中得到了广泛应用。作为非线性模型中的重要一类，其一般形式设定为：

$$y_t = \psi y_{t-1} + \theta y_{t-1} F(c, s_t, r) + \varepsilon_t \tag{5.1}$$

其中，$F(.)$ 为平稳转移函数，$\theta y_{t-1}F(c, s_t, r)$ 对应STAR过程的非线性项部分；参数 c、s_t、r 分别代表位置（门限）参数、转移变量以及非线性速度调节系数（平滑参数）；ψy_{t-1} 对应STAR模型中的线性项部分，ε_t 为平稳误差项。伴随着转移变量 s_t 的变化，转移函数 $F(.)$ 不断地调节对 y_{t-1} 施加的影响强度。通常研究中将平滑转移函数 $F(.)$ 设定为Logistic函数：$1+\exp\{-r[\prod_i(s_t-c_i)]\}^{-1}$ 或指数函数 $1-\exp[-r\prod_j(s_t-c_j)^2]$ 形式。在前者情形下，式（5.1）对应于LSTAR（Logistic STAR）模型，在后者情形下，式（5.1）对应于ESTAR（Exponential STAR）模型。

以两机制下的转移函数（$j=1$）为例，图5.1和图5.2给出了一阶ESTAR过程和LSTAR过程下转移函数对应的散点图，位置参数皆设置为0。可以看到，一阶ESTAR模型下的转移函数具有对称性，转移变量 s_t 在0值附近不断地调整非线性调节力度，并随着转移变量向0两侧的偏离，调节力度趋于稳定。参数 r 反映了调节速度的快慢，图中可以看到 $r=2$ 对应的函数曲线在0附近的转移速度明显快于 $r=0.1$ 时的情形。一阶LSTAR模型下的转移函数关于位置参数则不具有对称性，转移变量 s_t 在由小到大变动的过程中，转移函数对 y_{t-1} 施加的调节力度从0向1不断加强并趋于稳定，数据自身渐近地实现了由 $F=0$ 对应的运行机制向 $F=1$ 运行机制的转变。

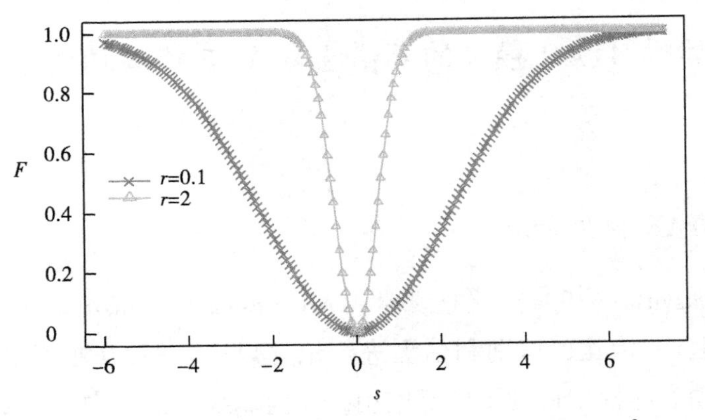

图5.1　一阶ESTAR模型对应的转移函数：$F=1-\exp^{[-r(s-c_0)^2]}$，$c_0=0$

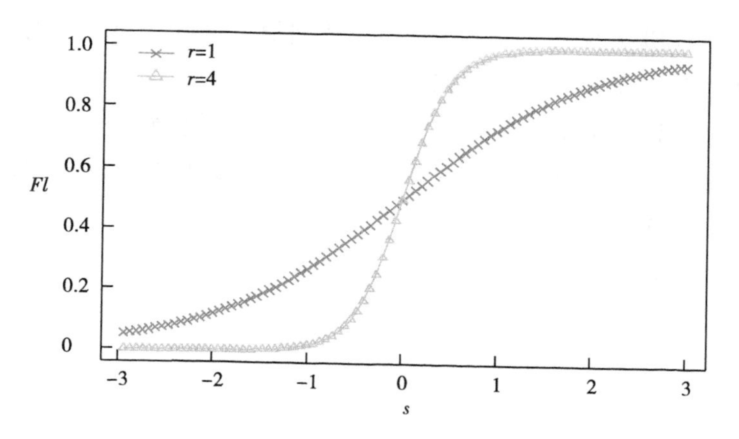

图 5.2　一阶 LSTAR 模型对应的转移函数：$F=1+\exp^{[-r(s-c_0)]^{-1}}$，$c_0=0$

当 $j>1$ 时，STAR 模型中含有多个位置参数 c_j，此时的 STAR 过程对应多机制的数据生成模式，并在不同的位置参数附近均发生机制转移。以 $j=2$ 为例，图 5.3 和图 5.4 给出了三机制 ESTAR 和 LSTAR 过程下的转移函数 F，在各位置参数附近的机制转移情况和两机制 ESTAR 和 LSTAR 过程类似。

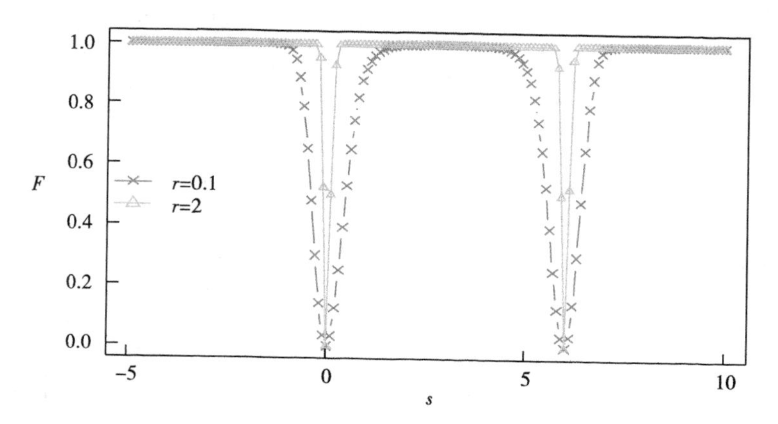

图 5.3　ESTAR（2）下的转移函数：$1-\exp^{[-r(s_t-c_1)^2(s_t-c_2)^2]}$，$c_1=0$，$c_2=6$

注意到，STAR 模型中转移函数 F 下的位置参数 c 和速度调节参数 r 均为常数，转移机制主要取决于转移变量 s_t 的变动情况。在相关的文献研究中，转移变量 s_t 通常取时间变量 t 或者上期序列值 y_{t-1}。前者意味着数据序列本身的非线性机制变化取决于时间 t 的变动，而后者则意味着数据序列的非线性机制变化取决于自身历史数据值。这两种情形下对 STAR 过程的考察均有不少文献参考，如 Lin 和 Terasvirta（1994），Kapetaneous 等（2003），Sandberg（2004，2009）。具体地，以两机制下的非线性转移过程为例，本章 L（E）STAR 框架下以时间 t 作为转移变量的模型设定和标记如式（5.2-5.5）：

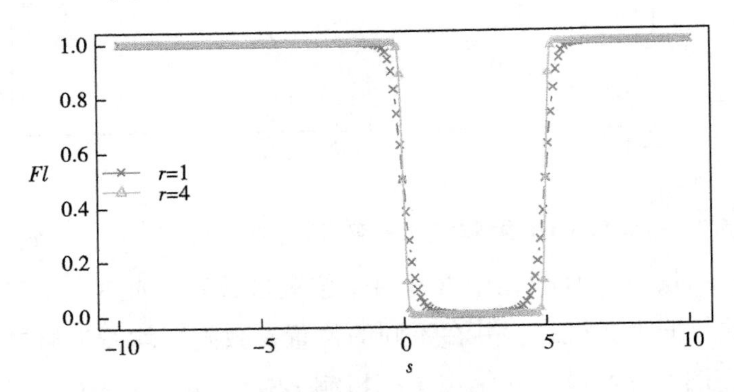

图 5.4　LSTAR（2）下的转移函数：$1+\exp[-r(s_t-c_1)(s_t-c_2)]^{-1}$，$c_1=0$，$c_2=5$

$$\text{LSTAR}(t): y_t = \psi y_{t-1} + \theta y_{t-1}\left\{\frac{1}{1+\exp[-r(t-c_0)]}\right\} + \varepsilon_t \quad (5.2)$$

$$\text{ESTAR}(t): y_t = \psi y_{t-1} + \theta y_{t-1}\left\{1-\exp[-r(t-c_0)^2]\right\} + \varepsilon_t \quad (5.3)$$

以自身前期值 y_{t-1} 作为转移变量的模型设定和标记为

$$\text{LSTAR}(y_{t-1}): y_t = \psi y_{t-1} + \theta y_{t-1}\left\{\frac{1}{1+\exp[-r(y_{t-1}-c_0)]}\right\} + \varepsilon_t \quad (5.4)$$

$$\text{ESTAR}(y_{t-1}): y_t = \psi y_{t-1} + \theta y_{t-1}\left\{1-\exp[-r(y_{t-1}-c_0)^2]\right\} + \varepsilon_t \quad (5.5)$$

5.1.2　非线性 STAR 模型的平稳性探讨

由于传统线性条件下的“平稳性”概念在非线性时序分析中容易引起误解，同时我们所熟知的“协方差平稳”概念仅仅考虑的是二阶平稳，而

非线性特征往往表现在序列的“高阶矩”之上。在相关文献研究中，通常采用 Tweedie（1975）提出的几何遍历性和联合渐近平稳的概念定义非线性框架下数据的“平稳性”。具体而言，对于序列 y_t，如果存在常数 $\delta < 1$，$B < \infty$，$L < \infty$ 以及一个有界集合 C，使式（5.6）~式（5.7）成立，其中 $||.||$ 为向量范数符号，则称序列 y_t 为平稳序列。

$$E[\|y_t\| \mid y_{t-1} = y] < \delta \|y_t\| + L, \ \forall y \notin C \tag{5.6}$$

$$E[\|y_t\| \mid y_{t-1} = y] \leqslant B, \ \forall y \in C \tag{5.7}$$

（1）LSTAR 模型的平稳性

在式（5.6）~式（5.7）下，不难发现式（5.2）、式（5.4）所示的 LSTAR 模型的平稳性条件为

$$|\psi| < 1 \cap |\psi + \theta| < 1 \tag{5.8}$$

以 LSTAR（y_{t-1}）过程式（5.4）为例，简记 Logistic 转移函数 $\{1 + \exp[-r(y_{t-1} - c)]\}^{-1}$ 为 $F_L(y_{t-1})$。在条件式（5.8）下，我们可以确定某个有限集合 $C = [-K^*, K^*]$，$K^* > 0$，使 $y_{t-1} > K^*$ 时，$F_L(y_{t-1})$ 和 1 无限接近，而当 $y_{t-1} < -K^*$ 时，$F_L(y_{t-1})$ 又和 0 无限接近，从而在 $y \notin C$ 条件下，利用极限的定义可推知 $|\psi + \theta F_L(y_{t-1})| < 1$，结合式（5.4）进而有 $\|y_t\| < \|y\| + \|\varepsilon_t\|$，条件式（5.6）得以满足；当 $y \in C$ 时，考虑到 $\|y_t\| \leqslant \|\psi + \theta F_L(y_{t-1})\| . K^* + || u_t ||$ 以及 $F_L(y_{t-1}) \in [0, 1]$；容易得到式（5.7）成立。

另外，当条件式（5.8）不满足时，注意到 $\Delta y_t = [\psi - 1 + \theta F_L(y_{t-1})] y_{t-1} + \varepsilon_t$。不难发现 $\psi = 1$ 条件下，存在某个正数 M，一旦数据过程 y_t 大于 M，$\psi - 1 + \theta F_L(y_{t-1})$ 和 1 无限接近，数据呈现单位根过程特征；在 $\psi + \theta = 1$ 条件下，则 y_t 一旦小于某个负数 Q，$\psi - 1 + \theta F_L(y_{t-1})$ 和 1 无限接近，数据同样会陷入单位根状态。类似地，当 $(\psi + \theta) > 1$ 时，y_t 一旦大于某个正数，使 $[\psi - 1 + \theta F_L(y_{t-1})] > 0$，数据会迅速进入爆炸根状态；另外在 $(\psi + \theta) \leqslant -1$ 下，数据过程则表现为来回往复的非平稳性扩散运动。从而，随着相关参数的变动，ESTAR 数据过程最终体现为单位根、非线性平稳、交错扩散或者爆炸特征，具体情形取决于 ψ 和 θ 的相对大小。不过在现实经济问题应用中，数据基本不会出现交错扩散情

形，该情形直接给予忽略。

以时间 t 为转移变量的 LSTAR（t）过程（5.2）的数据特征分析类似，当 $\psi>1$ 或者 $|\psi+\theta|>1$ 时，由于转移函数 $\{1+\exp[-r(t-c_0)]\}^{-1}$ 关于时间 t 递增至 1。不难发现，随着 t 的增加，$\psi+\theta\{1+\exp[-r(t-c_0)]\}^{-1}>1$ 恒成立，数据体现出爆炸特征；而当 $|\psi+\theta|=1$ 时，随着时间 t 的增加，$\psi+\theta\{1+\exp[-r(t-c_0)]\}^{-1}=1$ 近似成立，数据表现出单位根特性，非线性 LSTAR 模型不再平稳。

（2）ESTAR 模型的平稳性

类似于对 LSTAR 模型的分析，ESTAR 模型（5.3）和模型（5.5）对应的平稳性条件为：

$$|\psi+\theta|<1 \tag{5.9}$$

以 ESTAR（y_{t-1}）过程式（5.5）为例，注意到 $\Delta y_t=\psi+\theta\{1-\exp[-r(y_{t-1}-c_0)^2-1]y_{t-1}\}+\varepsilon_t$，当 y_{t-1} 远离中心参数 c_0 时，条件（5.9）可以保证 $-2<\psi+\theta\{1-\exp[-r(y_{t-1}-c_0)^2-1]\}<0$ 恒成立，从而实现对上期偏离项 Δy_t 的调整，保证 y_t 的长期平稳性。当 $|\psi+\theta|>1$ 时，随着 $|y_{t-1}-c_0|$ 大于某个正数 M，$\psi+\theta\{1-\exp[-r(y_{t-1}-c_0)^2]\}-1>0$ 恒成立，y_t 的偏离力度最终越来越大，数据体现出明显的爆炸特性（见图 5.5）；同样，在 $|\psi+\theta|=1$ 下，一旦 y_{t-1} 大于某个正数 M，数据不再具有自我回复特性，后续数据走势近似于一个单位根过程（见图 5.6）。以时间为转移变量的 ESTAR（t）模型所表现的数据特征类似，这里不再赘述。

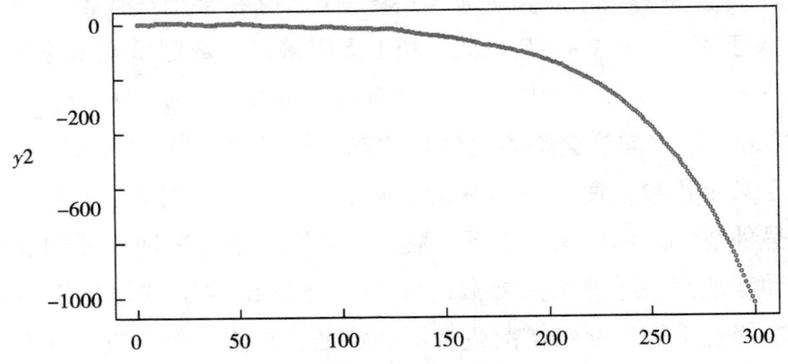

图 5.5 $|\psi+\theta|>1$ 条件下的一阶 ESTAR 模型（$r=0.5$，$y=0.12$，$q=0.9$）

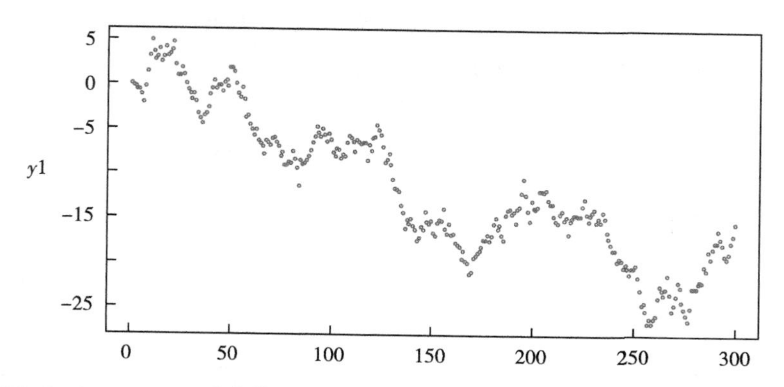

图 5.6　| $\psi+\theta$ | =1 束条件下的一阶 ESTAR 模型（$r=0.5$，$y=0.1$，$q=0.9$）

上述分析意味着在现实经济建模中，STAR 框架下的数据特征最终可表现为非线性平稳、单位根过程、爆炸过程三种情形。另外，爆炸过程的情形通常只在泡沫问题研究的时候才会给予关注，其他经济问题考察中很少出现该情形，通常会预先排除①，后续的分析也主要基于前面两种可能性进行考察。

5.1.3　STAR 模型的 ADF 单位根检验功效

类似于线性时序的研究，STAR 框架下的数据建模要求数据具有非线性平稳特征，因此在建模之前需要对数据进行平稳性检验，保证建模的合理性。不过相较于平稳过程与单位根过程的差别，非线性平稳 ESTAR 过程在某些条件下与单位根过程的差别较小，图 5.7 和图 5.8 给出了上节考虑的几类平稳 STAR 模型和单位根过程以及线性平稳过程的运行轨迹，其中 E（L）STAR_y 对应以自身前期值作为转移变量的相应 STAR 模型，E（L）STAR_t 对应以时间 t 作为转移变量的对应的 STAR 模型，I（1）、I（0）分别对应单位根和线性平稳过程。可以明显地看到，STAR 过程的运行轨迹介于 I（1）和 I（0）过程中间。同时，相较于线性平稳过程关于自身均值的对称性波动和平稳走势，小样本情形下 STAR 过程的随机性趋势特征更为明显，和随机游走的行动轨迹有一定的相似性。这意味着较为

① 事实上，通过右侧 ADF 检验很容易事先将爆炸情形排除。

经典的线性单位根检验，如 ADF、PP 检验在考察非线性数据过程平稳性的问题中会面临着较低的检验功效。

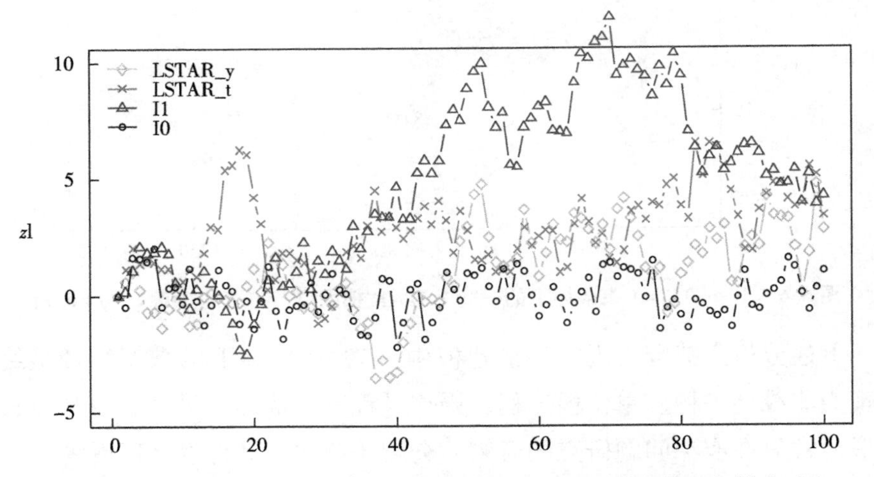

图 5.7　LSTAR（y）、LSTAR（t）与 I（1）、I（0）过程的运行轨迹对比

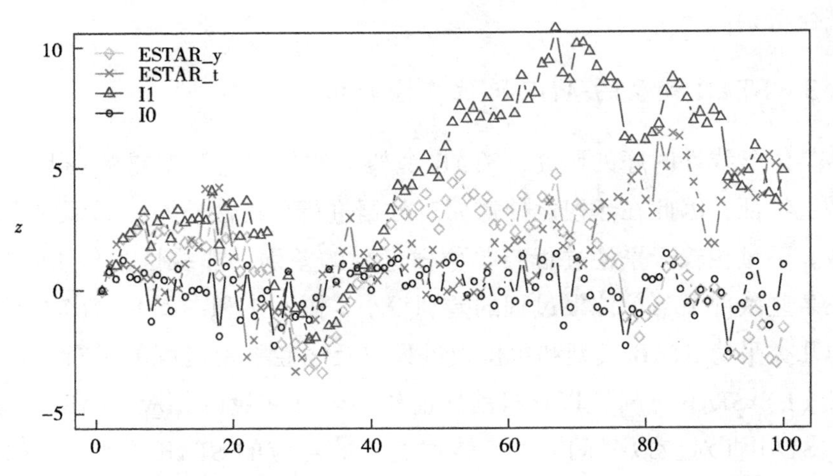

（注：图中的数据生成过程为 $I(0)$：$y_t = 0.3y_{t-1} + \varepsilon_t$；$I(1)$：$y_t = y_{t-1} + \varepsilon_t$；Estar（$t$）：$\Delta y_t = -0.1y_{t-1}[1 - \exp^{-0.1(t-0.5T)^2}] + \varepsilon_t$；Estar（$y$）：$\Delta y_t = -0.1y_{t-1}[1 - \exp^{-0.1(y_{t-1}-0.05)^2}] + \varepsilon_t$；lstar（$t$）：$y_t = 0.95y_{t-1} - 0.1y_{t-1}[1 + \exp^{-0.2(t-0.5T)}]^{-1} + \varepsilon_t$；lstar（$y$）：$y_t = 0.95y_{t-1} - 0.1y_{t-1}[1 + \exp^{-0.2(y_{t-1}-0.05)}]^{-1} + \varepsilon_t$）

图 5.8　ESTAR（y）、ESTAR（t）与 I（1）、I（0）过程的运行轨迹对比

为了更为细化地分析这一问题，如下基于 ADF 单位根检验具体考察其对 STAR 框架下平稳模型的检验功效，仿真模拟中的误差项取自标准正态分布 N（0，1）ADF。表 5.1 和表 5.2 给出了模型（5.2~5.5）对应的四种 STAR 模型在传统单位根检验下的 Power 表现，表中 ψ 和 θ 分别对应 STAR 模型的线性以及非线性项的系数，r 为转移速度参数。可以看到，传统 ADF 检验在非线性框架下的检验功效并不高，特别在某些参数设定下，即便样本容量较大，所对应的检验功效仍然很低。如样本容量 $T=150$，$(\psi, \theta, r)=(1, -0.1, 0.01)$ 下，平稳 $ESTAR(t)$、$ESTAR(y_t)$、$LSTAR(t)$、$LSTAR(y_t)$ 模型被 ADF 检验所拒绝的概率分别仅为 0.18、0.85、0.54、0.51。从而在较大概率下对非线性 STAR 框架下数据过程的平稳性特征存在误判，这非常不利于此后非线性建模的开展。

表 5.1　平稳 ESTAR 模型下 ADF 检验功效（模拟次数：1000）

T	y	q	转移变量：t			转移变量：y_{t-1}		
			r=0.01	r=0.1	r=1	r=0.01	r=0.1	r=1
T=50	0.95	−0.30	0.23	0.75	0.98	0.76	0.95	0.98
	0.95	−0.10	0.18	0.33	0.51	0.36	0.49	0.52
	1.00	−0.30	0.08	0.54	0.94	0.55	0.88	0.95
	1.00	−0.10	0.06	0.14	0.29	0.17	0.27	0.29
T=150	0.95	−0.30	0.96	1.00	1.00	1.00	1.00	1.00
	0.95	−0.10	0.77	1.00	1.00	1.00	1.00	1.00
	1.00	−0.30	0.57	1.00	1.00	0.92	0.98	1.00
	1.00	−0.10	0.18	0.84	0.97	0.85	0.93	0.97

表 5.2　平稳 LSTAR 模型下 ADF 检验功效（模拟次数：1000）

T	y	q	转移变量：t			转移变量：y_{t-1}		
			r=0.01	r=0.1	r=1	r=0.01	r=0.1	r=1
T=50	0.95	−0.30	0.770	0.766	0.462	0.768	0.658	0.466
	0.95	−0.10	0.326	0.324	0.274	0.318	0.302	0.274
	1.00	−0.30	0.552	0.552	0.282	0.542	0.454	0.240
	1.00	−0.10	0.148	0.142	0.122	0.152	0.142	0.106

续表

T	γ	q	转移变量：t			转移变量：y_{t-1}		
			$r=0.01$	$r=0.1$	$r=1$	$r=0.01$	$r=0.1$	$r=1$
$T=150$	0.95	−0.30	1.000	1.000	0.866	1.000	0.946	0.908
	0.95	−0.10	0.968	0.966	0.816	0.960	0.874	0.846
	1.00	−0.30	1.000	0.994	0.294	0.998	0.502	0.378
	1.00	−0.10	0.536	0.520	0.240	0.510	0.262	0.234

5.2 时间 t 为转移变量下对 STAR 模型的单位根检验

类似于上节分析，很多研究指出，传统单位根检验在非线性 STAR 框架下的检验效能有待提升，特别是在非线性特征表现明显时，有限样本下的表现较差。事实上，传统单位根检验（如 ADF 检验、PP 检验）所对应的检验式仅考虑了数据生成的线性机制，这也导致了其对非线性平稳模型进行检验的理论缺陷。鉴于此，很多文献直接从非线性 STAR 框架入手，探讨数据的单位根及非线性平稳特征。后文我们从以时间变量 t 和 y 自身作为转移变量两个角度展开论述。

STAR（t）框架下的单位根检验问题主要参见 Sandberg（2004）的工作。Sandberg 以 LSTAR 模型为例，细化考察了时间 t 作为转移变量下的平稳 STAR 过程对单位根的统计检验问题。其考虑的模型如下：

$$y_t = x'_t\pi_1 + x'_t\pi_2 F(t, \theta) + u_t \tag{5.10}$$

$$F(t, \theta) = \frac{1}{1+\exp[-\gamma(t^k + a_1 t^{k-1} + a_2 t^{k-2}, \cdots, a_{k-1}t + a_k)]} - \frac{1}{2},$$

$$\theta = (\gamma, a_1, \cdots, a_k)', \gamma > 0 \tag{5.11}$$

其中，x_t =（1，y_{t-1}，y_{t-2}，…，y_{t-p}）为一个（p + 1）× 1 向量，$\pi_2 = (\pi_{2,0}, \pi_{2,1}, \cdots, \pi_{2,p})' \in R^{p+1}$。

在进行单位根检验之前，Sandberg（2004）分析了上述模型中的线性结构稳定性问题，即考察第二部分系数项 $\pi_2 F(t, \theta)$ 是否具有稳定性，相应的假设检验为 $H_0: \gamma = 0$；$H_1: \gamma > 0$；由于考察模型涉及参数 π_2，α 的不可识别问题，Sandberg 通过对 $F(t, \theta)$ 在 $\gamma = 0$ 附近进行泰勒展开来消除这类冗余参数。以 $p = k = 1$ 为例对应的两机制 LSTAR 模型为例，一阶泰勒展开后，我们得到：

$$F(t, \gamma, \alpha_1) = 0.25\gamma(t + \alpha_1) + R_1 \tag{5.12}$$

代入式（5.11），有

$$y_t = \pi_{10} + \pi_{11} \cdot y_{t-1} + (\pi_{20} + \pi_{21} y_{t-1}) c\gamma(t + \alpha_1) + u_t^* \tag{5.13}$$

其中，u_t^* 在原假设下对应 u_t，在备择假设下对应 $u_t + R_1$。进一步对式（5.13）进行整理后，得到如下的辅助回归模型（5.14），其中 $s_t = (1, t)$，$\lambda = (\lambda_0, \lambda_1)'$，$\varphi = (\varphi_{01}, \varphi_{11})'$。

$$y_t = s'_t \lambda + (y_{t-1} s_t)' \varphi + u_t^* \tag{5.14}$$

式（5.14）可以将线性模型和这里的 LSTAR 模型很好地嵌入在一起，在其基础上，对应的 LSTAR（t）模型（5.10）下的系数稳定性原假设转为 $\lambda_0 \in R$，$\lambda_1 = 0$，$\varphi_{01} \in R$，$\varphi_{11} = 0$。Lin、Terasvirta（1994）考察了模型（5.14）在原假设下为线性平稳过程的情形，对应的参数条件为 $\varphi_{01} \in (-1, 1)$；Sandberg 在分析中将原假设限定为线性单位根过程，即：

$$H_0^{aux}: \lambda_0 \in R, \lambda_1 = 0, \varphi_{01} = 1, \varphi_{11} = 0 \tag{5.15}$$

由于考察的辅助回归模型（5.14）含有截距项，这导致在单位根原假设下，y_{t-1} 和 $\lambda_0(t-1)$ 渐近等价。这会带来回归检验中 y_t 和时间 t 项之间的多重共线性问题（Sims、Stock 和 Watson，1990；Hamilton，1994）。鉴于此，Sandberg 考虑从 y_t 中剔除时间 t 的成分，定义一个新的解释变量 $\xi_{t-1} = y_{t-1} - E_{H_0^{aux}}(y_{t-1})$，此时检验回归式（5.14）进一步转化为：

$$y_t = s_t^{*\prime} \lambda^* + (\xi_{t-1} s_t)' \varphi^* + u_t^* \tag{5.16}$$

其中，$s_t^* = (s'_t, t^2)$，$\lambda^* = (\lambda_0^*, \lambda_1^*, \lambda_2^*)'$，$\varphi^* = (\varphi_{01}^*, \varphi_{11}^*)' = \varphi$。单位根原假设（5.15）转化至：

$$H_0^{aux}: \lambda_1^* \in R, \lambda_0^* = \lambda_2^* = 0, \varphi_{01}^* = 1, \varphi_{11}^* = 0 \tag{5.17}$$

在此基础上，Sandberg 构建了相应的 t 统计量和约束性 F 统计量进行 LSTAR（t）框架下的单位根检验。其中，t 统计量主要关注单点检验

$\varphi_{01}^* = 1$，统计形式为 $T_n = T(\varphi_{01}^* - 1)$，由于平稳 LSTAR（t）过程下有 $\varphi_{01}^* < 1$ 成立，从而基于单点 t 检验仍可以辨别单位根过程和备择平稳 LSTAR 过程。在单位根原假设下，Sandberg 推导得到 T_n 对应的渐近分布为式（5.18）所示的关于布朗运动的随机泛函。

$$T_n \Rightarrow Q_1[W(r)] + Q_2[W(r), \sigma^2, \bar{\sigma}_u^2] \tag{5.18}$$

Q_1、Q_2 的函数式较为复杂，具体形式见 Sandberg（2004）。由于该统计量含有冗余参数：误差项的长短期方差 $\bar{\sigma}_u^2$、σ^2，从而无法有效进行统计检验。为此，Sandberg 基于样本信息得到 Q_2 的估计值 $\hat{Q}_2$，在此基础上得到修订的 t 统计量 $T_\alpha = T_n - \hat{Q}_2$，其对应的渐近分布为 $Q_1[W(r)]$。

更为细化地，针对原假设下（5.17）下涉及的多组参数，Sandberg 还提出了约束形式的 F 统计量 F_{ols}，如下：

$$F_{ols} = (R\hat{\psi} - r)'\left\{S_T^2 R\left[\sum_1^T h_t h'_t\right]^{-1} R'\right\}^{-1}(R\hat{\psi} - r)'/4 \tag{5.19}$$

其中，$R\psi = r$，$R = [0 \quad I_4]$，$r = [0 \quad 0 \quad 1 \quad 0]'$，$\psi = (\lambda^{*'}, \varphi^{*'})'$。Sandberg（2004）通过理论分析指出，$F_{ols}$ 的渐近分布特征相较于 t 分布更为复杂，仅在误差项独立情形时不受冗余参数影响，同时难以修订成中枢形式，因此在实际误差项非独立情形下更建议使用 T_α 统计量。

上述对模型（5.10）的分析中没有考虑时间趋势项，进一步将时间趋势作为回归元引入模型（5.10）时，我们得到动态的 LSTAR（t）过程，如下：

$$y_t = x'_t \pi_1 + x'_t \pi_2 F(t, \theta) + u_t \tag{5.20}$$

其中，$x_t =(1, y_{t-1}, y_{t-2}, \cdots, y_{t-p}, t)$，$F(t, \theta)$ 如前所述。在模型（5.20）框架下，对应的原假设和备择假设下都可以含有时间趋势情形，表示如下：

$$H_{01}: y_t = y_{t-1} + u_t$$
$$H_{a1}: y_t = \pi_{10} + \pi_{11} y_{t-1} + (\pi_{20} + \pi_{21} y_{t-1}) F(t, \phi) + u_t \tag{5.21}$$
$$H_{02}: y_t = \pi_{10} + y_{t-1} + u_t$$
$$H_{a2}: y_t = \pi_{10} + \pi_{12} t + \pi_{11} y_{t-1} + (\pi_{20} + \pi_{22} t + \pi_{21} y_{t-1}) F(t, \phi) + u_t \tag{5.22}$$
$$H_{a3}: y_t = \pi_{10} + \pi_{12} t + \pi_{11} y_{t-1} + (\pi_{20} + \pi_{22} t) F(t, \phi) + u_t$$

其中，H_{01}、H_{02} 分别对应原假设是无（带有）漂移项的随机游走过程。H_{a1}

对应不含线性确定性趋势下的LSTAR过程，H_{a2}、H_{a3}对应含线性确定性趋势下的LSTAR过程，两者的差异在于非线性项作用的变量有差别，前者包含自身的滞后项，后者没有。

类似于模型（5.10）下单位根检验量的构建，模型（5.20）框架下的分析同样基于泰勒展开技术进行分析，Sandberg在式（5.20）三阶泰勒展开的线性回归式基础上提出了3个t类型检验统计量，分别是NDF（Non-linear DF test），NADF（Non-linear Augmented DF test），NPADF（Non-linear partial ADF test）检验统计量，构造思路类似于前文不带时间项下的T统计量的构造，细化的构建形式和理论推导可参考Sandberg（2014）。在有限样本下，Sandberg指出，以上构建的统计量存在适度的尺度扭曲；不过在备择LSTAR平稳过程下，特别是在LSTAR模型的非线性特征较明显时，NDF、NADF、NPADF具有较优的检验势，并且该类t统计量在各种参数变动下都能保持较好的稳健性。而ADF、PP检验表现很差，甚至在某些情况下接近于0。

此外，Leybourne、Newbold和Vougas（1998，以下简称LNV）以及Harvey和Mills（2000，以下简称HM）也考虑过带有时间项的非线性STAR（t）模型下的单位根问题研究，不过他们的检验方法与上述Sandberg的泰勒展开不同，主要是通过NLS（Nonlinear Least Square）算法直接对STAR（t）模型进行参数估计，在此基础上将数据过程的确定性时间趋势去除，并对残差项进行ADF检验以判断数据的单位根或非线性平稳特征，尽管模拟分析表明该方法有不错的检验效果，不过LNV和HM均为对构建统计量的极限分布进行细化考察和探讨，这里略谈。

5.3 ESTAR（y_{t-1}）框架下F类型单位根检验及应用

相较于以时间t作为转移变量，以数据自身作为转移变量的STAR（y_{t-k}）模型有着更广泛的现实应用意义。较为典型的例子是，投资者在股市低迷和活跃时会采取不同的投资策略，进而使股市自身的周期性上涨和下降行为关于前期价格信息表现出典型的双机制特征；又比如，由于涉及贸易成本等因素，实际汇率的走势会随着其取值所在区间的不同调整向均值回复的速度。相较于前节 STAR（t）模型下的单位根检验量构造，更多的学者从 STAR（y_{t-1}）框架角度识别单位根和非线性平稳 STAR 模型的数据特征。

Kapetanios 等（2003）最早基于一个简化的 ESTAR 过程：$y_t = y_{t-1} + \theta y_{t-1} \cdot \{1 - \exp[-r(y_{t-1})^2]\} + \varepsilon_t$ 考察了单位根原假设对非线性平稳备择假设的统计检验问题。依据本章第一小节的内容分析，该简化过程的平稳条件为：$|1+\theta| < 1$，即 $-2 < \theta < 0$。此时，$1-\exp[-r(y_{t-1})^2] = ry_{t-1}^2 + o_p(y_{t-1})$，从而该 ESTAR 模型经泰勒展开后转化为 $\Delta y_t = \rho y_{t-1}^3 + u_t$，$\rho = \theta\gamma$。单位根对非线性平稳过程的检验转化为统计检验 $\rho = 0$ 对 $\rho < 0$。Kapetanios 在此基础上构建参数 ρ 的 t 统计量进行单位根检验。进一步，Sandberg（2014）考虑到实际数据过程中可能存在的异常点问题，构建了对异常点不敏感的稳健类型 t 检验量。除此之外，还有部分文献不利用泰勒展开技术，而是直接考察 ESTAR 模型中的相关参数进行单位根检验。在这种情形下，由于速度调节参数 r 的不可识别性，主要思路建立在通过网格搜索的办法构建参数 r 空间上的最小化 t 类型检验（K_1l_1，2011；Park 和 Shintani，2016）。

5.3.1 ESTAR 模型下 F 检验构建

注意到，现有文献大都假定 ESTAR 模型中的线性系数 $\psi = 1$，即备择假设下的 ESTAR 过程为具有局部单位根特征的非线性平稳过程，同时非线性调节的位置参数 $c_0 = 0$。这一约束使待考察的 ESTAR 模型不具有灵活性和普适性。事实上，在很多 ESTAR 模型的应用问题研究中，ψ 和 c_0 的估计值与该假设相矛盾（Gregoriou 和 Kontonikas，2009；Lin、Liang 和 Yeh，2011）；另外，在 ESTAR 框架下的长期平稳性允许线性项系数 $\psi > 1$，即备择假设下的非线性平稳过程可以存在局部爆炸特征。该种情形在高度持续的非线性平稳数据，如金融时间序列、汇率数据序列中时有

(Baharumshah 和 Liew，2006；Knight 等，2014)，而忽略这种情形意味着建立 $\psi=1$ 和 $c_0=0$ 基础上的前述统计量很容易犯第二类错误。

鉴于此，为了使待考察的 ESTAR 模型更贴合现实应用背景，本节取消了对参数 ψ 和 c_0 的约束。此时 ESTAR 框架内针对单位根原假设的检验不再是一个单参数检验，而是转换为一个多参数的联合检验，需要构造 F 统计量对相关问题进行分析。具体地，本节考虑自身变量作为转移变量的 ESTAR（y_{t-1}）过程如下：

$$y_t=\psi y_{t-1}+\theta y_{t-1}\{1-\exp[-r(y_{t-1}-c_0)^2]\}+\varepsilon_t,\quad |\psi+\theta|<1 \tag{5.23}$$

在该框架下，目前的研究大多是基于 Kapetanious（2003）的工作之上进行的，其设定 $\psi=1$ 和 $c_0=0$，即考察如下的 ESTAR 过程：$\Delta y_t=\theta y_{t-1}\{1-\exp[-r(y_{t-1})^2]\}+\varepsilon_t$。通过对上述模型进行泰勒展开，可以得到一个线性辅助回归式：$\Delta y_t=\rho y_{t-1}^3+u_t$，$\rho=\theta r$。在此基础上，Kapetanious（2003）构造统计量 $t_{\hat{\rho}}=\hat{\rho}/se(\hat{\rho})$ 检验数据的单位根或者非线性平稳特征，后文记该统计量为 t_{KSS}。

为了使待考察模型更具有普适性，这里我们不对模型（5.23）中的参数 ψ 和 c_0 施加约束，即备择假设为式（5.23）所示的平稳 ESTAR 过程。由于在单位根原假设下参数 r、θ、c_0 均不可识别，为克服这一问题，沿袭先前学者的研究，我们对模型（5.23）中转移函数在 c_0 附近进行一阶泰勒展开。从而有：

$$1-\exp[-r(y_{t-1}-c_0)^2]=r(y_{t-1}-c_0)^2+o(y_{t-1}-c_0)^2 \tag{5.24}$$

如此，ESTAR 模型（5.23）转化为辅助回归式（5.25），其中 $d=(\psi-1)+c_0^2r\theta$，$b=\theta r$，$c=-2c_0r\theta$，u_t 为误差项，其有 ε_t 和上式中的泰勒余项 $o(y_{t-1}-c_0)^2$ 加总而得。

$$\Delta y_t=by_{t-1}^3+cy_{t-1}^2+dy_{t-1}+u_t \tag{5.25}$$

原假设下的数据过程 y_t 为单位根过程，式（5.25）辅助回归式中的系数 b，c，d 均为 0，则单位根检验可转化为对 $H_0: b=0,\ c=0,\ d=0$ 的联合检验。另外，如前节所述，ESTAR 模型 $y_t=\psi y_{t-1}+\theta y_{t-1}\{1-\exp[-r$

$(y_{t-1}-c_0)^2]\}+\varepsilon_t$ 会随着参数 ψ，θ 的变化最终表现出单位根特征或者爆炸特征。本节不予以考虑数据爆炸特征的情形（爆炸特征可以通过下章的右侧 ADF 类型检验预先检测出来），从而在 ESTAR 框架内，拒绝 H_0 便意味着数据的非线性平稳特征。建立在这一思路基础之上，如下构建式（5.26）的 F 统计量去考察单位根原假设对非线性平稳备择假设的统计检验问题。其中，$\hat{\beta}=(\hat{b},\ \hat{c},\ \hat{d})$ 为辅助回归式（5.25）中 $(b,\ c,\ d)$ 的 OLS 估计值，$\hat{\sigma}_e^2=\sum e_t^2/(T-3)$ 为对应的残差方差，e_t 为残差项。

$$F_{\beta}=\hat{\beta}'V_{\hat{\beta}}^{-1}\hat{\beta},\ \hat{\beta}=(\hat{b},\ \hat{c},\ \hat{d})'$$

$$V_{\hat{\beta}}=\left[\sum(y_{t-1}^3,\ y_{t-1}^2,\ y_{t-1})(y_{t-1}^3,\ y_{t-1}^2,\ y_{t-1})'\right]^{-1}\hat{\sigma}_e^2 \tag{5.26}$$

不难发现，到设定模型回归到 Kapetanious（2003）关于 $\psi=1$ 和 $c_0=0$ 的假定时，式（5.25）中的系数 c 和 d 均为 0，相应的 F 统计量等价于 t_{KSS} 统计量的平方，所以本节 F 检验可以看成对 Kapetanious 等（2003）所提出的 t 类型检验的扩充。

5.3.2 假设和渐近理论

便于后续理论的推导，我们给出如下假设。

假设 5.1 $u_t=C(L)\eta_t$，$C(L)=\sum_{j=0}^{\infty}c_jL^j$ 为滞后算子多项式，并满足 $C(1)\neq 0$，$\sum_0^{\infty}j\mid c_j\mid<\infty$；$\eta_t$ 为鞅差序列，并满足 6 阶矩有限，即 $\sum_0^{\infty}E(\eta_t^6\mid\eta_{t-1},\ \eta_{t-2}\cdots)<\infty$。

假设 5.1 意味着 u_t 允许存在相关性和条件异方差性，但具有无条件同方差。

定理 5.1 在如上假设条件下，记 u_t 的长短期方差分别为 $\bar{\sigma}_u^2=\lim_{T\to\infty}T^{-1}E(\sum u_t)^2$，$\sigma_u^2=\lim_{T\to\infty}T^{-1}\sum u_t^2$，$\lambda=\sigma_u^2/\bar{\sigma}_u^2$。在原假设：$y_t=y_{t-1}+u_t$ 下，有

$$F_{\hat{\beta}}\Rightarrow\frac{1}{\lambda}\begin{bmatrix}1\\(1-\lambda)/2\\0\end{bmatrix}'J'_3V_3^{-1}J_3\begin{bmatrix}1\\(1-\lambda)/2\\0\end{bmatrix} \tag{5.27}$$

其中，

$$V_3=\begin{pmatrix}\int_0^1 W(r)^6\mathrm{d}r & \int_0^1 W(r)^5\mathrm{d}r & \int_0^1 W(r)^4\mathrm{d}r\\ \int_0^1 W(r)^5\mathrm{d}r & \int_0^1 W(r)^4\mathrm{d}r & \int_0^1 W(r)^3\mathrm{d}r\\ \int_0^1 W(r)^4\mathrm{d}r & \int_0^1 W(r)^3\mathrm{d}r & \int_0^1 W(r)^2\mathrm{d}r\end{pmatrix},$$

$$J_3=\begin{pmatrix}\int_0^1 W(r)^3\mathrm{d}W(r) & 3\int_0^1 W(r)^2\mathrm{d}r & 0\\ \int_0^1 W(r)^2\mathrm{d}W(r) & 2\int_0^1 W(r)\mathrm{d}r & 0\\ \int_0^1 W(r)\mathrm{d}W(r) & 1 & 0\end{pmatrix}$$

当 u_t 不具有相关性时，有 $F_{\hat{\beta}}\Rightarrow[1\quad 0\quad 0]J'_3V_3^{-1}J_3[1\quad 0\quad 0]'$。不过注意到，在一般情形下，即误差项存在自相关时，$F_{\hat{\beta}}$ 的渐近分布受到冗余参数 λ 的影响，该参数取决于 u_t 的长短期方差。鉴于此，我们需要对其统计构建形式修订，以保证 F 统计量的中枢性。修订后的 F 统计量 F^{ss} 在式（5.28）中给出，其中 $\hat{\lambda}=s_u^2/\bar{s}_u^2$、$\bar{s}_u^2$、$s_u^2$、$s_{u,1}$ 是基于样本信息得到的关于 σ_u^2、σ_u^2、$\sigma_{u,1}$ 的一致估计量，具体估计思路在后续模拟分析中有详细讨论。定理 5.2 给出了 F^{ss} 的渐近分布性质。

$$F^{ss}=\hat{\lambda}F_{\hat{\beta}}-\begin{bmatrix}1\\(1-\hat{\lambda})/2\\0\end{bmatrix}'\widehat{\Omega}\begin{bmatrix}1\\(1-\hat{\lambda})/2\\0\end{bmatrix}\tag{5.28}$$

其中，$\widehat{\Omega}=H'\begin{bmatrix}\sum y_{t-1}^6 & \sum y_{t-1}^5 & \sum y_{t-1}^4\\ \sum y_{t-1}^5 & \sum y_{t-1}^4 & \sum y_{t-1}^3\\ \sum y_{t-1}^4 & \sum y_{t-1}^3 & \sum y_{t-1}^2\end{bmatrix}^{-1}H$，

$$H=\begin{pmatrix}(\sum y_{t-1}^3\Delta y_t-3s_{\varepsilon,1}\sum y_t^2)/\bar{s}_\varepsilon & 3\sum y_t^2\bar{s}_\varepsilon & 0\\ (\sum y_{t-1}^2\Delta y_t-2s_{\varepsilon,1}\sum y_t)/\bar{s}_\varepsilon & 2\sum y_t\bar{s}_\varepsilon & 0\\ (\sum y_{t-1}\Delta y_t-Ts_{\varepsilon,1})/\bar{s}_\varepsilon & T\bar{s}_\varepsilon & 0\end{pmatrix}$$

定理 5.2 在假设 5.1 的条件下，当单位根原假设成立时，有：

$$F^{ss} \Rightarrow [1 \quad 0 \quad 0] J'_3 V_3^{-1} J_3 [1 \quad 0 \quad 0]' \tag{5.29}$$

注意到，修正统计量 F^{ss} 是建立在半参数方法基础上进行构建的。在线性单位根框架的研究中，很多文献（Schwert，1989）指出这种非参方法的调整，如 PP 检验，在误差项具有较强相关性的时候表现出相对较差的有限样本性质，后文模拟分析表明这种调整机制在非线性框架中也会带来这一问题，即水平扭曲较大。鉴于此，受 ADF 检验思路的启发，我们提供了另外一种思路去解决原始统计量 $F_{\hat{\beta}}$ 非中枢的问题。我们通过加入差分滞后项 Δy_t 对回归检验式进行增广扩充，滞后项阶数 p 基于 BIC 准则进行确定，即 $p = \min_q \{\ln^{\hat{\sigma}_e^2} + (3+q)\ln^T/T\}$，其中 $\hat{\sigma}_e^2$ 为相应残差项 $\hat{e}_t$ 的方差，即 $\hat{\sigma}_e^2 = \sum \hat{e}_i^2/[T-(3+p)]$。之后我们在扩充后的检验回归式（5.30）上按照式（5.26）构建新的 F 统计量，为了与原始 $F_{\hat{\beta}}$ 相区分，此时的统计量记为 F^0，定理 5.3 保证了统计量 F^0 的中枢性。

$$\Delta y_t = \hat{b} y_{t-1}^3 + \hat{c} y_{t-1}^2 + \hat{d} y_{t-1} + \sum_1^p \hat{p}_k \Delta y_{t-k} + \hat{e}_t \tag{5.30}$$

定理 5.3 在假设 5.1 条件下，基于增广回归检验式（5.30）得到的单位根检验量 F^0 与 F^{ss} 在原假设下具有相同的极限分布。即 $F^0 \Rightarrow [1 \quad 0 \quad 0] J'_3 V_3^{-1} J_3 [1 \quad 0 \quad 0]'$。

需要说明的是，上述理论分析建立在模型（5.23）基础之上，其对应的 ESTAR 过程是一个在 0 附近波动的数据过程①，很多文献将其称为 0 均值 ESTAR 过程。当实际考察数据表现出明显的非 0 均值或者时间趋势时，备择假设下的平稳 ESTAR 模型转化为式（5.31）~式（5.32）。

$$y_t = m_0 + \tilde{y}_t,\ \tilde{y}_t = \psi \tilde{y}_{t-1} + \theta \tilde{y}_{t-1}\{1 - \exp[-\gamma(\tilde{y}_{t-1} - c_0)^2]\} + \varepsilon_t,\quad |\psi + \theta| < 1 \tag{5.31}$$

$$y_t = m_0 + m_1 t + \tilde{y}_t,\ \tilde{y}_t = \psi \tilde{y}_{t-1} + \theta \tilde{y}_{t-1}\{1 - \exp[-\gamma(\tilde{y}_{t-1} - c_0)^2]\} + \varepsilon_t,\quad |\psi + \theta| < 1 \tag{5.32}$$

① 这一结论较容易发觉，随着 y_t 在某时刻取值和 c_0 距离的拉远，此时 $\{1-\exp[-r(y_{t-1}-c_0)^2]\}$ 接近于 1，基于平稳条件（5.9），有 $y_t = r y_{t-1} + u_t$，$r = |\psi+\theta\{1-\exp[-r(y_{t-1}-c_0)^2]\}| < 1$，$y_t$ 会快速向 0 缩减；最终体现出非线性平稳 ESTAR 模型（5.23）的均值也接近于 0。

非0均值的 ESTAR 模型（5.31）和带有时间趋势的 ESTAR 模型（5.32）均建立在模型（5.23）的基础上，所有 F 统计量的构造类似，只是相应的 F 检验是建立在退均值或者退时间趋势数据基础之上。相应情形下统计量 F^{ss}，F^{0} 的渐近分布也和式（5.29）类似，只是其中的标准布朗运动 $W(r)$ 换成了退均值的布朗运动 $\hat{W}(r)$ 或者退时间趋势的布朗运动 $\tilde{W}(r)$。在如下分析中，我们将0均值数据过程，非0均值数据过程，以及时间趋势数据过程分别记为 Case 1、Case 2 和 Case 3。

5.3.3 F 检验量的有限样本性质

如下我们重点讨论上述 F 类型检验量 F^{ss} 及 F^{0} 的有限样本性质。F^{0} 直接基于式（5.30）构造，对于半参数方式确定的 F^{ss} 而言，式（5.37）中误差项 u_t 的长期方差估计值 $\bar{s}_u^2$ 基于 Newey-West（1987）估计量：$\bar{s}_u^2=\hat{r}_0+2\sum_{1}^{l}k_m(j)\hat{r}_j$ 得到，其中的削减参数 l 设置为 $[4(T/100)^{2/9}]$；k_m 为 Bartlett 核函数，$\hat{r}_j=\sum_{t\geqslant 0}\hat{\varepsilon}_t\hat{\varepsilon}_{t-j}/T$，$\hat{\varepsilon}_t$ 为式（5.30）的残差项；另外，误差项 u_t 的短期方差估计值为 $s_u^2=\sum_{t>0}\hat{\varepsilon}_t^2/T$，$s_{u,1}=(\bar{s}_u^2-s_u^2)/2$。作为比对，ADF 以及 Kapetanious 等（2003）提出的 t_{kss} 检验也给予了考察。

（1）临界值分析

$$y_t=x_t,\ x_t=x_{t-1}+\varepsilon_t \tag{5.33}$$

$$y_t=x_t-\bar{x}_t,\ x_t=x_{t-1}+\varepsilon_t \tag{5.34}$$

$$y_t=x_t-\hat{m}_0-\hat{m}_1 t,\ x_t=x_{t-1}+\varepsilon_t \tag{5.35}$$

F 统计量 F^{ss}，F^{0} 在 Case 1～Case 3 下的经验分布分别基于数据过程式（5.33）～式（5.35）得到，其中新息项 $\varepsilon_t\sim i.i.d.N(0,1)$，式（5.34）中的 $\bar{x}_t$ 表示 x_t 的均值，式（5.35）中的 $\hat{m}_0$ 和 $\hat{m}_1$ 表示线性回归 $x_t=\hat{m}_0+\hat{m}_1 t+u_t$ 中常数项和时间项的 *OLS* 估计系数。由于 F 类型检验为右侧检验，0.9、0.95 的分位点被报告作为 0.1、0.05 置信水平的临界值，表 5.3 给出的临界值结果基于 20000 次仿真实验和样本量 $T=2000$ 模拟得到。

表 5.3 F 统计量的渐近临界值

分位点	Case 1	Case2	Case 3
90%	9.66	10.24	12.52
95%	11.44	12.07	14.52

（2）Size 表现

$$H_0: y_t = y_{t-1} + u_t,\ u_t = \rho u_{t-1} + \varepsilon_t \quad (5.36)$$

Size 研究中的数据过程由上给出，$\varepsilon_t \sim i.i.d.N(0, 1)$。参数 ρ 反映误差项 u_t 的相关性程度，这里设定 $\rho = \{0, -0.3, 0.5\}$，模拟研究中的样本容量考虑 $T=150$，300。F^{ss}、F^0 及 ADF、t_{KSS} 的 Size 表现在表 5.4 中列出。

模拟结果显示，同 ADF、t_{KSS} 检验表现类似，F^0 统计量无论在独立误差项情形下（$\rho = 0$），还是误差项存在较强正自相关（$\rho = 0.5$）或者负相关情形下（$\rho = -0.3$），Case1 ~ Case3 所有情形下对应的 Size 水平均接近 0.05 的名义值，从而体现了较好的经验 Size 特性。对比来看，F^{ss} 则存在较严重的水平扭曲。从表 5.4 可以看到，在误差项存在较强正自相关时，F^{ss} 的 Size 水平存在不足，而在负相关情形下 Size 又存在过度扭曲。以 Case 2 对应的退均值下的分析结果来看：$\rho = \{-0.3, 0.5\}$ 下，F^{ss} 在 $T=150$ 时的 Size 值分别为 $\{0.194, 0.039\}$，即便是样本量增加到 $T=300$，其所表现出的 Size 扭曲也并未得到有效减弱，此时对应的 Size 值为 $\{0.160, 0.032\}$。实际上，我们发现 F^{ss} 的 Size 的表现不足主要在于其形式构造的复杂化，导致有限样本下的经验分布还是与误差项的冗余参数有依赖性。很多研究指出，误差扰动项具有较强的相关性时，这种半参调整方法在线性单位根问题检验中（如 PP 检验）具有较差的有限样本表现，我们的模拟表明这一问题同样会带到非线性框架下。因此，相较于 F^{ss}，我们更推荐 F^0 进行实际应用以避免水平扭曲现象。

表 5.4 各检验统计量的 Size 表现

	Case 1				Case 2				Case 3			
	t_{KSS}	ADF	F^0	F^{ss}	t_{KSS}	ADF	F^0	F^{ss}	t_{KSS}	ADF	F^0	F^{ss}
$\rho=0$												
$T=150$	0.049	0.050	0.052	0.065	0.049	0.053	0.049	0.063	0.050	0.057	0.050	0.068
$T=300$	0.052	0.051	0.054	0.063	0.049	0.049	0.046	0.056	0.050	0.050	0.051	0.071
$\rho=-0.3$												
$T=150$	0.047	0.051	0.067	0.167	0.046	0.052	0.082	0.194	0.044	0.054	0.108	0.307
$T=300$	0.050	0.049	0.064	0.153	0.043	0.046	0.060	0.160	0.048	0.049	0.077	0.251
$\rho=0.5$												
$T=150$	0.052	0.051	0.068	0.055	0.054	0.051	0.080	0.039	0.053	0.052	0.077	0.012
$T=300$	0.052	0.049	0.058	0.045	0.046	0.048	0.062	0.032	0.053	0.047	0.065	0.016

（3）Power 表现

Power 研究中的平稳 ESTAR 过程为

$$y_t = \psi y_{t-1} + \theta y_{t-1}\{1 - \exp[-r(y_{t-1} - c_0)^2]\} + u_t,\ u_t = \rho u_{t-1} + \varepsilon_t,\quad |\psi + \theta| < 1 \tag{5.37}$$

误差项 u_t 的设定同 Size 研究中的设定保持一致。其他参数设定为 $\psi \in \{0.8, 1.0, 1.2\}$，$\theta \in \{-0.5, -0.3\}$，$r \in \{0.01, 0.1\}$。对于位置参数 c_0，为了更好地覆盖实际模拟中的可能取值，我们基于随机分布模拟对其进行取值，在 Case 1 和 Case 2（0 均值和非 0 均值模型）中，位置参数 c_0 从均匀分布 $U(-5, 5)$ 中随机抽取，在 Case 3 带有时间趋势的分析中，考虑从均匀分布 $U(-10, 10)$ 中提取 c_0。本部分的 Power 分析建立在 2000 次模拟实验上，表 5.5~表 5.7 的模拟结果显示 F^0 和 F^{ss} 的表现类似，由于后者较大的水平扭曲，我们重点关注 F^0 的 Power 表现。

整体来看，F^0 优于 t_{KSS} 检验的表现。具体地，当线性项系数 $|\psi| < 1$ 时，两者对平稳 ESTAR 过程的检验功效差别不大，均具有很高的 Power 值。如 $\psi = 0.8$ 下，表 5.5~表 5.7 显示，无论其余参数如何设定，F^0 和 t_{KSS} 的检验功效都靠近于 1。不过随着 $\psi \geq 1$，此时备择假设下的平稳 ESTAR 过程呈现局部单位根甚至局部爆炸过程的特征，F^0 相较于 t_{KSS} 检验的优势不断加

大，以现实应用中最为常见的非 0 均值过程（Case 2）和时间趋势过程（Case 3）为例，Case 2 中设定 $\psi=1$，$r=0.01$，$\theta=-0.5$ 以及 $T=300$，在 $\rho=\{0,-0.3,0.5\}$ 下 t_{KSS} 的 Power 值对应于 $\{0.920,0.715,0.991\}$；相对照，F^0 的 Power 值为 $\{0.954,0.796,0.999\}$。进一步，随着 ψ 增至 1.2 并保持其他参数不变，两者的相对表现差距进一步拉大，t_{KSS} 和 F^0 的 Power 取值分别对应于 $\{0.216,0.213,0.338\}$ 和 $\{1,0.994,0.997\}$。同样在 Case3 中，设定 $\psi=1$，$r=0.01$，$\theta=-0.5$，$T=300$，在 $\rho=\{0,-0.3,0.5\}$ 下 t_{KSS} 的 Power 值对应于 $\{0.663,0.516,0.809\}$；F^0 的 Power 值为 $\{0.814,0.729,0.951\}$。保持其他参数不变，将 ψ 增至 1.2，两者的相对表现差距进一步拉大，t_{KSS} 和 F^0 的 Power 取值分别对应于 $\{0.112,0.084,0.150\}$ 和 $\{0.667,0.588,0.679\}$。可以看到，对于这类由 $\psi>1$ 导致的全局平稳但局部爆炸过程，t_{KSS} 具有相当差的检验功效。

对于 ADF 检验而言，当 $|\psi|\leqslant 1$ 并且转移速度参数 r 相对较大时（如表 5.5~表 5.7 中的 $r=0.1$），ADF 表现出很高的检验 Power。实际上在这种情形下，数据在局部区域不会出现过于强烈的持续性特征，同时较大的 r 取值意味着一旦数据过度偏离位置参数 c_0，非线性项能够快速将其拉回。此时，数据的非线性特征很不明显，ADF 检验能有效判断数据的平稳特征。不过随着 $\psi>1$ 或者 r 的减小，数据的非线性机制特征更为明显地体现了出来，ADF 的表现不断变差。以 Case 2 为例，给定 $T=300$ 及 $r=0.01$，$\theta=-0.5$，$\psi=1.2$，在 $\rho=\{0,-0.3,0.5\}$ 下，ADF 的 Power 值分别为 $\{0.73,0.782,0.512\}$，并不是很高。对比而言，F^0 的 Power 值为 $\{1,0.994,0.997\}$，明显高于前者。Case 1 和 Case 3 中结果保持类似，这里不再赘述。

可以看到，在数据表现出较明显的非线性特征时，ADF 的 Power 表现较差；对于 t_{KSS} 而言，由于其关于 $\psi=1$ 和 $c_0=0$ 的前提设定约束，t_{KSS} 对于 $\psi>1$ 所对应的全局平稳但局部爆炸特征数据有较差的检验功效。而我们所提出的 F 检验建立在关于 ESTAR 模型更为灵活的设定之上，所以不会出现上述问题。模拟结果显示本文的 F 检验在非线性框架下的绝大部分参数设定情形下（特别是 $\psi\geqslant 1$ 的情况下）优于 ADF 检验和 t_{KSS} 检验，另外，由于 Size 分析中显示 F^{ss} 的水平扭曲相对较严重，在实际应用中建议使用 F^0 统计量进行考察。

表 5.5 Power 表现（Case 1）

		$\psi=0.8$				$\psi=1$				$\psi=1.2$			
	r	t_{KSS}	ADF	F^0	F^{ss}	t_{KSS}	ADF	F^0	F^{ss}	t_{KSS}	ADF	F^0	F^{ss}
$\rho=0$													
$\theta=-0.5$													
$T=150$	0.01	0.986	1.000	0.999	0.997	0.571	0.581	0.380	0.403	0.203	0.003	0.972	0.965
$T=300$	0.01	1.000	1.000	1.000	1.000	0.919	0.938	0.953	0.936	0.824	0.008	1.000	1.000
$T=150$	0.1	0.993	1.000	1.000	1.000	0.870	0.991	0.996	0.988	0.979	0.323	0.987	0.979
$T=300$	0.1	1.000	1.000	1.000	1.000	0.974	1.000	1.000	1.000	1.000	0.638	1.000	1.000
$\theta=-0.3$													
$T=150$	0.01	0.987	1.000	0.995	0.994	0.450	0.414	0.215	0.246	0.010	0.000	0.885	0.883
$T=300$	0.01	1.000	1.000	1.000	1.000	0.861	0.864	0.736	0.738	0.299	0.000	0.995	0.993
$T=150$	0.1	0.992	1.000	1.000	1.000	0.820	0.935	0.885	0.857	0.589	0.038	0.802	0.787
$T=300$	0.1	1.000	1.000	1.000	1.000	0.975	1.000	1.000	1.000	0.998	0.265	0.977	0.968
$\rho=-0.3$													
$\theta=-0.5$													
$T=150$	0.01	0.959	1.000	0.998	1.000	0.373	0.403	0.322	0.667	0.073	0.001	0.967	0.987
$T=300$	0.01	0.999	1.000	1.000	1.000	0.732	0.784	0.804	0.964	0.316	0.001	0.999	1.000
$T=150$	0.1	0.969	1.000	1.000	1.000	0.750	0.940	0.974	0.997	0.705	0.124	0.978	0.998
$T=300$	0.1	0.999	1.000	1.000	1.000	0.904	1.000	1.000	1.000	0.993	0.289	1.000	1.000
$\theta=-0.3$													
$T=150$	0.01	0.955	1.000	0.995	1.000	0.297	0.294	0.202	0.511	0.000	0.000	0.912	0.955
$T=300$	0.01	0.999	1.000	1.000	1.000	0.643	0.665	0.543	0.863	0.089	0.000	0.993	0.999
$T=150$	0.1	0.970	1.000	1.000	1.000	0.655	0.828	0.818	0.966	0.205	0.007	0.873	0.943
$T=300$	0.1	0.999	1.000	1.000	1.000	0.875	0.996	0.999	1.000	0.832	0.054	0.985	0.997
$\rho=0.5$													
$\theta=-0.5$													
$T=150$	0.01	0.966	1.000	0.979	0.536	0.857	0.832	0.767	0.326	0.423	0.018	0.932	0.843
$T=300$	0.01	1.000	1.000	1.000	1.000	0.998	0.998	0.999	0.972	0.966	0.144	0.999	0.999
$T=150$	0.1	0.951	1.000	1.000	0.977	0.955	0.980	0.989	0.857	0.954	0.581	0.965	0.807
$T=300$	0.1	0.999	1.000	1.000	1.000	1.000	1.000	1.000	1.000	1.000	0.850	1.000	0.998
$\theta=-0.3$													
$T=150$	0.01	0.965	1.000	0.951	0.385	0.777	0.741	0.531	0.181	0.123	0.001	0.773	0.608
$T=300$	0.01	1.000	1.000	1.000	1.000	0.994	0.994	0.982	0.812	0.720	0.005	0.985	0.958
$T=150$	0.1	0.973	1.000	0.996	0.820	0.958	0.967	0.913	0.470	0.681	0.342	0.493	0.250
$T=300$	0.1	1.000	1.000	1.000	1.000	1.000	1.000	1.000	0.994	0.985	0.744	0.847	0.617

表 5.6 Power 表现（Case 2）

		$\psi=0.8$				$\psi=1$				$\psi=1.2$			
	r	t_{KSS}	ADF	F^0	F^{ss}	t_{KSS}	ADF	F^0	F^{ss}	t_{KSS}	ADF	F^0	F^{ss}
$\rho=0$													
$\theta=-0.5$													
$T=150$	0.01	0.944	1.000	0.998	0.998	0.402	0.262	0.337	0.377	0.135	0.695	0.881	0.875
$T=300$	0.01	0.998	1.000	1.000	1.000	0.920	0.901	0.954	0.948	0.216	0.730	1.000	0.998
$T=150$	0.1	0.990	1.000	1.000	1.000	0.900	0.985	0.995	0.994	0.486	0.723	0.981	0.976
$T=300$	0.1	0.999	1.000	1.000	1.000	0.973	1.000	1.000	1.000	0.627	0.992	1.000	1.000
$\theta=-0.3$													
$T=150$	0.01	0.919	1.000	0.994	0.995	0.235	0.178	0.190	0.233	0.107	0.780	0.753	0.757
$T=300$	0.01	0.998	1.000	1.000	1.000	0.752	0.614	0.704	0.728	0.211	0.890	0.978	0.975
$T=150$	0.1	0.978	1.000	1.000	1.000	0.809	0.838	0.869	0.868	0.151	0.497	0.690	0.646
$T=300$	0.1	0.999	1.000	1.000	1.000	0.970	1.000	1.000	1.000	0.323	0.761	0.969	0.955
$\rho=-0.3$													
$\theta=-0.5$													
$T=150$	0.01	0.827	0.999	0.998	1.000	0.234	0.193	0.305	0.709	0.148	0.723	0.866	0.975
$T=300$	0.01	0.994	1.000	1.000	1.000	0.715	0.595	0.796	0.991	0.213	0.782	0.994	1.000
$T=150$	0.1	0.947	1.000	1.000	1.000	0.795	0.901	0.981	1.000	0.312	0.536	0.967	0.998
$T=300$	0.1	0.998	1.000	1.000	1.000	0.928	1.000	1.000	1.000	0.421	0.914	1.000	1.000
$\theta=-0.3$													
$T=150$	0.01	0.791	0.998	0.996	1.000	0.146	0.147	0.205	0.549	0.123	0.788	0.769	0.877
$T=300$	0.01	0.991	1.000	1.000	1.000	0.488	0.353	0.517	0.892	0.227	0.954	0.984	0.997
$T=150$	0.1	0.907	1.000	1.000	1.000	0.620	0.661	0.805	0.987	0.119	0.503	0.723	0.910
$T=300$	0.1	0.997	1.000	1.000	1.000	0.898	0.991	1.000	1.000	0.228	0.694	0.973	0.997
$\rho=0.5$													
$\theta=-0.5$													
$T=150$	0.01	0.886	0.986	0.973	0.468	0.712	0.509	0.718	0.246	0.174	0.440	0.773	0.533
$T=300$	0.01	0.998	1.000	1.000	1.000	0.991	0.989	0.999	0.960	0.338	0.512	0.997	0.967
$T=150$	0.1	0.918	0.999	0.999	0.975	0.939	0.935	0.987	0.823	0.623	0.614	0.944	0.709
$T=300$	0.1	0.994	1.000	1.000	1.000	0.999	1.000	1.000	1.000	0.813	0.974	1.000	0.998
$\theta=-0.3$													
$T=150$	0.01	0.846	0.978	0.942	0.323	0.511	0.348	0.483	0.124	0.193	0.595	0.656	0.443
$T=300$	0.01	0.995	1.000	1.000	0.999	0.957	0.940	0.977	0.770	0.285	0.584	0.929	0.786
$T=150$	0.1	0.921	0.998	0.995	0.790	0.861	0.850	0.896	0.402	0.253	0.337	0.436	0.172
$T=300$	0.1	0.999	1.000	1.000	1.000	0.997	1.000	1.000	0.994	0.523	0.786	0.853	0.582

表 5.7 Power 表现（Case 3）

		$\psi=0.8$				$\psi=1$				$\psi=1.2$			
	r	t_{KSS}	ADF	F^0	F^{ss}	t_{KSS}	ADF	F^0	F^{ss}	t_{KSS}	ADF	F^0	F^{ss}
$\boldsymbol{\rho=0}$													
$\theta=-0.5$													
$T=150$	0.01	0.892	0.998	0.995	0.996	0.336	0.408	0.430	0.466	0.063	0.412	0.422	0.415
$T=300$	0.01	0.996	1.000	1.000	1.000	0.663	0.667	0.814	0.824	0.112	0.598	0.667	0.621
$T=150$	0.1	0.984	1.000	1.000	1.000	0.891	0.960	0.984	0.985	0.621	0.798	0.889	0.876
$T=300$	0.1	0.999	1.000	1.000	1.000	0.957	1.000	1.000	1.000	0.765	0.986	0.999	0.995
$\theta=-0.3$													
$T=150$	0.01	0.846	0.996	0.987	0.990	0.198	0.259	0.251	0.285	0.048	0.379	0.334	0.337
$T=300$	0.01	0.995	1.000	1.000	1.000	0.430	0.432	0.532	0.568	0.088	0.649	0.672	0.664
$T=150$	0.1	0.963	1.000	1.000	1.000	0.686	0.799	0.833	0.850	0.145	0.367	0.364	0.359
$T=300$	0.1	0.999	1.000	1.000	1.000	0.913	0.996	0.999	0.998	0.319	0.674	0.751	0.649
$\boldsymbol{\rho=-0.3}$													
$\theta=-0.5$													
$T=150$	0.01	0.738	0.993	0.997	1.000	0.262	0.428	0.521	0.802	0.060	0.347	0.378	0.522
$T=300$	0.01	0.986	1.000	1.000	1.000	0.516	0.564	0.729	0.956	0.084	0.545	0.588	0.702
$T=150$	0.1	0.905	1.000	1.000	1.000	0.752	0.884	0.969	1.000	0.413	0.680	0.812	0.987
$T=300$	0.1	0.996	1.000	1.000	1.000	0.938	0.999	1.000	1.000	0.644	0.885	0.972	1.000
$\theta=-0.3$													
$T=150$	0.01	0.665	0.988	0.993	1.000	0.151	0.261	0.355	0.680	0.054	0.313	0.324	0.438
$T=300$	0.01	0.978	1.000	1.000	1.000	0.324	0.415	0.521	0.842	0.094	0.657	0.685	0.729
$T=150$	0.1	0.834	1.000	1.000	1.000	0.515	0.739	0.852	0.986	0.101	0.322	0.382	0.705
$T=300$	0.1	0.994	1.000	1.000	1.000	0.873	0.967	0.996	1.000	0.221	0.583	0.652	0.886
$\boldsymbol{\rho=0.5}$													
$\theta=-0.5$													
$T=150$	0.01	0.678	0.940	0.952	0.365	0.375	0.306	0.496	0.085	0.088	0.367	0.411	0.273
$T=300$	0.01	0.929	1.000	1.000	0.999	0.809	0.789	0.951	0.719	0.150	0.544	0.679	0.549
$T=150$	0.1	0.808	0.990	0.998	0.934	0.722	0.828	0.939	0.584	0.333	0.384	0.607	0.286
$T=300$	0.1	0.945	1.000	1.000	1.000	0.871	0.997	1.000	0.998	0.542	0.639	0.859	0.830
$\theta=-0.3$													
$T=150$	0.01	0.640	0.911	0.913	0.178	0.261	0.215	0.333	0.041	0.088	0.397	0.403	0.229
$T=300$	0.01	0.944	1.000	1.000	0.994	0.725	0.622	0.831	0.420	0.160	0.552	0.600	0.503
$T=150$	0.1	0.766	0.980	0.987	0.628	0.552	0.654	0.752	0.132	0.115	0.268	0.313	0.129
$T=300$	0.1	0.954	1.000	1.000	1.000	0.834	0.980	0.995	0.910	0.239	0.514	0.624	0.357

5.3.4 实证应用：对亚洲国家 PPP 假设的检验

PPP 假设是国际贸易学的重点理论之一，它意味着实际汇率围绕均衡路径上下波动，具有均值回复的平稳特性。由于贸易成本等原因，实际汇率对于均衡路径的调整通常表现出非线性特征。如前模拟所述，ADF 检验并不能有效对非线性数据模型的平稳性进行分析。作为应用，我们考虑上节构建的 F 检验对亚洲主要国家实际汇率的平稳性进行考察，选取的国家包括印度（India），泰国（Thailand），马来西亚（Malaysia），新加坡（Singapore），中国（China），韩国（Korea）和日本（Japan）。相关数据来自国际货币基金组织，考察数据时段为 1970 年 1 月至 2020 年 9 月，其中实际汇率是在名义汇率基础上基于美国物价对当地物价指数调整之后得到的[①]。图 5.9 给出了各国的实际汇率走势，由于实际汇率并未显现出时间趋势，我们基于上节非 0 均值的 ESTAR 模型对其进行考察。

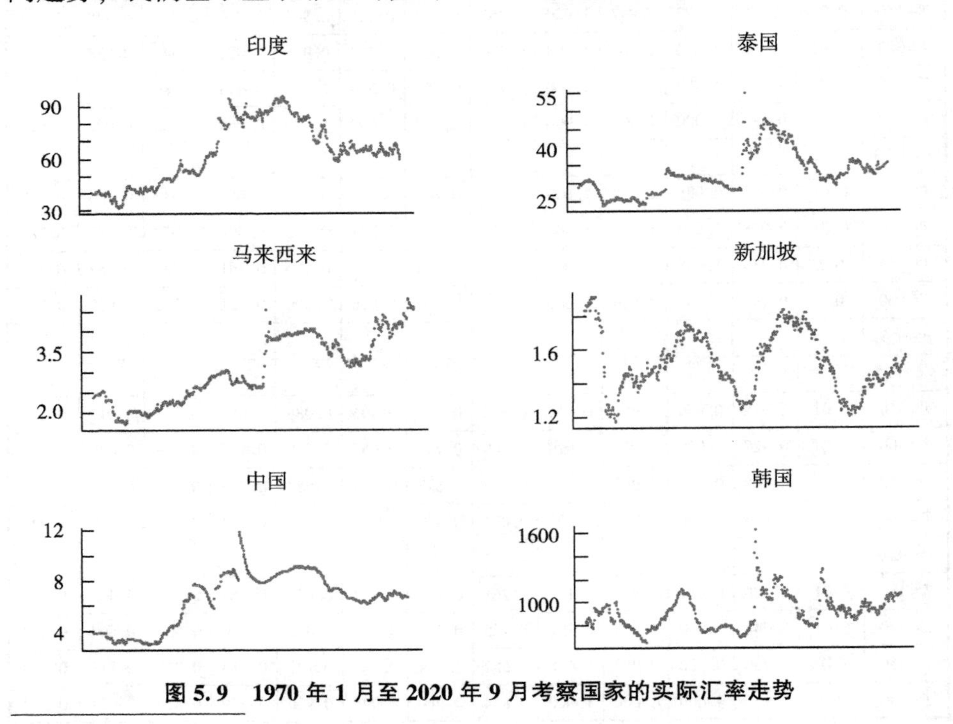

图 5.9 1970 年 1 月至 2020 年 9 月考察国家的实际汇率走势

① 数据来源：https：//www. ers. usda. gov/data-products/agricultural-exchange-rate-data-set. aspx。

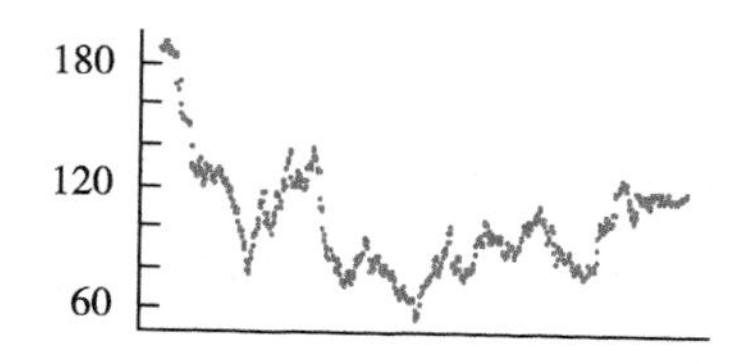

图 5.9 1970 年 1 月至 2020 年 9 月考察国家的实际汇率走势（续）

表 5.8 给出了基于 F^0 对各国实际汇率进行单位根检验的结果。作为比对，ADF 检验和 t_{KSS} 检验的结果也予以列出。可以看到，ADF 检验表明单位根原假设仅在韩国（Korea）和日本（Japan）得以拒绝，而 t_{KSS} 检验仅在泰国（Thailand），中国（China）和韩国（Korea）拒绝了单位根原假设。对于 F^0 而言，除了 ADF 检验拒绝的 2 个国家和 t_{KSS} 检验拒绝的 3 个国家，它还拒绝了中国实际汇率数据为单位根过程的原假设。前文的模拟分析已指出，由于 ADF 和 t_{KSS} 检验的前提假设不能够有效地覆盖非线性 ESTAR 模型，会带来非线性框架下检验功效的降低，在很多情形下对于非线性平稳的 ESTAR 过程不能拒绝单位根原假设。这意味着 ADF 和 t_{KSS} 的检验结论很可能将具有非线性平稳特征的某些国家的实际汇率误判为单位根过程。

表 5.8 各国实际汇率的单位根检验结果

	印度（India）	泰国（Thailand）	马来西亚（Malaysia）	新加坡（Singapore）	中国（China）	韩国（Korea）	日本（Japan）
F^0	3.47	180.97**	11.97*	6.75	17.07**	39.35**	12.63**
ADF	−1.49	−1.95	−0.70	−2.34	−1.49	−3.11**	−3.32**
t_{KSS}	−1.73	−8.05**	−2.17	−2.59	−2.69*	−5.19**	−2.35

注：* 和 ** 分别代表在 5%和 10%上的显著性水平上拒绝单位根原假设；表中检验均对考察数据进行了退均值处理，并记退均值后的数据为 $\tilde{y}_t$。其中，F^0 检验的右侧 0.05 和 0.1 水平临界值分别为 12.07 和 10.24；ADF 检验为左侧检验，相应 0.05 和 0.1 显著水平下的临界值分别为−2.89 和−2.58；t_{KSS} 检验建立在检验式 $\Delta\tilde{y}_t = \rho\tilde{y}_{t-1}^3 + u_t$ 上进行 $\rho = 0$ 对 $\rho < 0$ 进行左侧 t 类型检验，对应的 0.05 和 0.1 水平临界值分别为−2.93 和−2.66。

细化地，我们给出了 ESTAR 模型线性展开后辅助检验式（5.30）中

的参数估计值 $\hat{b}$，$\hat{c}$，$\hat{d}$。注意到，辅助检验式中的参数同 ESTAR 模型中的参数存在如下关系：$b=r\theta$，$c=-2c_0 r\theta$，$d=(\psi-1)+c_0^2 r\theta$。所以，基于估计值 $\hat{b}$，$\hat{c}$ 和 $\hat{d}$ 我们可以进一步得到 ESTAR 模型中阈值参数的一致估计量：$\hat{c}_0=\hat{c}/(-2\hat{b})$ 以及线性系数的一致估计量：$\hat{\psi}=\hat{d}+1-\hat{b}\hat{c}_0^2$，具体估计结果如表 5.9 所示。可以看到：（1）辅助检验回归式（5.30）中对应的非线性项系数 b、c 非常显著，即考察国家的实际汇率数据体现出明显的非线性机制特征，ADF 检验在这种情形下的检验势并不理想，不能有效地识别数据的非线性平稳特征。（2）ESTAR 模型中的阈值（位置）参数 c_0 和 0 差距较远，同时线性系数 ψ 并不是很靠近 1，如马来西亚的 1.05，中国的 1.013 和日本的 0.981，这种情况明显不满足 t_{KSS} 检验关于 c_0 和 ψ 的前提约束，本节 F 检验的功效有效高于 t_{KSS} 统计量，从而我们更倾向于认可 F 检验的结果，即这些国家的实际汇率均具有均值回复特性。

表 5.9　实际汇率非线性机制的进一步分析

	印度	泰国	马来西亚	新加坡	中国	韩国	日本
$\hat{b}$	-1.10×10^{-5}	-9.93×10^{-4}	-1.83×10^{-2}	-1.53×10^{-1}	-2.10×10^{-3}	-5.26×10^{-7}	3.08×10^{-6}
$t(\hat{b})$	-0.88	-11.84	-3.30	-1.08	-3.08	-4.92	1.07
$\hat{c}$	-8.0×10^{-5}	5.17×10^{-3}	-4.26×10^{-4}	3.42×10^{-6}	-2.53×10^{-3}	1.10×10^{-5}	-2.03×10^{-4}
$t(\hat{c})$	-0.64	6.55	-0.14	0.00	-2.20	0.24	-1.17
$\hat{d}$	1.84×10^{-3}	7.04×10^{-2}	1.81×10^{-3}	-1.18×10^{-2}	1.23×10^{-2}	5.81×10^{-3}	-1.73×10^{-2}
$t(\hat{d})$	0.24	8.66	2.62	-0.11	1.73	0.60	-2.61
c_0	-3.62	2.60	-0.01	0.00	-0.60	10.48	33.01
ψ	1.00	1.08	1.02	1.00	1.01	1.01	0.98

上述的应用分析表明，相对比 ADF 检验和 t_{KSS} 检验，本文的 F 检验更倾向于拒绝实际汇率具有单位根特征的原假设，从而更有效地支持 PPP 理论。t_{KSS} 检验由于其自身关于 ESTAR 模型中线性系数 ψ 和位置参数 c_0 的限制，其在现实应用中不能有效识别数据的非线性平稳特征，以至于在某些国家实际汇率的研究中与 PPP 理论构成冲突。

本节 F 类型 ESTAR 单位根检验量的构建和分析可以看成是对 Kapetanios 等（2003）工作的扩展。相比较 Kapetanios 提出的 t_{KSS} 检验，本节的 F 检验不需要对相关的线性系数和位置参数设置约束，因此在实际问题场景的应用中更具有灵活性。由于模型误差项的相关性，我们构建的 F 统计量的极限分布会受到冗参数的影响，为解决这一问题，我们考虑了两种方式对 F 统计量进行应用调整。第一种类似于 PP 检验采用非参数的方法构建了统计量 F^{ss}；第二种方法通过对检验回归式加入数据过程 y_t 的差分滞后项来消除回归残差的相关性，并在此基础上构建统计量 F^0，理论分析显示，在单位根原假设下，两个统计量都是中枢统计量并有相同的极限分布。有限样本的结果分析表明，类似于其他建立在半参数调整策略上单位根检验的方法，F^{ss} 存在相对较严重的 Size 扭曲，因此在应用中并不推荐这种方法。相比较而言，第二种调整方式对应的统计量 F^0 在 Power 或者 Size 的表现都较优，整体来看，F^0 相较于 t_{KSS} 检验有更高的 Power，从而 F^0 在实际非线性框架内的平稳性检验中更为实用和有效。之后，基于各国实际双边汇率的应用案例再次印证和说明了 F^0 相对于 t_{KSS} 及 ADF 检验的优势。

5.4 LSTAR（y_{t-1}）框架下 F 类型单位根检验

相比较 ESTAR 模型，LSTAR（Logistic STAR）模型所反映的非线性调整特征关于位置参数具有非对称性，同样在实际建模中具有重要应用（徐家杰，2012；李正辉等，2012）。尽管已有部分文献对 LSTAR（y_{t-1}）框架下的单位根检验问题进行了探讨（Eklund，2003；刘雪燕和张晓峒，2008；汪卢俊，2014），但相应文献研究对于备择 LSTAR 过程中线性项系数 ψ 和位置参数 c_0 的设定同样过于约束、不够灵活，这使相应检验量的适用性和检验功效有待完善。类似于上节对 ESTAR 框架下检测单位根原假设的 F 统计量构建，取消相应参数 ψ 和 c_0 的约束后，对平稳 LSTAR 过程的单位根检验同样转化为一个 F 类型检验。

5.4.1 LSTAR 模型下 F 检验构建及渐近理论

考虑 0 均值的 LSTAR 过程式（5.38），其中 ψ 和 θ 分别对应线性项和非线性项系数，$r>0$ 为非线性速度调节参数，c_0 为非线性调节的位置参数，ε_t 为平稳误差项。

$$y_t=\psi y_{t-1}+\theta y_{t-1}\ \{1+\exp\ [-r\ (y_{t-1}-c_0)]\}^{-1}+\varepsilon_t \tag{5.38}$$

对 Logistic 调整函数 $\{1+\exp\ [-r\ (y_{t-1}-c_0)]\}^{-1}$ 在 $y_{t-1}=c_0$ 处进行泰勒逼近，有：

$$\{1+\exp[-r(y_{t-1}-c_0)]\}^{-1}=1/2+r(y_{t-1}-c_0)/4+R \tag{5.39}$$

则式（5.39）在 $y_{t-1}=c_0$ 处经泰勒展开后，等价于式（5.40），其中 $u_t=R.\ \theta y_{t-1}+\varepsilon_t$

$$y_t=(\psi-rc_0/4)y_{t-1}+\theta r/4y_{t-1}^2+u_t \tag{5.40}$$

由于式（5.40）是关于检验参数的线性形式，易于考察，所以式（5.38）反映的非线性时序的平稳性特征可以通过式（5.41）进行检验。另外注意到，LSTAR 过程式（5.38）为线性单位根的充要条件是 $\theta r=0$，$\psi=1$，LSTAR 框架下的线性单位根检验即为考察下式关于 $b=c=0$ 的联合检验是否成立。

$$\Delta y_t=by_{t-1}^2+cy_{t-1}+u_t \tag{5.41}$$

考察联合检验 $b=c=0$ 的 F 统计量构建如下：

$$F_{\hat{\beta}}^L=\hat{\beta}'.\ V_{\hat{\beta}}^{-1}.\ \hat{\beta},\ V_{\hat{\beta}}=\left(\sum x_t x_t^T\right)^{-1}\sum_t \hat{e}_t^2/(T-2) \tag{5.42}$$

其中 $\hat{\beta}=(\hat{b},\ \hat{c})'$，$x_t=(y_{t-1}^2,\ y_{t-1})^T$，$\hat{e}_t$ 为相应的回归残差。

当接受对 $b=c=0$ 的联合检验时，y_t 表现出单位根特征。如 5.1.2 节分析，LSTAR 过程 y_t 的数据特征最终呈现单位根、爆炸过程、交错扩散过程这几种情形。在经济问题应用中，数据基本不会出现交错扩散和爆炸情形，这里对这两种情形予以事先排除①，从而拒绝上述 F 检验，意味着 LSTAR 过程的平稳性。相应 F 统计量的极限分布性质在定理 5.4 中给出。

① 事实上，通过 ADF 右侧检验很容易将爆炸过程事先检测出来，交错过程很容易被直接分辨出。

考虑到式（5.41）误差 u_t 既包含了原始非线性模型误差项又有泰勒余项，形式较复杂，进行渐近理论分析之前，首先对模型对应的误差项给出如下假设：

假设 5.2 $u_t = C(L)\eta_t = \sum_{j=0}^{\infty} c_j \eta_{t-j}$，$\eta_t$ 为鞅差序列且 $\sum E(\varepsilon_t^4 \mid \varepsilon_{t-1}, \varepsilon_{t-2} \cdots) < \infty$，即四阶矩有限；滞后算子 C（L）满足 $C(1) \neq 0$，$\sum j \mid c_j \mid < \infty$。

定理 5.4 上述假设下，单位根原假设成立时，有：

$$F_{\hat{\beta}}^{L} \rightarrow \frac{1}{\lambda}\begin{bmatrix} 1 \\ (1-\lambda)/2 \end{bmatrix}' J'V^{-1}J \begin{bmatrix} 1 \\ (1-\lambda)/2 \end{bmatrix} \tag{5.43}$$

其中，σ_u^2，$\bar{\sigma}_u^2$ 分别为误差项 u_t 对应的短期长期方差，$\lambda = \sigma_u^2 / \bar{\sigma}_u^2$。

$$V = \begin{bmatrix} \int W(r)^4 \mathrm{d}r & \int W(r)^3 \mathrm{d}r \\ \int W(r)^3 \mathrm{d}r & \int W(r)^2 \mathrm{d}r \end{bmatrix},\ J = \begin{bmatrix} \int W(r)^2 \mathrm{d}W & 2\int W(r)\mathrm{d}r \\ \int W(r)\mathrm{d}W & 1 \end{bmatrix},$$

$$\sigma_{u,1} = \frac{\bar{\sigma}_u^2 - \sigma_u^2}{2}。$$

定理 5.4 意味着 $F_{\hat{\beta}}^{L}$ 为非中枢统计量，不能直接应用于统计检验，同上节分析类似，我们建议通过对检验回归式（5.41）加入差分滞后项以保证所构建统计量的中枢性。下述定理给出增广回归检验式下新构建 F 统计量的渐近性质。

$$\Delta y_t = \hat{b}_0 y_{t-1}^2 + \hat{c}_0 y_{t-1} + p_k \sum_{1}^{p} \Delta y_{t-k} + \hat{e}_t \tag{5.44}$$

定理 5.5 基于 BIC 准则：$\min_p \{\ln[\sum \tilde{e}_i^2/(N-p-2)] + p\ln(N)/N\}$ 对原始检验式（5.41）加入合适阶数的差分滞后项，得到增广检验式（5.44），在此基础上重新构建式（5.42）所示的 F 统计量，并记为 L_F_0。在定理 5.4 的条件下，

$$L\_F_0 \Rightarrow \begin{pmatrix} 1 \\ 0 \end{pmatrix}' J'V^{-1}J \begin{pmatrix} 1 \\ 0 \end{pmatrix} \tag{5.45}$$

上述理论分析是建立在 0-均值 LSTAR 模型基础之上，当实际数据过程表现出明显的非 0 均值，或者时间趋势时，相应的 F 检验建立在退均值

和退时间趋势数据的基础之上，统计量 L_F_0 的渐近分布和上式也基本一致，只是其中的标准布朗运动换成了退均值和退时间趋势的布朗运动。类似上节分析，我们将 LSTAR 框架下的 0 均值数据过程，非 0 均值数据过程，以及时间趋势数据过程分别标记为 Case 1、Case 2 和 Case 3。我们通过仿真模拟在表 5. 10 中给出了这三种情形下 L_F_0 对应的渐近临界值，以便读者使用。

表 5. 10　单位根原假设下 *F* 检验对应临界值（AR=0）20000 次模拟

模拟情形	分位点	$T=50$	$T=100$	$T=200$	$T=300$	$T=\infty$
Case 1	90%	6. 57	6. 26	6. 34	6. 34	6. 26
	95%	8. 35	7. 98	7. 97	7. 97	8. 05
Case 2	90%	7. 63	7. 40	7. 36	7. 40	7. 38
	95%	9. 49	9. 21	8. 99	9. 07	9. 07
Case 3	90%	11. 03	10. 74	10. 51	10. 53	10. 59
	95%	13. 47	12. 94	12. 44	12. 44	12. 44

注：90%、95%分位点分别对应 0. 1、0. 05 显著性水平下的临界值，其中极限样本下的临界值基于 $T=1000$ 模拟得到。

5. 4. 2　不含时间趋势下 LSTAR 单位根检验的备选思路

在实际 LSTAR 模型的实证分析研究中，非 0 均值过程是最常见的类型。针对非 0 均值 LSTAR 过程的单位根检验，上小节的思路是进行 OLS 退均值处理后结合辅助回归式（5. 41）、式（5. 44）进行 *F* 检验构建。不同于上节分析，本小节提供一种备选思路，通过对考察数据直接建立辅助检验式进行单位根问题考察。

考虑下式所反映的非 0 均值 LSTAR 过程：

$$z_t = m + y_t,\ y_t = \psi y_{t-1} + \theta y_{t-1}\{1 + \exp[-r(y_{t-1} - c_0)]\}^{-1} + \varepsilon_t \tag{5.46}$$

对上式中的近似 0 均值序列 y_t 在 c_0 进行泰勒逼近，有：

$$y_t = \theta r y_{t-1}^2/4. + (\psi - rc_0/4 + \theta/2)y_{t-1} + u_t,\ u_t = o(y_{t-1} - c_0) + \varepsilon_t \tag{5.47}$$

将其代入式（5.46），易知：

$$z_t=m+b_2(z_{t-1}-m)^2+c_1(z_{t-1}-m)+u_t \tag{5.48}$$

其中，$b_2=\theta r/4$，$c_1=\psi-rc_0/4+\theta/2$。进一步整理后，式（5.48）转化为关于参数 a、b、c 的线性回归式（5.49），其中 $a=m+b_2m^2-c_1m$，$b=b_2$，$c=c_1-2b_2m$。当 $\{z_t\}$ 为单位根过程时，其滞后项及滞后平方项的系数均为0，LSTAR 框架下的单位根检验即为考察下式（5.49）中联合检验：$b=c=0$ 是否成立。

$$\Delta z_t=a+bz_{t-1}^2+cz_{t-1}+u_t \tag{5.49}$$

我们不需要对 z_t 进行退均值处理后再行分析，而是直接对 z_t 进行如上的辅助回归检验，并在此基础上进行 F 统计量的构建，形式如下：

$$\tilde{F}_{\hat{\beta}}=(\hat{b},\hat{c})V_{\hat{\beta}}^{-1}(\hat{b},\hat{c})',\ V_{\hat{\beta}}=\left[\sum(z_{t-1}^2,z_{t-1})(z_{t-1}^2,z_{t-1})'\right]^{-1}\sum_t\hat{u}_t^2/(N-2) \tag{5.50}$$

注意到这里构建 F 统计量的辅助回归式（6.49）与上节回归式（5.41）的差别仅在于有无截距项，不过相应 F 统计量的统计分布却有较大的差别。$\tilde{F}_{\hat{\beta}}$ 的极限分布性质在下述定理中给出。

定理 5.6 在假设 5.2 下，记 $\lambda=\sigma_u^2/\bar{\sigma}_u^2$，$f_1=\int_0^1W(r)\mathrm{d}r$，$f_2=\int_0^1W(r)^2\mathrm{d}r$。对于原假设下的单位根过程 $z_t=z_{t-1}+u_t$，有

$$\tilde{F}_{\hat{\beta}}\Rightarrow\frac{1}{\lambda}\begin{bmatrix}1\\(1-\lambda)/2\end{bmatrix}'J'_2V_2^{-1}J_2\begin{bmatrix}1\\(1-\lambda)/2\end{bmatrix} \tag{5.51}$$

其中，$V_2=\begin{Bmatrix}\int_0^1[W(r)^2-f_2]^2\mathrm{d}r & \int_0^1[W(r)^2-f_2][W(r)-f_1]\mathrm{d}r\\ \int_0^1[W(r)^2-f_2][W(r)-f_1]\mathrm{d}r & \int_0^1[W(r)-f_2]^2\mathrm{d}r\end{Bmatrix}$，

$$J_2=\begin{Bmatrix}\int_0^1(W(r)^2\mathrm{d}W(r)-\int_0^1(W(r)^2\mathrm{d}r.W(1) & 2\int_0^1W(r)\mathrm{d}r\\ \int_0^1(W(r)\mathrm{d}W(r)-\int_0^1(W(r)\mathrm{d}r.W(1) & 1\end{Bmatrix}$$

$\tilde{F}_{\hat{\beta}}$ 的渐近分布也受到冗余参数 λ 的影响。同样，为解决这一问

题，这里通过加入差分滞后项 Δz_t 进行增广回归构建新的 F 统计量，记为 $\tilde{F}^0$。在定理 5.6 条件下，容易证明 $\tilde{F}^0 \Rightarrow [1 \quad 0]\ J'_2 V_2^{-1} J_2\ [1 \quad 0]'$。表 5.11 给出了统计量 $\tilde{F}^0$ 经验分布下的分位点，其中 90%和 95%分位点对应 5%及 10%显著水平下的临界值。

表 5.11　统计量 $\tilde{F}^0$ 对应右侧临界值

分位点	$T=50$	$T=100$	$T=200$	$T=300$	$T=\infty$
90%	7.947	7.726	7.674	7.738	7.689
95%	9.799	9.543	9.432	9.423	9.588

注：上述临界值模拟结果基于数据过程 $z_t - z_{t-1} = \varepsilon_t$，$\varepsilon_t \sim i.i.d. N$（0，1），相应的仿真次数为 10000 次，极限情形下的结果基于样本容量为 1000 下模拟得到。

5.4.3　检验量的有限样本性质

本节通过仿真实验分析 Lstar 框架下上述统计量 L_F^0、$\tilde{F}^0$ 的有限样本性质。其中，L_F^0 适用于含有 0 均值、非 0 均值、时间趋势下的各类数据情形，而 $\tilde{F}^0$ 是专门针对不带时间趋势数据情形下构建的（同时也是实证研究中最常见的情形），便于对比，如下基于不含时间趋势的数据过程进行 Size 及 Power 分析。传统 ADF 单位根检验以及刘雪燕（2008）提出的 t 检验（记为 T_{Lstar}）的表现也一并列出。

（1）Size 分析

Size 分析考察的是统计量拒绝单位根原假设的概率表现，模拟中的数据生成过程为：

$$z_t = z_{t-1} + u_t,\ u_t = \rho u_{t-1} + \varepsilon_t \tag{5.52}$$

ε_t 由独立的正态分布 N（0，1）生成，同时设定参数 $\rho \in$（0，0.4，-0.4），分别反映独立、正相关以及负相关情形下的新息误差项 u_t，样本容量设置为 100 和 300 两种情形。$\tilde{F}^0$、L_F^0 以及 ADF 统计量、T_Lstar 统计量的 Size 分析结果在表 5.12 列出。可以看到，无论误差项是否存在相关性，有限样本下 $\tilde{F}^0$、L_F^0、ADF、T_Lstar 的 Size 取值均接近 0.05 的名义水平，基本不存在扭曲现象。这意味着这四个统计量者都能够较好地识别原假设下数据表现出的单位根特征。

表 5.12 单位根过程原假设下有限样本下各统计量表现（模拟次数 2000）

样本量	ρ	T_Lstar	ADF	$\tilde{F}^0$	L_F^0
$T=100$	0	0.047	0.053	0.046	0.047
	0.4	0.050	0.048	0.065	0.065
	−0.4	0.044	0.048	0.079	0.082
$T=200$	0	0.047	0.047	0.049	0.049
	0.4	0.043	0.045	0.057	0.057
	−0.4	0.044	0.043	0.062	0.066
$T=300$	0	0.051	0.044	0.051	0.050
	0.4	0.052	0.040	0.053	0.050
	−0.4	0.052	0.044	0.057	0.060

（2）Power 分析

$$z_t = y_t + m,\ y_t = \psi y_{t-1} + \theta y_{t-1}\{1 + \exp[-\gamma(y_{t-1} - c_0)]\}^{-1} + u_t$$

$$u_t = \rho u_{t-1} + \varepsilon_t \tag{5.53}$$

Power 分析的数据过程如式（5.53）。同样设定$\rho\in(0,\ 0.4,\ -0.4)$反映新息误差项 u_t 的自相关性强弱；非线性速度调节参数为 $r\in(0.05,\ 0.5,\ 5)$；位置参数 c 和常截距项 m_0 均基于均匀分布 $U(-5,\ 5)$ 随机提取；线性和非线性项系数（ψ，θ）设置了七种情形，分别为（0.85，−0.5）、（0.85，−0.1）、（0.95，−0.5）、（0.95，−0.1）、（0.99，−0.5）、（0.99，−0.1）、（1.02，−0.04），前六种设定满足 LSTAR 模型平稳性条件：$|\psi|<1\cap|\psi+\theta|<1$，最后一组参数则是按照刘雪燕（2008）的分析进行设定，以同其检验统计量 T_Lstar 进行有效对比。需要指出，刘雪燕所考察的 LSTAR 模型是本文在（$\psi-\theta/2$）= 1 及 $c=0$ 下的特例，即 $z_t=y_t+m_0$，$\Delta y_t=\theta y_{t-1}\{[(1+\exp(-ry_{t-1})]^{-1}-1/2\}+u_t$，利用泰勒逼近后上式线性展开后转化为 $\Delta y_t=\theta r y_{t-1}^2/4+R_t$，T_Lstar 统计量就是在此基础上进行构造。不过注意到（$\psi-\theta/2$）= 1 的限定条件同 LSTAR 模型（5.46）的平稳条件相矛盾，从而其设定的 LSTAR 过程本身就不具有平稳

特征，在此基础上构建的检验统计量有待商榷。

Power 分析的结果在表 5.13～表 5.14 中列出。可以看到，L_F^0 及 $\tilde{F}^0$ 在整体上均优于 ADF 检验及 T_{Lstar} 检验的表现，并且相对来看，统计量 $\tilde{F}^0$ 的检验效能更高。细化来看，以独立误差项（$\rho = 0$）为例，在 $|\psi + \theta|$ 显著小于 1，同时 r 相对较小时，ADF 同本文 L_F^0 以及 $\tilde{F}^0$ 统计量的检验效能差别不大，仍具有较高的检验势，如 $r = 0.5$，$\psi + \theta =$（0.85，−0.5）时，样本量 $T=100$ 下 ADF 和 L_F^0，$\tilde{F}^0$ 统计量的 Power 值分别对应 0.974、0.957、0.977。实际上，在该种情形下，$|\psi+\theta|$ 显著小于 1 意味着数据的平稳度较强，数据走势在局部区域内具有较弱的持续性；r 取值较小则反映了 LSTAR 过程中的非线性调节力度不大，从而最终数据所呈现的非线性特征并不明显，此时线性 ADF 检验仍可以较好地对 LSTAR 模型的平稳性进行考察。不过随着 $|\psi+\theta|$ 和 r 的加大，数据呈现的非线性特征不断加强，L_F^0、$\tilde{F}^0$ 相对于 ADF 的检验优势不断得以体现。从表 5.13 可以看到，保持上述样本 $T=100$ 和 $r=0.5$ 的设定，(ψ, θ) 变动至（0.99，−0.5）时，ADF、L_F^0、$\tilde{F}^0$ 三者的 Power 值分别对应于 0.620，0.675 和 0.685；而保持（ψ，θ）=（0.85，−0.5）设定不变，r 增加至 5 时，三者的 Power 值则分别变动至 0.891、0.926 和 0.931。对于统计量 T_Lstar 而言，表 5.13 显示大部分情形下其 Power 值很低，甚至不足 0.1；仅在 (ψ, θ) 设定为（1.02，−0.04）时，拒绝原假设的概率相对较高。但如之前分析，该组参数下 LSTAR 过程的平稳性条件并不满足，由于 $\psi >$ 1，数据过程会随着时间增加呈现爆炸特征，从而 T_{Lstar} 检验并不能有效区分数据的单位根和非线性平稳特征。

在误差项非独立情形下（$\rho = \pm 0.4$），各统计量的相对表现类似。T_{Lstar} 在前六组 (ψ, θ) 参数对应的非线性平稳 LSTAR 过程下的表现仍然非常糟糕，如 $T = 100$，$r = 0.5$ 和 $\rho = 0.4$ 下，(ψ, θ) 设定情形 1 至情形 6 中 T_{Lstar} 的 Power 值仅为（0.016，0.013，0.020，0.014，0.036，0.029）；相应地，*ADF* 的 Power 值分别为（0.888，0.776，0.611，0.387，0.459，

0.229)，L_F^0 的 Power 值为（0.925，0.804，0.676，0.430，0.522，0.255）；$\tilde{F}^0$ 的 Power 值为（0.931，0.810，0.699，0.447，0.540，0.272）；本文 F 检验的检验势明显高于前两者。

表 5.13 备择假设下各统计量 Power 表现（模拟次数 2000）

模拟设定	(ψ, θ)	误差项：$\rho=0$				误差项：$\rho=0.4$			
		L_F^0	T_{Lstar}	ADF	$\tilde{F}^0$	L_F^0	T_Lstar	ADF	$\tilde{F}^0$
$T=100$									
$r=0.05$	(0.85, −0.5)	1.000	0.016	1.000	1.000	0.984	0.012	0.980	0.984
	(0.85, −0.2)	0.948	0.008	0.920	0.949	0.847	0.011	0.833	0.854
	(0.95, −0.5)	0.985	0.011	0.972	0.984	0.921	0.013	0.913	0.924
	(0.95, −0.2)	0.639	0.005	0.566	0.653	0.521	0.007	0.491	0.536
	(0.99, −0.5)	0.953	0.008	0.932	0.954	0.861	0.012	0.845	0.867
	(0.99, −0.2)	0.428	0.005	0.360	0.442	0.338	0.006	0.312	0.360
	(1.02, −0.04)	0.099	0.104	0.058	0.080	0.107	0.146	0.054	0.077
$r=0.5$	(0.85, −0.5)	0.974	0.032	0.957	0.977	0.925	0.016	0.888	0.931
	(0.85, −0.2)	0.913	0.012	0.872	0.921	0.804	0.013	0.776	0.810
	(0.95, −0.5)	0.802	0.023	0.745	0.811	0.676	0.020	0.611	0.699
	(0.95, −0.2)	0.559	0.011	0.500	0.580	0.430	0.014	0.387	0.447
	(0.99, −0.5)	0.675	0.030	0.620	0.685	0.522	0.036	0.459	0.540
	(0.99, −0.2)	0.374	0.023	0.320	0.385	0.255	0.029	0.229	0.272
	(1.02, −0.04)	0.207	0.299	0.048	0.091	0.196	0.326	0.045	0.096
$r=5$	(0.85, −0.5)	0.926	0.054	0.891	0.931	0.862	0.030	0.794	0.880
	(0.85, −0.2)	0.878	0.014	0.834	0.885	0.779	0.013	0.740	0.788
	(0.95, −0.5)	0.647	0.040	0.555	0.670	0.529	0.027	0.445	0.575
	(0.95, −0.2)	0.502	0.013	0.436	0.516	0.378	0.017	0.333	0.402
	(0.99, −0.5)	0.489	0.053	0.425	0.510	0.377	0.050	0.311	0.399
	(0.99, −0.2)	0.348	0.031	0.297	0.358	0.226	0.036	0.197	0.237
	(1.02, −0.04)	0.219	0.333	0.045	0.096	0.206	0.339	0.045	0.099
$T=200$									
$r=0.05$	(0.85, −0.5)	1.000	0.024	1.000	1.000	1.000	0.013	1.000	1.000
	(0.85, −0.2)	1.000	0.011	1.000	1.000	1.000	0.008	1.000	1.000
	(0.95, −0.5)	1.000	0.015	1.000	1.000	1.000	0.009	1.000	1.000
	(0.95, −0.2)	0.985	0.003	0.980	0.984	0.958	0.005	0.952	0.951

续表

模拟设定	(ψ, θ)	误差项：ρ=0				误差项：ρ=0.4			
		L_F^0	T_{Lstar}	ADF	$\tilde{F}^0$	L_F^0	T_Lstar	ADF	$\tilde{F}^0$
r=0.05	(0.99, -0.5)	1.000	0.012	1.000	1.000	1.000	0.008	1.000	1.000
	(0.99, -0.2)	0.879	0.001	0.856	0.870	0.801	0.003	0.794	0.791
	(1.02, -0.04)	0.214	0.243	0.045	0.179	0.323	0.347	0.052	0.289
r=0.5	(0.85, -0.5)	1.000	0.059	0.999	1.000	1.000	0.021	0.998	0.999
	(0.85, -0.2)	1.000	0.014	0.999	1.000	0.997	0.007	0.995	0.997
	(0.95, -0.5)	0.962	0.038	0.929	0.962	0.904	0.018	0.845	0.919
	(0.95, -0.2)	0.875	0.007	0.831	0.877	0.796	0.007	0.732	0.802
	(0.99, -0.5)	0.775	0.036	0.726	0.790	0.621	0.025	0.545	0.646
	(0.99, -0.2)	0.583	0.013	0.523	0.596	0.397	0.017	0.353	0.421
	(1.02, -0.04)	0.567	0.594	0.043	0.532	0.592	0.632	0.039	0.560
r=5	(0.85, -0.5)	1.000	0.088	0.999	1.000	0.998	0.028	0.994	0.998
	(0.85, -0.2)	0.999	0.015	0.997	0.999	0.996	0.008	0.994	0.997
	(0.95, -0.5)	0.890	0.039	0.810	0.905	0.827	0.020	0.711	0.851
	(0.95, -0.2)	0.807	0.007	0.740	0.810	0.741	0.006	0.660	0.750
	(0.99, -0.5)	0.548	0.040	0.468	0.570	0.438	0.035	0.344	0.470
	(0.99, -0.2)	0.431	0.020	0.377	0.450	0.315	0.020	0.259	0.333
	(1.02, -0.04)	0.595	0.630	0.039	0.565	0.608	0.650	0.036	0.578
T=300									
r=0.05	(0.85, -0.5)	1.000	0.029	1.000	1.000	1.000	0.013	1.000	1.000
	(0.85, -0.2)	1.000	0.011	1.000	1.000	1.000	0.004	1.000	1.000
	(0.95, -0.5)	1.000	0.015	1.000	1.000	1.000	0.006	1.000	1.000
	(0.95, -0.2)	1.000	0.002	1.000	1.000	1.000	0.002	1.000	0.999
	(0.99, -0.5)	1.000	0.011	1.000	1.000	1.000	0.004	1.000	1.000
	(0.99, -0.2)	0.993	0.001	0.991	0.992	0.977	0.001	0.979	0.973
	(1.02, -0.04)	0.373	0.387	0.044	0.349	0.444	0.436	0.042	0.470
r=0.5	(0.85, -0.5)	1.000	0.071	1.000	1.000	1.000	0.022	1.000	1.000
	(0.85, -0.2)	1.000	0.013	1.000	1.000	1.000	0.006	1.000	1.000
	(0.95, -0.5)	0.995	0.041	0.989	0.995	0.987	0.013	0.962	0.990
	(0.95, -0.2)	0.973	0.007	0.963	0.976	0.955	0.004	0.931	0.958
	(0.99, -0.5)	0.814	0.037	0.762	0.827	0.662	0.018	0.577	0.692
	(0.99, -0.2)	0.652	0.008	0.593	0.666	0.477	0.013	0.417	0.503
	(1.02, -0.04)	0.726	0.704	0.036	0.741	0.634	0.610	0.027	0.775

续表

模拟设定	(ψ, θ)	误差项: $\rho=0$				误差项: $\rho=0.4$			
		L_F^0	T_{Lstar}	ADF	$\tilde{F}^0$	L_F^0	T_Lstar	ADF	$\tilde{F}^0$
$r=5$	(0.85, -0.5)	1.000	0.116	1.000	1.000	1.000	0.031	1.000	1.000
	(0.85, -0.2)	1.000	0.016	1.000	1.000	1.000	0.004	1.000	1.000
	(0.95, -0.5)	0.981	0.049	0.958	0.985	0.961	0.012	0.911	0.972
	(0.95, -0.2)	0.952	0.006	0.929	0.958	0.937	0.004	0.907	0.944
	(0.99, -0.5)	0.588	0.036	0.496	0.614	0.474	0.023	0.382	0.503
	(0.99, -0.2)	0.485	0.013	0.413	0.504	0.372	0.014	0.312	0.392
	(1.02, -0.04)	0.758	0.746	0.029	0.773	0.655	0.623	0.023	0.799

表 5.14 备择假设下各统计量 Power 表现（续）（误差项设定: $\rho=-0.4$）

模拟设定	(ψ, θ)	L_F^0	T_{Lstar}	ADF	$\tilde{F}^0$
$T=100$					
$r=0.05$	(0.85, -0.5)	1.000	0.038	1.000	1.000
	(0.85, -0.2)	0.988	0.017	0.957	0.988
	(0.95, -0.5)	0.996	0.025	0.988	0.996
	(0.95, -0.2)	0.744	0.008	0.604	0.757
	(0.99, -0.5)	0.989	0.018	0.964	0.990
	(0.99, -0.2)	0.514	0.007	0.378	0.540
	(1.02, -0.04)	0.106	0.084	0.055	0.098
$r=0.5$	(0.85, -0.5)	0.988	0.080	0.976	0.989
	(0.85, -0.2)	0.967	0.025	0.917	0.969
	(0.95, -0.5)	0.864	0.058	0.798	0.870
	(0.95, -0.2)	0.668	0.015	0.550	0.680
	(0.99, -0.5)	0.754	0.053	0.681	0.763
	(0.99, -0.2)	0.479	0.020	0.366	0.488
	(1.02, -0.04)	0.212	0.269	0.045	0.106
$r=5$	(0.85, -0.5)	0.958	0.105	0.906	0.959
	(0.85, -0.2)	0.934	0.028	0.864	0.936
	(0.95, -0.5)	0.707	0.072	0.593	0.723
	(0.95, -0.2)	0.584	0.020	0.483	0.606
	(0.99, -0.5)	0.546	0.080	0.464	0.558

续表

模拟设定	(ψ，θ)	L_F^0	T_{Lstar}	ADF	$\tilde{F}^0$
$r=5$	(0.99，-0.2)	0.434	0.034	0.348	0.446
	(1.02，-0.04)	0.230	0.304	0.047	0.108
$T=200$					
$r=0.05$	(0.85，-0.5)	1.000	0.053	1.000	1.000
	(0.85，-0.2)	1.000	0.022	1.000	1.000
	(0.95，-0.5)	1.000	0.035	1.000	1.000
	(0.95，-0.2)	0.995	0.008	0.989	0.995
	(0.99，-0.5)	1.000	0.028	1.000	1.000
	(0.99，-0.2)	0.927	0.004	0.892	0.920
	(1.02，-0.04)	0.168	0.183	0.048	0.131
$r=0.5$	(0.85，-0.5)	1.000	0.132	1.000	1.000
	(0.85，-0.2)	1.000	0.034	1.000	1.000
	(0.95，-0.5)	0.978	0.093	0.958	0.979
	(0.95，-0.2)	0.912	0.017	0.868	0.916
	(0.99，-0.5)	0.848	0.078	0.796	0.856
	(0.99，-0.2)	0.663	0.015	0.603	0.668
	(1.02，-0.04)	0.533	0.548	0.045	0.498
$r=5$	(0.85，-0.5)	1.000	0.183	0.999	1.000
	(0.85，-0.2)	1.000	0.042	0.999	1.000
	(0.95，-0.5)	0.899	0.098	0.829	0.903
	(0.95，-0.2)	0.830	0.019	0.754	0.837
	(0.99，-0.5)	0.600	0.076	0.525	0.616
	(0.99，-0.2)	0.503	0.023	0.440	0.520
	(1.02，-0.04)	0.587	0.596	0.046	0.551
$T=300$					
$r=0.05$	(0.85，-0.5)	1.000	0.054	1.000	1.000
	(0.85，-0.2)	1.000	0.027	1.000	1.000
	(0.95，-0.5)	1.000	0.036	1.000	1.000
	(0.95，-0.2)	1.000	0.010	1.000	1.000
	(0.99，-0.5)	1.000	0.032	1.000	1.000
	(0.99，-0.2)	0.998	0.005	0.997	0.997

续表

模拟设定	(ψ, θ)	L_F^0	T_{Lstar}	ADF	$\tilde{F}^0$
r=0.05	(1.02, -0.04)	0.297	0.311	0.043	0.271
r=0.5	(0.85, -0.5)	1.000	0.161	1.000	1.000
	(0.85, -0.2)	1.000	0.036	1.000	1.000
	(0.95, -0.5)	0.998	0.102	0.996	0.998
	(0.95, -0.2)	0.983	0.017	0.972	0.980
	(0.99, -0.5)	0.881	0.085	0.838	0.889
	(0.99, -0.2)	0.730	0.017	0.681	0.738
	(1.02, -0.04)	0.720	0.710	0.039	0.711
r=5	(0.85, -0.5)	1.000	0.236	1.000	1.000
	(0.85, -0.2)	1.000	0.047	1.000	1.000
	(0.95, -0.5)	0.975	0.118	0.955	0.975
	(0.95, -0.2)	0.951	0.019	0.926	0.951
	(0.99, -0.5)	0.628	0.076	0.546	0.646
	(0.99, -0.2)	0.544	0.017	0.472	0.560
	(1.02, -0.04)	0.766	0.766	0.040	0.756

本部分模拟表明，当 LSTAR 框架下数据的非线性特征不太明显时，ADF 检验同本文构造的 F 类型检验均具有较高检验势，两者的检验效能差别不大。不过随着数据非线性特征的加强，本节构造 F 类统计量体现出较明显的优势，ADF 统计量由于未考虑到数据生成机制中的非线性部分，相对表现变弱。对于刘雪燕（2008）提出的 t 类型统计量而言，由于其模型设定的局限性，该 T 检验对平稳 LSTAR 过程具有较差的检验功效。从而在非线性框架下的应用分析中，建议采用本文的 F 检验对数据的平稳性进行考察。另外，模拟结果显示统计量 $\tilde{F}^0$ 相对于 L_F^0 具有更高的检验势，从而在 LSTAR 框架下，当实际考察数据不含时间趋势时，更倾向于推荐使用统计量 $\tilde{F}^0$ 进行单位根检验。

5.5 本章小结

非线性 STAR 模型可以有效捕捉数据的连续型结构变动特征，在实际经济建模中得到广泛应用。本章重点关注了 STAR 模型的平稳性设定以及在其框架下的单位根检验问题。STAR 模型通常以时间 t 或者自身滞后变量 y_{t-k} 作为转移变量，我们从这两种设定形式对 STAR 模型下的单位根检验问题进行了考察。Sandberg（2004）对以时间 t 为转移变量的 STAR 模型进行了细化研究，我们对其工作和研究思路进行了阐述和解析，随后我们重点从滞后变量 y_{t-k} 作为转移变量角度进行了 STAR 模型单位根研究的考察。主要的内容和原创点如下：（1）构建了非线性 STAR（y_{t-1}）框架下针对单位根原假设的 F 检验，相较于之前学者的研究，我们放松了对 STAR 模型中线性系数和位置参数的约束，因此所提出的 F 检验更具有普适性；（2）对相应的 F 类型统计量的渐近分布进行了理论推导和分析，有限样本下的结果显示，相比较于 ADF 检验和之前的文献研究，如 Kapetanios 等（2003）所提出的 t_{KSS} 检验、刘雪燕（2008）提出的 T_{Lstar} 统计量，我们的 F 检验在 STAR 框架下具有更高的检验势。

本章的研究成果可以进一步延拓至含有异常点存在的数据情形，如 Sandberg（2014）指出，相对于传统的 LS 方差估计量，稳健异方差估计量的对应统计量更能有效地处理异常数据点情形，以 ESTAR 模型（5.23）为例，只需要将本章 F 统计量分母中的 OLS 残差方差项调换至稳健型异方差 $V_{\hat{\beta}}=\left(\sum x_t x_t^T\right)^{-1}\left(\sum \hat{e}_t^2 x_t x_t^T\right)\cdot\left(\sum x_t x_t^T\right)^{-1}$，$x_t=(y_{t-1}^3,\ y_{t-1}^2,\ y_{t-1})^T$ 即可。相应的稳健型 F 统计量的理论推导也和本文类似，故不再赘述。

5.6 本章相关定理证明

如下引理便于定理 5.1~5.6 的推导，先予以给出。

引理 误差项 u_t 满足假设 5.1，并记 $\bar{\sigma}_u^2$、σ_u^2 分别为其对应的长短期方差，$y_t = y_{t-1} + u_t$，则对于 $m \leqslant 6$，有：

$$(\text{a})\ \frac{\sum y_{t-1}^m}{T^{(m+2)/2}} \Rightarrow \bar{\sigma}_u^{m+1}\int_0^1 W(r)^m \mathrm{d}W$$

$$(\text{b})\ \frac{\sum y_{t-1}^m u_t}{T^{(m+1)/2}} \Rightarrow \bar{\sigma}_u^{m+1}\int_0^1 W(r)^m \mathrm{d}W + m\bar{\sigma}_u^{(m-1)}\frac{\bar{\sigma}_u^2 - \sigma_u^2}{2}\int_0^1 W(r)^{m-1}\mathrm{d}r$$

注：引理（a）利用泛函中心极限定理（FCLT）和连续映射定理（CMP）容易得到。引理（b）直接参照 Sandberg（2009）的定理 5.1 可得。

定理 5.1 的证明

记 OLS 估计值 $\hat{\beta} = (\hat{a}, \hat{b}, \hat{c})$，$H_0$ 成立下，有 $\hat{\beta} = \left(\sum x_t x_t^T\right)^{-1}\left(\sum x_t u_t\right)$，$x_t = (y_{t-1}^3, y_{t-1}^2, y_{t-1})^T$，定义对角元素为 $(T^2, T^{3/2}, T)$ 的 3×3 对角矩阵为 Π。基于上述引理有

$$\Pi\left(\sum x_t x_t^T\right)^{-1}\Pi = \Pi\begin{bmatrix} \sum y_{t-1}^6 & \sum y_{t-1}^5 & \sum y_{t-1}^4 \\ \sum y_{t-1}^5 & \sum y_{t-1}^4 & \sum y_{t-1}^3 \\ \sum y_{t-1}^4 & \sum y_{t-1}^3 & \sum y_{t-1}^2 \end{bmatrix}^{-1}\Pi$$

$$\Rightarrow \Pi\begin{pmatrix} T^4\bar{\sigma}_u^6\int_0^1 W^6(r)\mathrm{d}r & T^{7/2}\bar{\sigma}_u^5\int_0^1 W(r)^5\mathrm{d}r & T^3\bar{\sigma}_u^4\int_0^1 W^4(r)\mathrm{d}r \\ T^{7/2}\bar{\sigma}_u^5\int_0^1 W(r)^5\mathrm{d}r & T^3\bar{\sigma}_u^4\int_0^1 W^4(r)\mathrm{d}r & T^{5/2}\bar{\sigma}_u^3\int_0^1 W(r)^3\mathrm{d}r \\ T^3\bar{\sigma}_u^4\int_0^1 W^4(r)\mathrm{d}r & T^{5/2}\bar{\sigma}_u^3\int_0^1 W(r)^3\mathrm{d}r & T^2\bar{\sigma}_u^2\int_0^1 W^2(r)\mathrm{d}r \end{pmatrix}^{-1}\Pi$$

$$\Rightarrow\begin{pmatrix} \bar{\sigma}_u^6\int_0^1 W(r)^6\mathrm{d}r & \bar{\sigma}_u^5\int_0^1 W(r)^5\mathrm{d}r & \bar{\sigma}_u^4\int_0^1 W(r)^4\mathrm{d}r \\ \bar{\sigma}_u^5\int_0^1 W(r)^5\mathrm{d}r & \bar{\sigma}_u^4\int_0^1 W(r)^4\mathrm{d}r & \bar{\sigma}_u^3\int_0^1 W(r)^3\mathrm{d}r \\ \bar{\sigma}_u^4\int_0^1 W(r)^4\mathrm{d}r & \bar{\sigma}_u^3\int_0^1 W(r)^3\mathrm{d}r & \bar{\sigma}_u^2\int_0^1 W(r)^2\mathrm{d}r \end{pmatrix}^{-1}$$

以及

$$\Pi^{-1}\left(\sum x_t u_t\right) = \Pi^{-1}\begin{bmatrix} y_{t-1}^3 u_t \\ y_{t-1}^2 u_t \\ y_{t-1} u_t \end{bmatrix}\Pi^{-1}\Rightarrow\begin{bmatrix} \bar{\sigma}_u^4\int_0^1 W(r)^3\mathrm{d}W + 3\bar{\sigma}_u^2\sigma_{u,1}\int_0^1 W(r)^2\mathrm{d}r \\ \bar{\sigma}_u^3\int_0^1 W(r)^2\mathrm{d}W + 2\bar{\sigma}_u\sigma_{u,1}\int_0^1 W(r)\mathrm{d}r \\ \bar{\sigma}_u^2\int_0^1 W(r)\mathrm{d}W + \sigma_{u,1} \end{bmatrix}$$

从而可以得到：

$$\Pi\hat{\beta} = \Pi\left(\sum x_t x_t^T\right)^{-1}\Pi\left(\Pi^{-1}\sum x_t u_t\right)$$

$$\Rightarrow\begin{pmatrix} \bar{\sigma}_u^6\int_0^1 W(r)^6\mathrm{d}r & \bar{\sigma}_u^5\int_0^1 W(r)^5\mathrm{d}r & \bar{\sigma}_u^4\int_0^1 W(r)^4\mathrm{d}r \\ \bar{\sigma}_u^5\int_0^1 W(r)^5\mathrm{d}r & \bar{\sigma}_u^4\int_0^1 W(r)^4\mathrm{d}r & \bar{\sigma}_u^3\int_0^1 W(r)^3\mathrm{d}r \\ \bar{\sigma}_u^4\int_0^1 W(r)^4\mathrm{d}r & \bar{\sigma}_u^3\int_0^1 W(r)^3\mathrm{d}r & \bar{\sigma}_u^2\int_0^1 W(r)^2\mathrm{d}r \end{pmatrix}^{-1}\begin{bmatrix} \bar{\sigma}_u^4\int_0^1 W(r)^3\mathrm{d}W + 3\bar{\sigma}_u^2\sigma_{u,1}\int_0^1 W(r)^2\mathrm{d}r \\ \bar{\sigma}_u^3\int_0^1 W(r)^2\mathrm{d}W + 2\bar{\sigma}_u\sigma_{u,1}\int_0^1 W(r)\mathrm{d}r \\ \bar{\sigma}_u^2\int_0^1 W(r)\mathrm{d}W + \sigma_{u,1} \end{bmatrix}$$

对于 $V_{\hat{\beta}} = \sigma_e^2\left(\sum x_t x_t^T\right)^{-1}$ 而言，原假设下容易推得 $\sigma_e^2 \to \sigma_u^2$，进而：

$$\Pi^{-1}(V_{\hat{\beta}})^{-1}\Pi^{-1} = \frac{\Pi^{-1}\left(\sum x_t x_t^T\right)\Pi^{-1}}{\sigma_e^2}$$

$$\Rightarrow\sigma_u^{-2}\begin{pmatrix} \bar{\sigma}_u^6\int_0^1 W(r)^6\mathrm{d}r & \bar{\sigma}_u^5\int_0^1 W(r)^5\mathrm{d}r & \bar{\sigma}_u^4\int_0^1 W(r)^4\mathrm{d}r \\ \bar{\sigma}_u^5\int_0^1 W(r)^5\mathrm{d}r & \bar{\sigma}_u^4\int_0^1 W(r)^4\mathrm{d}r & \bar{\sigma}_u^3\int_0^1 W(r)^3\mathrm{d}r \\ \bar{\sigma}_u^4\int_0^1 W(r)^4\mathrm{d}r & \bar{\sigma}_u^3\int_0^1 W(r)^3\mathrm{d}r & \bar{\sigma}_u^2\int_0^1 W(r)^2\mathrm{d}r \end{pmatrix}$$

因此有：

$$F_{\hat{\beta}} = \hat{\beta}'\Pi'(\Pi')^{-1}(V_{\hat{\beta}})^{-1}\Pi\Pi^{-1}\hat{\beta}$$

$$\Rightarrow \sigma_u^{-2}\begin{bmatrix} \bar{\sigma}_u^4\int_0^1 W(r)^3\mathrm{d}W + 3\bar{\sigma}_u^2\sigma_{u,1}\int_0^1 W(r)^2\mathrm{d}r \\ \bar{\sigma}_u^3\int_0^1 W(r)^2\mathrm{d}W + 2\bar{\sigma}_u\sigma_{u,1}\int_0^1 W(r)\mathrm{d}r \\ \bar{\sigma}_u^2\int_0^1 W(r)\mathrm{d}W + \sigma_{u,1} \end{bmatrix}'$$

$$\begin{pmatrix} \bar{\sigma}_u^6\int_0^1 W(r)^6\mathrm{d}r & \bar{\sigma}_u^5\int_0^1 W(r)^5\mathrm{d}r & \bar{\sigma}_u^4\int_0^1 W(r)^4\mathrm{d}r \\ \bar{\sigma}_u^5\int_0^1 W(r)^5\mathrm{d}r & \bar{\sigma}_u^4\int_0^1 W(r)^4\mathrm{d}r & \bar{\sigma}_u^3\int_0^1 W(r)^3\mathrm{d}r \\ \bar{\sigma}_u^4\int_0^1 W(r)^4\mathrm{d}r & \bar{\sigma}_u^3\int_0^1 W(r)^3\mathrm{d}r & \bar{\sigma}_u^2\int_0^1 W(r)^2\mathrm{d}r \end{pmatrix}^{-1} \cdot \begin{bmatrix} \bar{\sigma}_u^4\int_0^1 W(r)^3\mathrm{d}W + 3\bar{\sigma}_u^2\sigma_{u,1}\int_0^1 W(r)^2\mathrm{d}r \\ \bar{\sigma}_u^3\int_0^1 W(r)^2\mathrm{d}W + 2\bar{\sigma}_u\sigma_{u,1}\int_0^1 W(r)\mathrm{d}r \\ \bar{\sigma}_u^2\int_0^1 W(r)\mathrm{d}W + \sigma_{u,1} \end{bmatrix}$$

记 $V_3 = \begin{pmatrix} \int_0^1 W^6\mathrm{d}r & \int_0^1 W^5\mathrm{d}r & \int_0^1 W^4\mathrm{d}r \\ \int_0^1 W^5\mathrm{d}r & \int_0^1 W^4\mathrm{d}r & \int_0^1 W^3\mathrm{d}r \\ \int_0^1 W^4\mathrm{d}r & \int_0^1 W^3\mathrm{d}r & \int_0^1 W^2\mathrm{d}r \end{pmatrix}$，$J_3 = \begin{pmatrix} \int_0^1 W^3\mathrm{d}W & 3\int_0^1 W^2\mathrm{d}r & 0 \\ \int_0^1 W^2\mathrm{d}W & 2\int_0^1 W\mathrm{d}r & 0 \\ \int_0^1 W\mathrm{d}W & 1 & 0 \end{pmatrix}$，

$$\frac{\sigma_u^2}{\bar{\sigma}_u^2} = \lambda,\ \sigma_{u,1} = \frac{\bar{\sigma}_u^2 - \sigma_u^2}{2}$$

不难推得

$$F_{\hat{\beta}} \Rightarrow \sigma_u^{-2}\bar{\sigma}_u^{-2}\begin{bmatrix} \bar{\sigma}_u^2 \\ \sigma_{u,1} \\ 0 \end{bmatrix} J'_3 V_3^{-1} J_3 \begin{bmatrix} \bar{\sigma}_u^2 \\ \sigma_{u,1} \\ 0 \end{bmatrix} = \frac{1}{\lambda}\begin{bmatrix} 1 \\ (1-\lambda)/2 \\ 0 \end{bmatrix} J'_3 V_3^{-1} J_3 \begin{bmatrix} 1 \\ (1-\lambda)/2 \\ 0 \end{bmatrix}$$

特别地，当 u_t 不存在自相关时，有 $\lambda = 1$，此时 $F_{\hat{\beta}} \Rightarrow [1\quad 0\quad 0] J'_3 V_3^{-1} J_3$ $[1\quad 0\quad 0]'$。

定理 5.2 的证明

由于 $\bar{s}_u^2$，s_u^2，$s_{u,1}$ 是 σ_u^2，σ_u^2，$\sigma_{u,1}$ 一致估计值，可以推得：

$$\widehat{\Omega}=H'\begin{bmatrix}\sum y_{t-1}^6 & \sum y_{t-1}^5 & \sum y_{t-1}^4\\ \sum y_{t-1}^5 & \sum y_{t-1}^4 & \sum y_{t-1}^3\\ \sum y_{t-1}^4 & \sum y_{t-1}^3 & \sum y_{t-1}^2\end{bmatrix}^{-1}H$$

$$\Rightarrow\begin{pmatrix}\dfrac{\sum y_{t-1}^3\Delta y_t-3s_{u,1}\sum y_t^2}{\bar{\sigma}_u} & 3\bar{\sigma}_u\sum y_t^2 & 0\\ \dfrac{\sum y_{t-1}^2\Delta y_t-2s_{u,1}\sum y_t^2}{\bar{\sigma}_u} & 2\bar{\sigma}_u\sum y_t & 0\\ \dfrac{\sum y_{t-1}\Delta y_t-Ts_{u,1}}{\bar{\sigma}_u} & T\bar{\sigma}_u & 0\end{pmatrix}'\begin{pmatrix}\dfrac{\bar{\sigma}_u^6\int_0^1 W^6(r)\mathrm{d}r}{T^4} & \dfrac{\bar{\sigma}_u^5\int_0^1 W^5(r)\mathrm{d}r}{T^{7/2}} & \dfrac{\bar{\sigma}_u^4\int_0^1 W^4(r)\mathrm{d}r}{T^3}\\ \dfrac{\bar{\sigma}_u^5\int_0^1 W^5(r)\mathrm{d}r}{T^{7/2}} & \dfrac{\bar{\sigma}_u^4\int_0^1 W^4(r)\mathrm{d}r}{T^3} & \dfrac{\bar{\sigma}_u^3\int_0^1 W^3(r)\mathrm{d}r}{T^{5/2}}\\ \dfrac{\bar{\sigma}_u^4\int_0^1 W^4(r)\mathrm{d}r}{T^3} & \dfrac{\bar{\sigma}_u^3\int_0^1 W^3(r)\mathrm{d}r}{T^{5/2}} & \dfrac{\bar{\sigma}_u^2\int_0^1 W^2(r)\mathrm{d}r}{T^2}\end{pmatrix}^{-1}$$

$$\begin{pmatrix}\dfrac{\sum y_{t-1}^3\Delta y_t-3s_{u,1}\sum y_t^2}{\bar{\sigma}_u} & 3\bar{\sigma}_u\sum y_t^2 & 0\\ \dfrac{\sum y_{t-1}^2\Delta y_t-2s_{u,1}\sum y_t^2}{\bar{\sigma}_u} & 2\bar{\sigma}_u\sum y_t & 0\\ \dfrac{\sum y_{t-1}\Delta y_t-Ts_{u,1}}{\bar{\sigma}_u} & T\bar{\sigma}_u & 0\end{pmatrix}\Rightarrow J'_3V_3^{-1}J_3$$

结合定理 5.1 的结论，从而有：

$$F^{ss}=\hat{\lambda}F_{\hat{\beta}}-\begin{bmatrix}1\\(1-\hat{\lambda})/2\\0\end{bmatrix}\widehat{\Omega}\begin{bmatrix}1\\(1-\hat{\lambda})/2\\0\end{bmatrix}\Rightarrow[1\quad 0\quad 0]J'_3V_3^{-1}J_3[1\quad 0\quad 0]'$$

定理 5.3 的证明

假设 5.1 下关于 u_t 的定义意味着，u_t 是一个可逆的 ARMA 过程，并且可以由有限阶的 AR 过程逼近。特别地，考虑 u_t 为一个 AR（p）过程：

$u_t=a_1u_{t-1}+\cdots+a_pu_{t-p}+v_t$. v_t 白噪声新息项。在原假设下，有 $y_t = \sum_0^{t-1} u_{t-j}$，$u_t = a_1u_{t-1} + \cdots + a_pu_{t-p} + v_t$，考虑如下的检验回归式（A-1）、（A-2）：

$$\Delta y_t = \hat{b}y_{t-1}^3 + \hat{c}y_{t-1}^2 + \hat{d}y_{t-1} + \sum_1^p \hat{\beta}_j \Delta y_{t-j} + \hat{e}_{1,\ t} \quad (A-1)$$

$$v_t = \hat{b}y_{t-1}^3 + \hat{c}y_{t-1}^2 + \hat{d}y_{t-1} + \sum_1^p \hat{p}_j u_{t-k} + \hat{e}_{2,\ t} \quad (A-2)$$

记 M 为空间 c（u_{t-1}，$\cdots$，u_{t-p}）上的残差投影算子，单位根原假设下容易推得 $M\Delta y_t=v_t$，同时利用 FWL 引理（Frisch-Waugh-Lovell theorem）（Lovell，1963），知检验式（A-1）和式（A-2），均等价于回归式：$v_t = \hat{b}My_{t-1}^3 + \hat{c}My_{t-1}^2 + \hat{d}My_{t-1} + \hat{e}_t$，并保持 OLS 估计量（$\hat{b}$，$\hat{c}$，$\hat{d}$）对应取值及统计性质保持不变，从而我们可以在检验式（A-2）下考察增广回归后的统计量 F^0 的分布特征。

接下来，利用 Beverage-Nelson 分解定理，有 $y_t = C(1)\sum v_t + C^*(L)\sum \Delta v_t$。其中，$C^*(L) = \sum c_j^* L^j$，$c_j^* = \sum_{i=j+1}^{\infty} - c_i$. 记 $z_t = \sum v_t$，其表示一个新息误差项不相关的单位根过程，由于 $C(1)\sum v_t = O_p(T^{1/2})$，$C^*(L)\sum \Delta v_t = O_p(1)$，很明显 $C(1)z_t$ 是 y_t 的主导成分；类似地，$C(1)^2z_t^2$ 和 $C(1)^3z_t^3$ 分别是 y_t^2 和 y_t^3 的主导成分，从而基于式（A-2）得到的关于（$\hat{b}$，$\hat{c}$，$\hat{d}$）的 F 统计量和基于式（A-3）得到的关于（$\hat{b}_0$，$\hat{c}_0$，$\hat{d}_0$）的 F 统计量有相同的渐近分布特征。

$$v_t = \hat{b}_0z_{t-1}^3 + \hat{c}_0z_{t-1}^2 + \hat{d}_0z_{t-1} + \sum_1^p \hat{p}_k u_{t-k} + \hat{e}_{3,\ t} \quad (A-3)$$

基于（A-3）构建关于（$\hat{b}_0$，$\hat{c}_0$，$\hat{d}_0$）的 F 统计量，并记为：

$$F_{new} = \hat{\beta}'_{new}\left[\sum (z_{t-1}^3,\ z_{t-1}^2,\ z_{t-1})(z_{t-1}^3,\ z_{t-1}^2,\ z_{t-1})'\right]^{-1}\hat{\beta}_{new}\hat{\sigma}_e^2$$

其中，$\hat{\beta}_{new} = (\hat{b}_0,\ \hat{c}_0,\ \hat{d}_0)'$，$\hat{\sigma}_e^2$ 为式（A-3）下的残差方差。

另记 $\hat{P}=(p_1,\ p_2,\ \cdots,\ p_k)'$，$\vec{u}_{t-k}=(u_{t-1},\ u_{t-2},\ \cdots,\ u_{t-k})'$，则：

$$\begin{pmatrix} T^2\hat{b}_0 \\ T^{3/2}\hat{c}_0 \\ T\hat{d}_0 \\ 1\hat{P} \end{pmatrix} = \begin{bmatrix} \sum z_{t-1}^6/T^4 & \sum z_{t-1}^5/T^{7/2} & \sum z_{t-1}^4/T^3 & \sum z_{t-1}^3\vec{u}'_{t-k}/T^2 \\ \sum z_{t-1}^5/T^{7/2} & \sum z_{t-1}^4/T^3 & \sum z_{t-1}^3/T^{5/2} & \sum z_{t-1}^2\vec{u}'_{t-k}/T^{3/2} \\ \sum z_{t-1}^4/T^3 & \sum z_{t-1}^3/T^{5/2} & \sum z_{t-1}^2/T^2 & \sum z_{t-1}\vec{u}'_{t-k}/T \\ \sum z_{t-1}^3\vec{u}'_{t-k}/T^3 & \sum z_{t-1}^2\vec{u}'_{t-k}/T^{5/2} & \sum z_{t-1}\vec{u}'_{t-k}/T^2 & \sum \vec{u}'_{t-k}\vec{u}'_{t-k}/T \end{bmatrix}^{-1} \begin{bmatrix} \sum z_{t-1}^3v_t/T^2 \\ \sum z_{t-1}^2v_t/T^{3/2} \\ \sum z_{t-1}v_t/T \\ \sum \vec{u}'_{t-k}v_t/T \end{bmatrix}$$

$$
= \begin{bmatrix} \sum z_{t-1}^6/T^4 & \sum z_{t-1}^5/T^{7/2} & \sum z_{t-1}^4/T^3 & \sum z_{t-1}^3 \vec{u}'_{t-k}/T^2 \\ \sum z_{t-1}^5/T^{7/2} & \sum z_{t-1}^4/T^3 & \sum z_{t-1}^3/T^{5/2} & \sum z_{t-1}^2 \vec{u}'_{t-k}/T^{3/2} \\ \sum z_{t-1}^4/T^3 & \sum z_{t-1}^3/T^{5/2} & \sum z_{t-1}^2/T^2 & \sum z_{t-1} \vec{u}'_{t-k}/T \\ \sum z_{t-1}^3 \vec{u}'_{t-k}/T^3 & \sum z_{t-1}^2 \vec{u}'_{t-k}/T^{5/2} & \sum z_{t-1} \vec{u}'_{t-k}/T^2 & \sum \vec{u}'_{t-k} \vec{u}'_{t-k}/T \end{bmatrix}^{-1} \begin{bmatrix} \sum z_{t-1}^3 v_t/T^2 \\ \sum z_{t-1}^2 v_t/T^{3/2} \\ \sum z_{t-1} v_t/T \\ \sum \vec{u}'_{t-k} v_t/T \end{bmatrix}
$$

$$
\Rightarrow \begin{bmatrix} \sigma_v^6 \int_0^1 W(r)^6 dr & \sigma_v^5 \int_0^1 W(r)^5 dr & \sigma_v^4 \int_0^1 W(r)^4 dr & O_p(1) \\ \sigma_v^5 \int_0^1 W(r)^5 dr & \sigma_v^4 \int_0^1 W(r)^4 dr & \sigma_v^3 \int_0^1 W(r)^3 dr & O_p(1) \\ \sigma_v^4 \int_0^1 W(r)^4 dr & \sigma_v^3 \int_0^1 W(r)^3 dr & \sigma_v^2 \int_0^1 W(r)^2 dr & O_p(1) \\ \sigma_u^2 I_P & & & \end{bmatrix}^{-1} \begin{bmatrix} \sigma_v^4 \int_0^1 W(r)^3 dW \\ \sigma_v^3 \int_0^1 W(r)^2 dW \\ \sigma_v^2 \int_0^1 W(r) dW \\ 0 \end{bmatrix}
$$

利用矩阵转换的知识，进一步有：

$$
= \begin{bmatrix} \sigma_v^6 \int W^6 dr & \sigma_v^5 \int W^5 dr & \sigma_v^4 \int W^4 dr & \vec{0}' \\ \sigma_v^5 \int W^5 dr & \sigma_v^4 \int W^4 dr & \sigma_v^3 \int W^3 dr & \vec{0}' \\ \sigma_v^4 \int W^4 dr & \sigma_v^3 \int W^3 dr & \sigma_v^2 \int W^2 dr & \vec{0}' \\ \vec{0} & \vec{0} & \vec{0} & \sigma_u^2 I_P \end{bmatrix} \begin{pmatrix} 1 & & & \overrightarrow{c0} \\ & 1 & & \overrightarrow{c1} \\ & & 1 & \overrightarrow{c2} \\ & & & I_P \end{pmatrix} \begin{bmatrix} \sigma_v^4 \int_0^1 W(r)^3 dW \\ \sigma_v^3 \int_0^1 W(r)^2 dW \\ \sigma_v^2 \int_0^1 W(r) dW \\ 0 \end{bmatrix}
$$

$$
\Rightarrow \begin{pmatrix} 1 & & & O_p(1) \\ & 1 & & O_p(1) \\ & & 1 & O_p(1) \\ & & & I_P \end{pmatrix}^{-1} \begin{bmatrix} \begin{pmatrix} \sigma_v^6 \int_0^1 W(r)^6 dr & \sigma_v^5 \int_0^1 W(r)^5 dr & \sigma_v^4 \int_0^1 W(r)^4 dr \\ \sigma_v^5 \int_0^1 W(r)^5 dr & \sigma_v^4 \int_0^1 W(r)^4 dr & \sigma_v^3 \int_0^1 W(r)^3 dr \\ \sigma_v^4 \int_0^1 W(r)^4 dr & \sigma_v^3 \int_0^1 W(r)^3 dr & \sigma_v^2 \int_0^1 W(r)^2 dr \end{pmatrix}^{-1} & \\ & \sigma_u^{-2} I_P \end{bmatrix} \begin{bmatrix} \sigma_v^4 \int_0^1 W(r)^3 dW \\ \sigma_v^3 \int_0^1 W(r)^2 dW \\ \sigma_v^2 \int_0^1 W(r) dW \\ 0 \end{bmatrix}
$$

$$
\begin{pmatrix} 1 & & & -\overrightarrow{c0} \\ & 1 & & -\overrightarrow{c1} \\ & & 1 & -\overrightarrow{c2} \\ & & & I_P \end{pmatrix} \begin{bmatrix} \begin{pmatrix} \sigma_v^6 \int_0^1 W(r)^6 dr & \sigma_v^5 \int_0^1 W(r)^5 dr & \sigma_v^4 \int_0^1 W(r)^4 dr \\ \sigma_v^5 \int_0^1 W(r)^5 dr & \sigma_v^4 \int_0^1 W(r)^4 dr & \sigma_v^3 \int_0^1 W(r)^3 dr \\ \sigma_v^4 \int_0^1 W(r)^4 dr & \sigma_v^3 \int_0^1 W(r)^3 dr & \sigma_v^2 \int_0^1 W(r)^2 dr \end{pmatrix}^{-1} & \\ & \sigma_u^{-2} I_P \end{bmatrix} \begin{bmatrix} \sigma_v^4 \int_0^1 W(r)^3 dW \\ \sigma_v^3 \int_0^1 W(r)^2 dW \\ \sigma_v^2 \int_0^1 W(r) dW \\ 0 \end{bmatrix}
$$

从而有：

$$\begin{pmatrix} T^2 & & \\ & T^{3/2} & \\ & & T \end{pmatrix} \hat{\beta}_{new} \Rightarrow \begin{bmatrix} \begin{pmatrix} \sigma_v^6\int_0^1 W(r)^6 dr & \sigma_v^5\int_0^1 W(r)^5 dr & \sigma_v^4\int_0^1 W(r)^4 dr \\ \sigma_v^5\int_0^1 W(r)^5 dr & \sigma_v^4\int_0^1 W(r)^4 dr & \sigma_v^3\int_0^1 W(r)^3 dr \\ \sigma_v^4\int_0^1 W(r)^4 dr & \sigma_v^3\int_0^1 W(r)^3 dr & \sigma_v^2\int_0^1 W(r)^2 dr \end{pmatrix}^{-1} & \\ & \sigma_u^{-2} I_P \end{bmatrix} \begin{bmatrix} \sigma_v^4\int_0^1 W(r)^3 dW \\ \sigma_v^3\int_0^1 W(r)^2 dW \\ \sigma_v^2\int_0^1 W(r) dW \\ 0 \end{bmatrix}$$

另外在 H_0 下，容易推得式（A-4）中的残差方差项 $\hat{\sigma}_e^2$ 一致收敛到 σ_v^2，类似于定理 5.1 的证明，最终可推得：

$$F_{new} = \hat{\beta}'_{new}[\sum (z_{t-1}^3, z_{t-1}^2, z_{t-1})(z_{t-1}^3, z_{t-1}^2, z_{t-1})']^{-1}\hat{\beta}_{new}\hat{\sigma}_e^2 \Rightarrow [1 \quad 0 \quad 0]J'_3V_3^{-1}J_3[1 \quad 0 \quad 0]'$$

如上所述，由于 F_{new} 和本文 F^0 有相同的极限分布性质，从而定理 5.3 得证。

定理 5.4 和定理 5.5 的证明

（类似于定理 5.1 和定理 5.3 的证明，这里略证）

定理 5.6 的证明

原假设成立下，辅助检验式中参数 b，c 的联合统计性质等价于下式（A-4）中 b，c 的联合统计性质，其中 $\overline{z_{t-1}}$，$\overline{z_{t-1}^2}$ 为 z_{t-1}，z_{t-1}^2 的均值。

$$u_t \sim b(z_{t-1}^2 - \overline{z_{t-1}^2}) + c(z_{t-1} - \bar{z}_{t-1}) \qquad \text{(A-4)}$$

考虑式（A-4），记 $x_t = (z_{t-1}^2 - \overline{z_{t-1}^2}, z_{t-1} - \overline{z_{t-1}})^T$，利用本章附录开头的引理 1，有：

$$\left(\sum x_t x_t^T\right)^{-1} = \begin{pmatrix} \sum (z_{t-1}^2 - \overline{z_{t-1}^2})^2 & \sum (z_{t-1}^2 - \overline{z_{t-1}^2}).(z_{t-1} - \overline{z_{t-1}}) \\ \sum (z_{t-1}^2 - \overline{z_{t-1}^2}).(z_{t-1} - \overline{z_{t-1}}) & \sum (z_{t-1} - \overline{z_{t-1}})^2 \end{pmatrix}^{-1}$$

$$\Rightarrow \begin{pmatrix} T^3\bar{\sigma}_u^4\int_0^1 [W(r)^2 - f_2]^2 dr & T^{5/2}\bar{\sigma}_u^3\int_0^1 [W(r)^2 - f_2][W(r) - f_1] dr \\ T^{5/2}\bar{\sigma}_u^3\int_0^1 [W(r)^2 - f_2][W(r) - f_1] dr & T^2\bar{\sigma}_u^2\int_0^1 [W(r) - f_1]^2 dr \end{pmatrix}^{-1}$$

记 OLS 估计值 $\hat{\beta}=c$（$\hat{b}$，$\hat{c}$），$\sigma_{u,1} = \dfrac{\bar{\sigma}_u^2 - \sigma_u^2}{2}$，易推得：

$$\begin{pmatrix} T^{3/2} \\ T \end{pmatrix}\hat{\beta}=\begin{pmatrix} T^{3/2} & 0 \\ 0 & T \end{pmatrix}\begin{pmatrix} \sum(z_{t-1}^2-\overline{z_{t-1}^2})^2 & \sum(z_{t-1}^2-\overline{z_{t-1}^2}).(z_{t-1}-\overline{z_{t-1}}) \\ \sum(z_{t-1}^2-\overline{z_{t-1}^2}).(z_{t-1}-\overline{z_{t-1}}) & \sum(z_{t-1}-\overline{z_{t-1}})^2 \end{pmatrix}^{-1}\begin{pmatrix} \sum(z_{t-1}^2-\overline{z_{t-1}^2})u_t \\ \sum(z_{t-1}-\overline{z_{t-1}})u_t \end{pmatrix}$$

$$\Rightarrow\begin{pmatrix} \bar{\sigma}_u^4\int_0^1[W(r)^2-f_2]^2\mathrm{d}r & \bar{\sigma}_u^3\int_0^1[W(r)^2-f_2][W(r)-f_1]\mathrm{d}r \\ \bar{\sigma}_u^3\int_0^1[W(r)^2-f_2][W(r)-f_1]\mathrm{d}r & \bar{\sigma}_u^2\int_0^1[W(r)-f_1]^2\mathrm{d}r \end{pmatrix}^{-1}\cdot$$

$$\begin{pmatrix} \int_0^1 W(r)^2\mathrm{d}W-f_2W(1) & 2\int_0^1 W(r)\mathrm{d}r \\ \int_0^1 W(r)\mathrm{d}W-f_1W(1) & 1 \end{pmatrix}\begin{pmatrix} \bar{\sigma}_u^3 \\ \sigma_{u,1} \end{pmatrix}$$

容易证明式（A-4）中残差方差项 $\sum_t\hat{e}_t^2/T$ 一致收敛到 σ_u^2，从而：

$$V_{(\hat{b},\ \hat{c})}=\left(\sum x_t x_t^T\right)^{-1}\frac{\sum_t\hat{e}_t^2}{T}$$

$$\Rightarrow\sigma_u^2\begin{pmatrix} T^3\bar{\sigma}_u^4\int_0^1[W(r)^2-f_2]^2\mathrm{d}r & T^{5/2}\bar{\sigma}_u^3\int_0^1[W(r)^2-f_2][W(r)-f_1]\mathrm{d}r \\ T^{5/2}\bar{\sigma}_u^3\int_0^1[W(r)^2-f_2][W(r)-f_1]\mathrm{d}r & T^2\bar{\sigma}_u^2\int_0^1[W(r)-f_1]^2\mathrm{d}r \end{pmatrix}^{-1}$$

最终可推得：

$$F_{\hat{\beta}}=\begin{pmatrix} T^2\hat{b} \\ T\hat{c} \end{pmatrix}'\begin{pmatrix} T^{-2} & 0 \\ 0 & T^{-1} \end{pmatrix}V_{(\hat{b},\ \hat{c})}^{-1}\begin{pmatrix} T^{-2} & 0 \\ 0 & T^{-1} \end{pmatrix}\begin{pmatrix} T^2\hat{b} \\ T\hat{c} \end{pmatrix}$$

$$\Rightarrow\frac{1}{\lambda}\begin{pmatrix} 1 \\ (1-\lambda)/2 \end{pmatrix}'J'_2V_2^{-1}J_2\begin{pmatrix} 1 \\ (1-\lambda)/2 \end{pmatrix}$$

定理 5.6 得证。

第 6 章
随机趋势结构变化下单位根检验问题

前章结构变动单位根文献研究主要建立在新息误差项保持稳定的状态之下。在另外一些场景中，人们更为关注的是时序新息项部分的结构变化特征，这类结构变化主要涉及由新息项不断累加的随机性趋势的结构变动。很多文献（Stock 和 Watson，2002；Cheng 和 Phillips，2012）通过实证分析强调了金融序列的时变波动性特征，这一现实表现对应于随机新息项部分的方差结构变动。此外，由新息项主导的序列的（非）平稳性强度可能在不同区段上表现出差异化，这主要涉及考察序列在平稳走势、单位根走势和爆炸性走势间的路径转化，该类结构变化问题的探讨对研究现实资产市场的有效性和过度投机下的泡沫风险问题具有重要意义。本章关注随机新息项部分的结构变化特征，由此对相关单位根检验问题进行探讨。这其中既包含传统的左侧单位根检验，也包含右侧单位根检验（爆炸特征识别）的问题研究。具体内容安排如下：首先关注时序新息方差变动设定下的单位根检验问题研究；随后探讨以单位根或平稳过程向爆炸过程转变为模型基础的泡沫检验问题，并以近期流行的 BSADF 泡沫检验为例，明确相应检验方法的理论逻辑和关注要点，随后结合对 BSADF 检验的应用设计，对我国股票市场的泡沫表现和风险特征进行建模分析和应用探讨。

6.1 时变方差下单位根检验量构建

在经济问题的研究中，很多时候所考察的时间序列表现出时变的波动性，一个较常见的例子就是股市序列的“群集波动”现象。该情形反映在理论模型上，就是时序对应的新息项方差随着时间和外界因素的影响发生结构变动。事实上，在很多金融以及宏观经济序列中，新息项的方差变动普遍存在。如 Rapach 等（2008），McMillan 和 Wohar（2011）研究指出，大多国家股票市场的回报率存在明显的方差结构变化，并且不同子样本间有较明显的差别。Vivian 和 Wohar（2012）对全球大宗商品回报率进行了考察，发现了无条件方差项存在结构变化的显著证据。在新息误差项存在方差变动下，时序的单位根检验有必要将这一结构变动因素考虑进来，以保证理论的完备性和实际检验的有效性。鉴于此，本节构建统计量对新息项方差存在突变情形下的单位根问题进行考察。

6.1.1 外生情形下针对新息方差突变的单位根检验

考虑如下新息误差项带有结构变化的数据过程：

$$y_t = \alpha y_{t-1} + c + \varepsilon_t,\ \operatorname{var}(\varepsilon_t) = \begin{cases} \sigma_1^2, & t \leqslant \lambda T \\ \sigma_2^2, & t > \lambda T \end{cases} \tag{6.1}$$

λ 为相对突变位置，T 为样本容量。式（6.1）在单位根原假设下对应 $\alpha = 1$，平稳备择假设下则有 $|\alpha| < 1$。注意到原假设下，数据过程中含有漂移项，这意味着时序 y_t 中含有确定性趋势，因此考虑带有时间趋势的ADF检验回归式对式（6.1）进行分析，如下：

$$\Delta y_t = \hat{\rho} y_{t-1} + \hat{a} + \hat{b} t + e_t \tag{6.2}$$

ADF统计量记为 $t(\hat{\rho}) = \hat{\rho}/se(\hat{\rho})$，$se(\hat{\rho})$ 为估计值 $\hat{\rho}$ 对应的标准差。对于式（6.1）而言，考虑 $\delta_t = \sum_0^t \varepsilon_j$，不难发现原假设下有 $y_t = y_0 + ct + \delta_t$，易证明式（6.2）下的 $t(\hat{\rho})$ 与式（6.3）中 $t(\hat{\rho})$ 的统计性质等价。

$$\Delta y_t = \hat{\rho} \delta_{t-1} + a + bt + e_t \tag{6.3}$$

回归式（6.3）两侧同时向空间（1，t）上进行残差投影，根据FWL（Frisch - Waugh - Lovell）引理（Lovell，1963），式（6.3）转化为式（6.4），其中的 $\tilde{\delta}_{t-1}$ 对应 $\sum_0^{t-1} \varepsilon_j$ 退时间趋势后的部分：

$$\varepsilon_t = \hat{\rho} \tilde{\delta}_{t-1} + e_t \tag{6.4}$$

记 $\tilde{\varpi}_j = \sum_{k=[\lambda T]+1}^{[\lambda T]+j} \varepsilon_k$，$W(r)$ 和 $\tilde{W}(r)$ 分别为标准的布朗运动和退时间趋势的布朗运动，有：

$$\begin{aligned} \sum \tilde{\delta}_{t-1} \varepsilon_t &= \sum_1^{\lambda T} \tilde{\delta}_{t-1} \varepsilon_t + \sum_{\lambda T+1}^{T} \tilde{\delta}_{t-1} \varepsilon_t \\ &= \sum_1^{\lambda T} \tilde{\delta}_{t-1} \varepsilon_t + \tilde{\delta}_{\lambda T} \sum_1^{(1-\lambda)T} \varepsilon_t + \sum_1^{(1-\lambda)T} \tilde{\varpi}_j \cdot \varepsilon_t \end{aligned}$$

$$= T\lambda \sum_{1}^{\lambda T} \tilde{\delta}_{t-1}\varepsilon_t/(\lambda T) + T\tilde{\delta}_{\lambda T}\sum_{1}^{(1-\lambda)T}\frac{\varepsilon_t}{T} + (1-\lambda)T\sum_{1}^{(1-\lambda)T}\frac{\tilde{\varpi}_j\varepsilon_t}{[(1-\lambda)T]}$$

$$\Rightarrow T\lambda\sigma_1^2\int_0^1\tilde{W}(r)\mathrm{d}W + T*0 + (1-\lambda)T\sigma_2^2\int_0^1\tilde{W}(r)\mathrm{d}W \qquad (6.5)$$

$$\sum_{1}^{T}\tilde{\delta}_{t-1}^2 = \sum_{1}^{\lambda T}\tilde{\delta}_{t-1}^2 + \sum_{\lambda T+1}^{T}\tilde{\delta}_{t-1}^2$$

$$= \sum_{1}^{\lambda T}\tilde{\delta}_{t-1}^2 + \sum_{1}^{(1-\lambda)T}(\tilde{\delta}_{\lambda T} + \tilde{\varpi}_j)^2$$

$$= \sum_{1}^{\lambda T}\tilde{\delta}_{t-1}^2 + (1-\lambda)T\tilde{\delta}_{\lambda T}^2 + 2\tilde{\delta}_{\lambda T}\sum_{1}^{(1-\lambda)T}\tilde{\varpi}_j + \sum_{1}^{(1-\lambda)T}(\tilde{\varpi}_j)^2$$

$$\Rightarrow(\lambda T)2\sum_{1}^{\lambda T}\frac{\tilde{\delta}_{t-1}^2}{(\lambda T)^2} + \frac{\lambda(1-\lambda)T^2\tilde{\delta}_{\lambda T}^2}{\lambda T} + 2\tilde{\delta}_{\lambda T}\sum_{1}^{(1-\lambda)T}\tilde{\varpi}_j + \frac{\sum_{1}^{(1-\lambda)T}\tilde{\varpi}_j^2}{(1-\lambda)T}(1-\lambda)T$$

$$\Rightarrow(\lambda T)2\sigma_1^2\int_0^1\tilde{W}(r)^2\mathrm{d}r + (1-\lambda)T.\lambda T\sigma_1^2W(1)2 + [(1-\lambda)T]2\sigma_2^2\int_0^1\tilde{W}(r)^2\mathrm{d}r \qquad (6.6)$$

从而有：

$$\hat{\rho} = \frac{\sum\tilde{\delta}_{t-1}\varepsilon_t}{\sum\tilde{\delta}_{t-1}{}^2} = \frac{T\lambda\sigma_1^2\int_0^1\tilde{W}(r)\mathrm{d}W + T.0 + (1-\lambda)T\sigma_2^2\int_0^1\tilde{W}(r)\mathrm{d}W}{(\lambda T)^2\sigma_1^2\int_0^1\tilde{W}(r)^2\mathrm{d}r + (1-\lambda)T^2\lambda W(1)^2 + [(1-\lambda)T]^2\sigma_2^2\int_0^1\tilde{W}(r)^2\mathrm{d}r}$$

$$\Rightarrow\frac{[\lambda\sigma_1^2\int_0^1\tilde{W}(r)\mathrm{d}W + (1-\lambda)\sigma_2^2\int_0^1\tilde{W}(r)\mathrm{d}W]}{T\{\lambda^2\sigma_1^2\int_0^1\tilde{W}(r)^2\mathrm{d}r + (1-\lambda)\lambda\sigma_1^2W(1)^2 + (1-\lambda)^2\sigma_2^2\int_0^1\tilde{W}(r)^2\mathrm{d}r\}} \qquad (6.7)$$

记检验式（6.4）对应的残差为 e_t ，利用 OLS 回归分析中残差和误差项的关系，有 $\sum_{t=1}^{T}e_t{}^2 = \vec{\varepsilon}'_t(I - X(X'X)^{-1}X')\vec{\varepsilon}_t$ ，X 和 Y 对应式（6.4）中解释变量以及被解释变量矩阵，易知：

$$\sum e_t{}^2/T = \hat{\sigma}^2 \Rightarrow \sum\varepsilon_t{}^2/T = \lambda\sigma_1^2 + (1-\lambda)\sigma_2^2 \qquad (6.8)$$

$$\mathrm{var}(\hat{\rho}) = \frac{\hat{\sigma}^2}{\sum\tilde{\delta}_{t-1}{}^2} \Rightarrow \frac{T^{-2}(\lambda\sigma_1^2 + (1-\lambda)\sigma_2^2)}{(1-\lambda)\lambda\sigma_1^2W(1)^2 + [(\lambda)^2\sigma_1^2 + (1-\lambda)^2\sigma_2^2]\int_0^1\tilde{W}(r)^2\mathrm{d}r} \qquad (6.9)$$

进而有：

$$t(\hat{\rho}) = \frac{\hat{\rho}}{se(\hat{\rho})} \Rightarrow \frac{[\lambda\sigma_1^2\int_0^1 \tilde{W}(r)\mathrm{d}W + (1-\lambda)\sigma_2^2\int_0^1 \tilde{W}(r)\mathrm{d}W]}{T\{\lambda^2\sigma_1^2\int_0^1 \tilde{W}(r)^2\mathrm{d}r + (1-\lambda)\lambda W(1)^2 + (1-\lambda)^2\sigma_2^2\int_0^1 \tilde{W}(r)^2\mathrm{d}r\}} \cdot$$

$$\frac{T\sqrt{\{\lambda^2\sigma_1^2\int_0^1 \tilde{W}(r)^2\mathrm{d}r + (1-\lambda)\lambda W(1)^2 + (1-\lambda)^2\sigma_2^2\int_0^1 \tilde{W}(r)^2\mathrm{d}r\}}}{\sqrt{[\lambda\sigma_1^2 + (1-\lambda)\sigma_2^2]}}$$

$$= \frac{\sqrt{[\lambda\sigma_1^2 + (1-\lambda)\sigma_2^2]}\int_0^1 \tilde{W}(r)\mathrm{d}W}{\sqrt{\lambda^2\sigma_1^2\int_0^1 \tilde{W}(r)^2\mathrm{d}r + (1-\lambda)\lambda W(1)^2 + (1-\lambda)^2\sigma_2^2\int_0^1 \tilde{W}(r)^2\mathrm{d}r}}$$

$$= \frac{\sqrt{[\lambda + (1-\lambda)\sigma_2^2/\sigma_1^2]}\int_0^1 \tilde{W}(r)\mathrm{d}W}{\sqrt{(1-\lambda)\lambda W(1)^2 + [\lambda^2 + (1-\lambda)^2\sigma_2^2/\sigma_1^2]\int_0^1 \tilde{W}(r)^2\mathrm{d}r}} \tag{6.10}$$

上述分析表明，在误差项存在结构突变的情形下，相应 ADF 统计量的渐近分布依赖于突变位置以及突变前后的方差变动量，从而基于传统的 ADF 检验临界值在这里并不能有效地对数据的单位根（平稳性）问题进行研究，不过在误差方差的突变位置以及方差变动信息先验已知的情形下，可以依据式（6.10）检验的统计量进行临界值的确定并进行单位根检验。

6.1.2 内生情形下针对新息方差突变的单位根检验

前述统计量 $t(\hat{\rho})$ 的构建建立在突变位置及突变前后误差方差项已知的基础上。在现实问题研究中，这些信息通常是未知的，此时我们需要从内生突变角度去对相关问题进行考察。

Kim、Leybourne 和 Newbold（2002，以下简称 KLN）对内生方差突变情形下的单位根检验问题进行了分析。其考察的模型为：

$$y_t = \mu + z_t,\ z_t = \rho z_{t-1} + \sum_{j=1}^{p}\phi_j \Delta z_{t-j} + \varepsilon_t,\ \varepsilon_t = \sigma_t \eta_t \tag{6.11}$$

其中，$\eta_t \sim i.i.d.N(0,\ 1)$，$\sigma_t$ 定义见式（6.12），τ 对应 ε_t 的方差项发生

突变的突变位置。

$$\sigma_t^2 = \sigma_1^2 I[t \leqslant \tau T] + \sigma_2^2 I[t > \tau T] \tag{6.12}$$

$\rho = 1$ 时，上述过程对应于新息方差项具有突变特征的单位根过程。由于反映突变信息的参数 τ 、σ_1^2、σ_2^2 均是事前未知，KLN 的思路在于先估计时序的突变时点 τ 和突变点前后的方差 σ_1^2、σ_2^2，之后再在其基础上进行单位根检验统计量构造。在突变信息的估计上，主要采用如下两种方法：

（1）QMLE 方法

注意到式（6.11）中 ε_t 为均值为 0 的正态分布，不难推导出式（6.11）对应的对数化似然函数正比例于：

$$Q_t(\tau) = \sigma_t^2 = \tau \ln \sigma_1^2 + (1 - \tau) \ln \sigma_2^2 \tag{6.13}$$

其中，$\sigma_1^2 = (\tau T)^{-1} \sum_1^{\tau T} \varepsilon_t^2$，$\sigma_2^2 = [(1 - \tau) T]^{-1} \sum_{\tau T+1}^{T} \varepsilon_t^2$。

在实际分析中，由于误差项 ε_t 未知，基于检验回归式（6.14）的残差项 e_t 进行替代：

$$y_t = \hat{a} + \hat{\rho} y_t + \sum_{j=1}^{p-1} \Delta y_{t-j} + e_t \tag{6.14}$$

在此基础上，记 $0 < \tau_1 < \tau_2 < 1$，通过如下最小化问题得到突变位置的估计值 $\hat{\tau}$：

$$\hat{\tau} = \mathrm{Argmin}_{\tau \in [\tau_1, \tau_2]} \hat{Q}_T(\tau)，\hat{Q}_T(\tau) = \tau \ln \hat{\sigma}_1^2(\tau) + (1 - \tau) \ln \hat{\sigma}_2^2(\tau)$$

$$\hat{\sigma}_1^2(\tau) = (\tau \cdot T) - 1 \sum_1^{\tau T} e_t^2，\hat{\sigma}_2^2(\tau) = [(1 - \tau) T] - 1 \sum_{\tau T+1}^{T} e_t^2 \tag{6.15}$$

相应地，结构变化前后的方差也可以一并估计出：

$$\hat{\sigma}_1^2 = (\hat{\tau} T)^{-1} \sum_1^{\hat{\tau} T} e_t^2，\hat{\sigma}_2^2 = [(1 - \hat{\tau}) T]^{-1} \sum_{\hat{\tau} T+1}^{T} e_t^2 \tag{6.16}$$

KLN（2002）在理论上证明，在式（6.11）下，上述 QMLE 方法所估计出的突变位置及突变前后的误差方差均一致收敛于真实值。

（2）LS 方法

除了上述拟似然估计的方法外，还可以考虑基于 Bai 和 Nunes 等

(1993) 的 LS 方法对突变位置进行估计。基本思路在于，将方差的突变分析转变为对误差平方项 ε_t^2 均值结构变化的分析。定义 $\zeta_t = \varepsilon_t^2 - E(\varepsilon_t^2)$，则有 $\varepsilon_t^2 = \sigma_t^2 + \zeta_t$，$\sigma_t^2$ 的构建见式 (6.12)。因此，ε_t^2 可以看成均值在 τT 处发生结构变化的时间序列。在这种情形下，利用 Bai 和 Nunes 等 (1993) 建议的 LS 方法，对突变点的估计如下：

$$\hat{\tau} = \text{Argmin}_{\tau\in[\tau_1,\tau_2]} S_T(\tau),\ S_T(\tau) = \sum_{1}^{\tau T}[\varepsilon_t^2 - \sigma_1^2(\tau)]^2 + \sum_{\tau T+1}^{T}[\varepsilon_t^2 - \sigma_2^2(\tau)]^2$$

$$\sigma_1^2(\tau) = ({}^{\tau}T) - 1\sum\nolimits_{1}^{\tau T}\varepsilon_t^2,\ \sigma_2^2(\tau) = [(1-\tau)T] - 1\sum\nolimits_{\tau T+1}^{T}\varepsilon_t^2 \tag{6.17}$$

可以证明，上述最小化问题等价于 $\tilde{\tau}_{ls} = \text{Argmin}_{\tau\in[\tau_1,\tau_2]}\tau(1-\tau)[\sigma_2^2(\tau) - \sigma_1^2(\tau)]^2$。在实际分析中，用残差 e_t 对误差项 ε_t 进行替代，可得到：

$$\tilde{\tau}_{ls} = \text{Argmin}_{\tau\in[\tau_1,\tau_2]}\{\tau(1-\tau)[\hat{\sigma}_2^2(e_t,\tau) - \hat{\sigma}_1^2(e_t,\tau)]^2\} \tag{6.18}$$

相应结构变化前后的方差估计值为：

$$\hat{\sigma}_1^2 = (\tilde{\tau}_{ls}T)^{-1}\sum_{1}^{\tilde{\tau}_{ls}T}e_t^2,\ \hat{\sigma}_2^2 = [(1-\tilde{\tau}_{ls})T]^{-1}\sum_{\tilde{\tau}_{ls}T+1}^{T}e_t^2 \tag{6.19}$$

同 QMLE 方法一样，理论上可以证明 LS 方法下估计的突变位置 $\tilde{\tau}_{ls}$ 以及相应的前后期方差一致收敛于真实值。

基于上述方法将突变位置和变化前后的方差估计出来后，为保证相应统计量的中枢性，考虑 ADF 检验回归式：

$$y_t = a + \rho y_{t-1} + \varphi_j\sum\nolimits_{j=1}^{p}\Delta y_{t-j} + \varepsilon_t \tag{6.20}$$

KLN (2002) 利用标准 GLS 的分析考察了 $\hat{\rho}$ 的 t 统计量 $(\hat{\rho}-1)/se(\hat{\rho})$ 的渐近性质。以 $p=0$ 为例，通过分母调整消除误差项的异方差性，式 (6.20) 对应的 GLS 转换形式可写为：

$$\tilde{y}_t(\tau^*) = ad_t(\tau^*) + \rho\dot{y}_{t-1}(\tau^*) + \eta_t \tag{6.21}$$

其中，$\tilde{y}_t(\tau^*) = \sigma_1^{-1}y_tI(t\leqslant\tau^*T) + \sigma_2^{-1}y_tI(t>\tau^*T)$，$d_t(\tau^*) = \sigma_1^{-1}I(t\leqslant\tau^*T) + \sigma_2^{-1}I(t>\tau^*T)\dot{y}_{t-1}(\tau^*) = \dot{y}_{t-1}(\tau^*) = \sigma_1^{-1}y_{t-1}I(t\leqslant\tau^*T) +$

$\sigma_2^{-1}y_{t-1}I(t > \tau^* T)$，$I(.)$ 为示性函数。

不过，KLN（2002）证明在单位根原假设下，检验式（6.21）中 ρ 的 t 统计量 $t_G = (\hat{\rho} - 1)/se(\hat{\rho})$ 的渐近分布为 $t_G \Rightarrow c/d^{1/2}$，其中：

$$c = 1/2[W(^1)2 - 1] - \left\{\sigma_1^{-1}\int_0^{\tau^*} W(r)\mathrm{d}r + \sigma_2^{-1}\int_{\tau^*}^1 W(r)\mathrm{d}r - \sigma_2^{-1}(1-\tau^*)kW(\tau^*)\right\}$$
$$\{\sigma_1^{-1}W(\tau^*) + \sigma_2^{-1}[W(1) - W(\tau^*)]\} - kW(\tau^*)[W(1) - W(\tau^*)]$$
$$d = \int_0^1 W(r)^2\mathrm{d}r - 2kW(\tau^*)\int_{\tau^*}^1 W(r)\mathrm{d}r + k^2(1-\tau^*)W(^{\tau^*})^2 -$$
$$\left\{\int_0^{\tau^*} W(r)\mathrm{d}r + \int_{\tau^*}^1 W(r)\mathrm{d}r - (1-\tau^*)kW(\tau^*)\right\}^2$$
$$k = \frac{\sigma_1}{\sigma_2}\left(\frac{\sigma_2}{\sigma_1} - 1\right) \tag{6.22}$$

可以看到，t_G 的渐近分布较为复杂，且受到冗余参数的影响。为解决这一问题，KLN（2002）借鉴 Perron（1989，1990）的处理思路，对上述统计量进一步进行了修订。考虑式（6.20）含有差分滞后项下的更一般情形，即 $p \geqslant 1$。GLS 转换下的式（6.20）可写成如下形式：

$$\tilde{y}_t(\tau^*) = \begin{cases} \alpha\sigma_1^{-1} + \rho\tilde{y}_{t-1}(\tau^*) + \sum_{j=1}^{p-1}\varphi_j\Delta y_{t-j} + \eta_t, & t \leqslant \tau^* T \\ \alpha\sigma_2^{-1} + \rho\tilde{y}_{t-1}(\tau^*) + \sum_{j=1}^{p-1}\varphi_j\Delta y_{t-j} + \eta_t, & t \geqslant \tau^* T + p + 1 \end{cases} \tag{6.23}$$

上式意味 $t \geqslant (\tau^* T + p + 1)$ 和 $t \leqslant \tau^* T$ 两阶段下数据生成机制的差别主要体现在截距项，中间区域 $\tau^* T < t < (\tau^* T + p + 1)$ 上，$\tilde{y}_t(\tau^*) - [\rho\tilde{y}_{t-1}(\tau^*) + \sum_{j=1}^{p-1}\varphi_j\Delta y_{t-j} + \eta_t]$ 上的序列取值是随机的，每个时点都会取不同的值，此时，我们可以通过加入单点哑变量的形式使模型覆盖中间区域。从而，式（6.23）对应数据的理论模型可写成：

$$\tilde{y}_t(\tau^*) = a_0 + a_1 d_{1t}(\tau^*) + a_2 d_{2t}(\tau^*) + \rho\tilde{y}_{t-1}(\tau^*) + \sum_{j=1}^{p-1}\hat{\theta}_j d_{2,\ t-j}(\tau^*) + \hat{\eta}_t \tag{6.24}$$

其中，$\tilde{y}_t(\tau^*)=\sigma_1^{-1}y_tI(t\leqslant\tau^*T)+\sigma_2^{-1}y_tI(t>\tau^*T)$；$d_{1t}(\tau^*)=I(t>\tau^*T)$，$d_{2t}(\tau^*)=I(t=\tau^*T+1)$。在具体的检验分析中，考虑到真实突变位置和突变前后方差项未知，基于相应的估计值，检验回归式对应于：

$$\tilde{y}_t(\hat{\tau})=\hat{a}_0+\hat{a}_1d_{1t}(\hat{\tau})+\hat{a}_2d_{2t}(\hat{\tau})+\rho\tilde{y}_{t-1}(\hat{\tau})+\sum_{j=1}^{p-1}\hat{\theta}_jd_{2,\,t-j}(\hat{\tau})+\hat{\eta}_t \tag{6.25}$$

其中，$\tilde{y}_t(\hat{\tau})=\hat{\sigma}_1^{-1}y_t.I(t\leqslant\hat{\tau}T)+\hat{\sigma}_2^{-1}y_t.I(t>\hat{\tau}T)$；$d_{1t}(\hat{\tau})=I(t>\hat{\tau}T)$，$d_{2t}(\hat{\tau})=I(t=\hat{\tau}T+1)$。记基于式（6.25）关于单位根原假设$\rho$的统计量为$t_F=(\hat{\rho}-1)/se(\hat{\rho})$，可以证明原假设下其对应的渐近分布为$t_F\Rightarrow f(\tau^*)/g(\tau^*)^{1/2}$，其中：

$$f(\tau^*)=\frac{[W(1)^2-1]}{2}-\tau^{*-1}W(\tau^*)\int_0^{\tau^*}W(r)\mathrm{d}r-(1-\tau^*)^{-1}\{[W(1)-W(\tau^*)]\}\int_{\tau^*}^1W(r)\mathrm{d}r$$

$$g(\tau^*)=\int_0^1W(r)^2\mathrm{d}r-\tau^{*-1}\left\{\int_0^{\tau^*}W(r)\mathrm{d}r\right\}^2-(1-\tau^*)^{-1}\left\{\int_{\tau^*}^1W(r)\mathrm{d}r\right\}^2 \tag{6.26}$$

可以看到，t_F的渐近分布仅仅取决于突变的位置，不取决于突变前后的误差方差项，从而相较于统计量t_G，更为有效地处理对单位根原假设的统计检验问题。有限样本的分析也表明，该统计量具有较高的检验势（参见 KLN，2002）。

内生方差突变情形下除了上述所提的 GLS 方法，还有很多学者从其余角度构建统计量进行了分析。如 Busetti 和 Taylor（2003）考察了存在方差波动特征序列的平稳性检验问题。其指出，传统的平稳性检验（如 KPSS 检验）在该情形下存在过度 Size 或者 Size 不足的问题，Power 的检验效能也受到很大影响，具体取决于突变位置以及突变前后的方差比率。鉴于此，Busetti、Taylor 推导并构建了局部最优不变（LBI，Locally Best Invariant）检验统计量。该检验量在突变位置及前后方差变动量为内生设定下仍保持中枢性，所对应的渐近分布对方差变动具有不变性。建立在 KLN（2002）的 GLS 回归分析策略的基础之上，Sen（2007）对 Dicky-Fuller 针对单位根原假设的 F 检验进行了扩展，构建了时变方差下的 F 检验，相应的原假设和备择假设均允许考察数据新息方差项的一次波动发生。Sen 指出，在带有时间趋势的数据过程下，当方差突变幅度较大时，其所构建的 F 统计量比 KLN（2002）的 t 统计量具有更大的检验势。Cavaliere 和 Taylor（2007）进一步在统一框架下对时变方差情形的线性单位根检验进行了研究，单点突变、多点突变、平滑转移突变均包含其中。Cavaliere、Taylor 分析指出，新息方差结构变动带来了数据过程的非平稳波动特征，并最终导致平稳方差假设下统计量极限分布中时间域的变形，其具体形式直接受数据过程方差像（Variance Profile）的影响。鉴于此，Cavaliere 和 Taylor 直接对考察过程的方差像进行估计，并基于方差像的一致估计量对相应单位根检验量的渐近分布进行模拟，由此确定相应的分位点和临界值。有限样本下的分析表明，这种处理策略可以保证检验统计量对于方差波动的稳健性，从而有效处理时变方差下的单位根检验问题。

6.2 基于野自助法的时变方差单位根检验

6.1 节主要通过传统统计量的构建对时变方差下的单位根检验问题进行考察。可以看到，检验的流程较烦琐，相关统计形式的构建也较为复杂。从另一思路入手，部分文献建议基于自助法对时变方差单位根问题进行分析。

6.2.1 自助法和野自助法

自助法（Bootstrap）是一种基于获得样本的再抽样方法。通过这种再抽样方式，我们可以获取多组“自助样本”对待考察估计量的统计性质进行推断。由于 Bootstrap 方法不需要过多关于分布特征的假设条件，简单易用的特点使其在实际统计推断分析中，特别是待考察估计量的分布特征较为复杂、烦琐时备受青睐。

以统计量 $\hat{\theta}(x)$ 为例，自助法的思路和分析流程简介如下。假设 x 为来

自联合分布为 P 的随机变量，在给定样本集 $\{x_1, x_2, \cdots, x_n\} \equiv X_n$ 下，我们可以构造其对应的经验分布函数，也就是理论分布 P 的估计量 $\hat{P}$。如果 $\hat{P}$ 是 P 的一个较好的估计，则基于 $\hat{P}$ 重新生成的样本 $\{x_1^*, x_2^*, \cdots, x_n^*\} \equiv X_n^*$ 可以近似看成来自理论分布 P 的抽取样本。同样的步骤重复 m 次，我们可以得到一系列新的样本集合 $\{X_{n1}^*, X_{n2}^*, \cdots, X_{nm}^*\}$。由于统计量是直接基于观测样本构建的，所以可以基于原始样本及后来构建的新样本得到一组统计量值，记为 $\{\hat{\theta}_{n1}^*, \hat{\theta}_{n1}^*, \hat{\theta}_{n2}^*, \cdots, \hat{\theta}_{nm}^*\}$。最后，在此基础上，我们可以对 $\hat{\theta}(x)$ 的统计性质，如均值、方差进行分析。

在计量分析中，自助法更多的是和回归模型结合到一起，由此对计量模型中相关参数的性质进行研究。以考察多元回归模型 $y_t = x_t\beta + u_t$，$t = 1, \cdots, T$ 的参数估计值 $\hat{\beta}$ 为例，自助法的步骤简略如下：

（1）对初始数据 $\{x_t, y_t\}$ 进行回归得到参数估计值 $\hat{\beta}$ 和残差序列 e_t，对残差 e_t 进行有放回的重新抽样，得到 T 个自助残差 e_t^*，$t = 1, \cdots, T$。

（2）基于自助残差 e_t^* 和先前估计得到的回归方程，重新估计因变量 y_t 的取值，即 $y_t^* = x_t\hat{\beta} + e_t^*$，随后再次基于自助样本 $\{x_t, y_t^*\}$ 进行回归分析，得到回归参数 $\hat{\beta}^{*1}$。

（3）重复前述步骤，得到一系列参数 β 的估计值 $\{\hat{\beta}^{*1}, \hat{\beta}^{*2}, \cdots, \hat{\beta}^{*m}\}$。

（4）基于 $\{\hat{\beta}^{*1}, \hat{\beta}^{*2}, \cdots, \hat{\beta}^{*m}\}$ 对 $\hat{\beta}$ 的统计性质进行分析。

在新息项 u_t 的异方差设定下，传统自助法不能保证原始样本异方差特征向自助样本的有效转移，在该情形下通常采用野自助法（Wild Bootstrap）对相应数据序列进行推断分析。野自助法最早由 Wu（1986）和 Liu（1988）提出，其通过独立于模型的随机实验产生随机权重，由其乘以残差模拟实际模型的误差分布并进行统计推断，该策略对异方差新息项下的计量模型具有实用性。以异方差下的线性回归 $y_t = x_t\beta + u_t$ 为例，基于野自助法对 OLS 估计量 $\hat{\beta}$ 的统计检验流程概述如下：

（1）估计参数向量 $\hat{\beta} = \min_{\beta}\rho(\sum_{i=1}^{T} y_i - x_i^T\beta)$，$\rho(.)$ 为几乎处处可微的

损失函数，如$\rho(r) = r^2$对应于OLS估计，$\rho(r) = |r|$对应于分位数回归。

（2）记$\hat{e}_i$为上述回归估计的残差，Wu（1986）和Liu（1988）建议用$e_i^* = w_i\hat{e}_i$作为最小二乘估计的自助残差，Feng（2011）则用$e_i^* = w_i|\hat{e}_i|$作为分位数回归中的自助残差。其中，w_i为均值为0，方差为1的随机变量，通常设定为：

$$w_i = \begin{cases} 1, & p = 1/2 \\ -1, & p = 1/2 \end{cases} \text{或者 } w_i = \begin{cases} -(\sqrt{5}-1)/2, & p = (\sqrt{5}+1)/2\sqrt{5} \\ (\sqrt{5}+1)/2, & p = (\sqrt{5}-1)/2\sqrt{5} \end{cases}$$

（3）计算$y_i^* = x_i\hat{\beta} + e_i^*$，基于目标函数$\rho(.)$和新的自助样本$(x_i, y_i^*)$重新进行回归分析，得到估计参数$\hat{\beta}^{*1}$。

（4）如此重复进行m次，得到一组参数估计值$\{\hat{\beta}^{*1}, \cdots, \hat{\beta}^{*j}, \cdots, \hat{\beta}^{*m}\}$，在此基础上对参数$\hat{\beta}$的统计性质进行分析。

6.2.2 基于野自助法的单位根检验流程

Cavaliere、Taylor（2008）将Wild bootsrap方法应用到异方差新息下的单位根检验问题中。其设定的数据过程如式（6.27）。$\rho = 1$对应于单位根原假设，$|\rho| < 1$对应于备择假设下的平稳线性过程。

$$x_t = \beta.d_t + u_t,\ u_t = \rho u_{t-1} + \eta_t,\ \eta_t = \sum_{j\geq 0} c_j\varepsilon_{t-j},\ \text{var}(\varepsilon_t) = \sigma_t e_t \tag{6.27}$$

式（6.2）中的d_t代表确定性的时间趋势项$(1, t, \cdots, t^p)$，$\sum_{j\geq 1} j|c_j| < \infty$，$e_t \sim i.i.d(0, 1)$，$\sigma_t$为严格为正的关于时间$t$的非随机函数。

式（6.27）定义了一类具有时变方差新息项的时序模型，我们在6.1节的分析中已指出，此时ADF统计量$t(\hat{\rho}) = (\hat{\rho} - 1)/se(\hat{\rho})$的渐近分布会受到方差突变项之类的冗余参数的影响，不能确定统一的、适合不同数据情形的临界值，最终导致其对数据过程x_t单位根检验的失效。类似地，其它较为经典的单位根检验量，如第2章所提的PP检验，M类单位根检验同样会面临这一问题。鉴于此，Cavaliere和Taylor建议基于数据自主学习的形式，依据不同的数据情形确定相应单位根检验量的临界值。考虑到

Wild Bootstrap 法下的自助样本可以有效反映原数据误差项的方差变动新息，我们可以结合 Wild Bootstrap 方法构造一系列自助的检验量值，随后在其基础上确定相应检验的临界值。以 M-类型单位根检验量 $M(x_t, \hat{\rho})$ 的构造为例，Cavaliere 和 Taylor 的分析步骤如下：

（1）为更有效地得到趋势项参数的估计值 $\hat{\beta}$，首先对数据过程 x_t 进行 GLS 退势：$(x_t - \hat{\rho}x_{t-1}) = \hat{\beta}.(d_t - \hat{\rho}d_{t-1}) + \hat{u}_t$，$\hat{\rho} = 1 - c/T$。$c$ 值的确定参见基于 2.1.2 节中对可行点最优单位根检验的分析。

（2）对 x_t 进行时间退势，得到 $\tilde{x}_t$。随后对 $\tilde{x}_t$ 进行 ADF 检验：$\Delta\tilde{x}_t = \hat{\tau}\tilde{x}_{t-1} + \sum_{k=1}^{p}\Delta\tilde{x}_{t-k} + \hat{u}_{t,p}$。在此基础上，基于回归残差 $\hat{u}_{t,p}$ 生成自助残差 $\tilde{u}_t = w_t.\hat{u}_{t,p}$，Cavaliere 和 Taylor 建议 w_t 为从独立正态分布中抽取的随机值。

（3）记 $\tilde{x}_t^b = \tilde{x}_0^b + \sum_1^t \tilde{u}_j$ 为自助的退势样本，进一步通过 $x_t^B = \tilde{x}_t^b + \hat{\beta}.d_t$ 构建原始序列 x_t 的自助样本 x_t^{B1}。

（4）对自助样本再次实施开始的算法流程，利用 GLS 回归估计趋势参数 $\hat{\beta}$，随后基于退势数据得到相应残差，并再次进行自助数据生成；如此循环多次，得到 m 组自助样本（x_t^{B1}，x_t^{B2}，…，x_t^{Bm}），在其基础上得到 m 组 M-类型单位根检验量 $[M(x_t^{B1}, \hat{\rho}), M(x_t^{B2}, \hat{\rho}), \cdots, M(x_t^{Bm}, \hat{\rho})]$。

随着原始样本量 T 的增加，自助统计量 $[M(x_t^{B1}, \hat{\rho}), M(x_t^{B2}, \hat{\rho}), \cdots, M(x_t^{Bm}, \hat{\rho})]$ 所对应的经验分布渐近收敛于 $M(x_t, \hat{\rho})$ 的理论分布。从而，我们可以基于自助构建的统计量序列确定检验量 $M(x_t, \hat{\rho})$ 在该数据情形下的临界值，并基于该临界值对数据过程 x_t 的单位根特征进行识别。Cavaliere 和 Taylor 在有限样本下基于上述野自助法策略对时变方差情形下的单位根问题进行了仿真，考虑了单位根检验的 M-统计量以及其对应的自助法形式，结果显示，无论是 Size 还是 Power 分析，后者的判定结果明显好于前者。

野自助法可以很好地处理计量模型存在异方差情形下的再取样问题。除了本节时变方差下的线性结构突变单位根检验外，它同样可以移植到相应情景下上章非线性 STAR 单位根检验的研究中，分析思路和流程类似。另外，在野自助法的分析过程中，自助残差选择中权重 w 的设置也较为灵活，除了前述所提到的独立正态分布，也可以是两点分布。具体可参见（Davidson 和 Flachaire，2008；祝金甫、汤伟和冯兴东，2015）的论述。

6.3 泡沫检验——单位根走势向爆炸性走势的转换

本章剩余部分重点关注时序随机项结构变化的另外一种情形：随机新息项部分滞后项系数的变动。考虑由确定性趋势成分 $\Phi(.)_t$ 和 t 时刻进入的新息项 u_t 合成的时序过程 $y_t = \Phi(.)_t + u_t$，$u_t = \rho_t u_{t-1} + \varepsilon_t$。式中的自回归系数 ρ_t 存在时变性，这类文献的研究涉及局部平稳性特征（$|\rho_t| < 1$），单位根特征（$\rho_t = 1$）以及爆炸性特征（$\rho_t > 1$）的转化。这其中，单位根过程向爆炸过程的转变是学者们最为关注的问题，由于爆炸过程可以在理论上很好地描述资产市场的泡沫现象，这一结构突变设定在资产泡沫检验中具有重要意义。本节以资产泡沫研究为背景，介绍局部单位根过程向爆炸过程转变的理论模型，并结合右侧单位根检验对相应泡沫特征进行检验识别。

6.3.1 爆炸过程与资产市场泡沫的理论模型

爆炸性过程指的是这样一个自回归过程：$u_t = \delta u_{t-1} + u_t$，$\delta > 1$。由于自回归系数 $\delta > 1$，序列 y_t 不具有平稳性，也不围绕其均值上下波动，而是逐渐呈现爆炸性的趋势。事实上，当在某一期 y_t 的取值相较于误差项 u_t 的方差 s_u^2 表现得足够正或足够负时①，后续过程很快便呈现快速上涨或者快速下降的爆炸趋势，如图 6.1～图 6.2 所示。

① 我们的模拟表明当大于 $2s_u$，或者小于 $-2s_u$ 时，爆炸性过程便会迅速呈现。

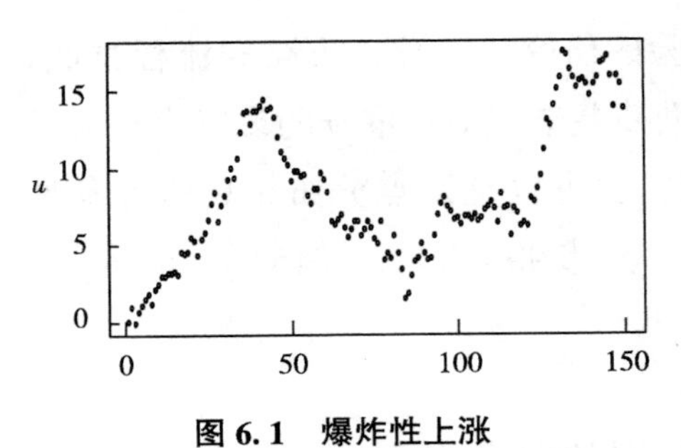

图 6.1 爆炸性上涨

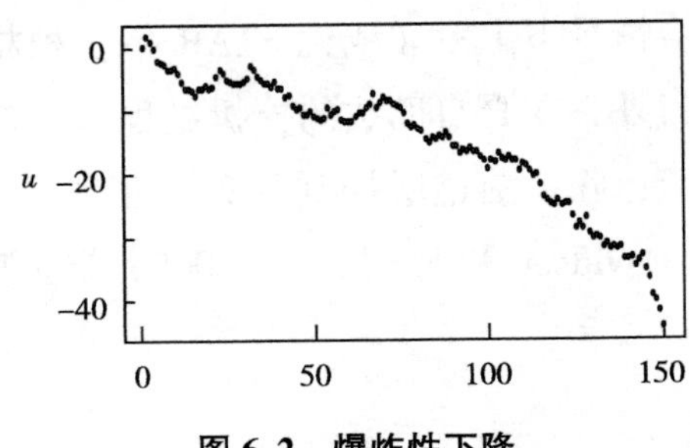

图 6.2 爆炸性下降

在现实的资产或商品市场上，由于涉及投机因素，某些情况下资产价格会对均衡路径产生过度偏离并不断膨胀，通常被称为“泡沫”现象。由于泡沫阶段的资产价格在走势上呈现爆炸性上升状态，所以爆炸性过程：$u_t = \delta u_{t-1} + \varepsilon_t(\delta > 1)$ 的研究和泡沫问题很好地契合到一起。

如下，我们结合带有股票收益的个人效用函数简要推导股市泡沫的理论表达式。考虑代表性的消费者效用最优化问题：

$$\max E_t\left\{\sum_{i=0}^{\infty}\beta^i u(c_{t+i})\right\} \tag{6.28}$$

约束条件为 $c_{t+i} = w_{t+i} + (P_{t+i} + D_{t+i})x_{t+i} - P_{t+i}x_{t+i+1}$

其中，u 为效用函数，c_t 是消费水平，w_t 为工资收入，β 是未来消费的折现率，x_t 是股票资产的数量，P_t 是股票资产的价格，D_t 为股票红利，最优目标效用函数的一阶条件为：

$$E_t\{\beta u'(c_{t+1})[P_{t+1} + D_{t+1}]\} = E_t\{u'(c_t)P_t\} \tag{6.29}$$

简便起见，假设效用函数是线性的，且消费者为风险中性。式（6.29）可表示为：

$$\beta E_t(P_{t+1} + D_{t+1}) = E_t(P_t) \tag{6.30}$$

记无风险利率为 r_f，由无套利条件可得：

$$P_t = \frac{1}{1+r_f}E_t(P_{t+1} + D_{t+1}) \tag{6.31}$$

对式（6.31）向前进行迭代，股票价格可表示成如下形式：

$$P_t = \sum_{i=1}^{\infty}\frac{E_t D_{t+i}}{(1+r_f)^i} + \lim_{j\to\infty}\frac{E_t P_{t+j}}{(1+r_f)^j} \tag{6.32}$$

从而，实际股票价格可分解成 $P_t^f = \sum_{i=1}^{\infty} \frac{E_t D_{t+i}}{(1+r_f)^i}$ 和 $B_t = \lim_{j \to \infty} \frac{E_t P_{t+j}}{(1+r_f)^j}$ 两部分，简记为：

$$P_t = P_t^f + B_t \tag{6.33}$$

其中，P_t^f 是未来期望股利的折现和，代表了股票的合理价格，对应于股票的基本面价值。B_t 代表了市场价格对股票基本面价值的偏离，称 B_t 为股票价格的泡沫。在有效市场理论下，这一偏离会因套利机会存在导致投资者行为调整而使股价迅速恢复。因此，在有效市场上股价不可能长期偏离基本面价值。另外，若股票价格等于其基本面价值，则要求条件 $B_t = 0$ 成立。反之，若此条件不成立，即存在泡沫，此时股票价格中的泡沫部分 B_t 必须满足如下关键条件：

$$E_t B_{t+1} = (1+r_f) B_t \tag{6.34}$$

式（6.34）的证明简要如下，首先根据式（6.31）可以得到：

$$P_t = \frac{E_t(P_{t+1}^f + B_{t+1} + D_{t+1})}{1+r_f} = \frac{E_t P_{t+1}^f}{1+r_f} + \frac{E_t D_{t+1}}{1+r_f} + \frac{E_t B_{t+1}}{1+r_f} \tag{6.35}$$

根据股票基本面价值公式，P_t^f 和 P_{t+1}^f 具有如下关系：

$$P_t^f = \frac{E_t P_{t+1}^f}{1+r_f} + \frac{E_t D_{t+1}}{1+r_f} \tag{6.36}$$

结合式（6.33）、式（6.35）和式（6.36），就可以得到股票泡沫的关键性条件式（6.34）。

基于式（6.34）可以明显看出，股票价格泡沫在期望意义上具有爆炸性走势特征，从而为基于爆炸性特征的识别检测股市泡沫奠定了理论基础。

6.3.2 SADF 类型检验下泡沫识别策略

早期文献中，Hamilton、Whiteman（1985）便提出可以结合右侧单位根检验对资产序列的爆炸性特征进行考察，从而进行泡沫识别。Diba 和 Grossman（1988a）通过理论分析证明了如果股市存在泡沫，则股票价格服从爆炸性过程，并且会持续下去，进一步 Diba 和 Grossman（1988b）建议结合协整分析和单位根检验对股市泡沫进行分析，指出若股价和股利之间存在协整关系，则表明市场没有泡沫存在，而协整关系不存在，则市场有可能存在泡沫。不过随后 Evan（1991）指出，尽管理论上证明泡沫不会完全破灭，但是可能会萎缩到一个很小的值后重新膨胀，从而在现实中表现出反复的萎缩、膨胀、再萎缩、再膨胀的周期性特征，在此基础上，Evan 构建了一类随机地反复膨胀、收缩的理性泡沫，发现 Grossman 用于检验单位根过程对爆炸性过程的方法不能有效检验出这类周期性泡沫，这一批判在一段时间内对基于单位根方法进行泡沫检验的思路造成了重创。

伴随着 2008 年国际金融危机的爆发和延续，结合右侧单位根检验进行泡沫识别的方法重新引起了学者的关注。为有效处理前述周期性泡沫，相关文献（如 SUP 类型 ADF 检验、Chow 类型 ADF 检验、UR 检验）从递归滚动检验的思想出发构建泡沫检验统计量。这其中，以 Phillips、Wu 和 Yu（2011，以下简称 PWY）提出的 SADF 类型检验最具代表性，该类检验结合右侧单位根检验和递归方法对泡沫现象进行检测，由于充分利用了样本内各个可能的泡沫区间内的信息，在实际检验中有较高的检验势，特别是倒向 SADF 检验，即便在多泡沫情形下，仍可以一致估计出泡沫的产生以及破灭时点，在现实问题研究中有着广泛的应用。如 Jiang 等（2015）运用广义 SADF 检验对新加坡的房地产市场进行检测，发现泡沫存在的时期为 2006 年第四季度至 2008 年第一季度。Caspi 等（2015）运用广义 SADF 检验检测出 1876—2014 年发生的多个油价泡沫。

考虑资产序列 $y_t = \varphi(t) + u_t u_t = \rho_t u_{t-1} + \varepsilon_t$，$\varphi(t)$ 对应市场的基本价值，u_t 为偏离成分。如前分析，含有泡沫意味着 u_t 在某个时间区段表现出爆炸性特征，从而对序列 y_t 进行泡沫检验的原假设可以归结为在整个考察区段 $\rho_t = 1$ 恒成立，相应的备择假设为该序列在某个连续的子区间内 U 表现为 $\rho_t > 1$。针对上述爆炸性过程带来的泡沫问题，PWY（2011）提出了 Sup-ADF（SADF）检验。PSY 结合资产价格序列走势进行泡沫检验，并假定资产价格的基本面对应于一个弱趋势走向的单位根过程，即 $y_t = \alpha T^{-\eta} t + u_t$，$u_t = u_{t-1} + \varepsilon_t$。对该路径爆炸性特征的探讨即转化为 $y_t = \alpha T^{-\eta} + \rho_t y_{t-1} + \varepsilon_t$ 中局部路径表现出 $\rho_t > 1$ 的检测。对于上述问题，SADF 方法采用的是逐步滚动的上确界右侧 ADF 检验方法。具体来说，对于给定的样本 y_t（$t=1$，…，T），设定 r_0 为最小样本窗宽，首先基于前 $[Tr_0]$ 个样本（$0<r_0<1$，[.] 为取整符号）进行带截距项的 ADF 回归检验：$\Delta y_t=\alpha+\delta_t y_{t-1}+u_t$，并得到 δ 的 ADF 统计值；之后保持初始位置 $r_1=0$ 不变，不断增加样本容量至 T 进行向后的递归检验，得到一系列关于 δ 的 ADF 统计量值，在此基础上对其求上确界见式（6.37），即得到考察序列 y_t 对应的 SADF 统计量，其中 $ADF_0^{r_2}(\hat{\delta})$ 表示区间 $[0,[Tr_2]]$ 上的 ADF 检验量值。

$$SADF(r_0)=\sup_{r_2\in[r_0,1]}ADF_0^{r_2}(\hat{\delta})=\sup_{r_2\in[r_0,1]}\frac{\hat{\delta}_{r_2}}{se(\hat{\delta}_{r_2})} \tag{6.37}$$

当资产价格的真实走势表现出原假设下的弱截距单位根或者平稳过程时，SADF 取值会集中在相应分布曲线的左侧，而当资产价格序列路径中含有爆炸性泡沫时，不断加大的 SADF 取值会使其位于分布线的右侧。通过确定 SADF 取值与相应分布的右侧 α 分位点进行比较，我们即可对序列走势是否含有泡沫进行判断。SADF 检验对各子区间上的爆炸性特征进行充分捕捉，即便是传统右 DF 侧统计量不能有效检测的周期性泡沫过程也可以通过该检验进行有效识别。

需要说明的是，对于式（6.37）而言，原假设中资产价格在基本路径下的单位根过程的设定会对极限分布产生影响，如果原始过程不含有弱截距项（$y_t=y_{t-1}+u_t$），其对应的极限分布为：

$$SADF(r_0)\Rightarrow\sup_{r_0\leqslant r\leqslant 1}\frac{\int_0^r W(t)\,\mathrm{d}W(t)}{\sqrt{\int_0^r W(t)^2\mathrm{d}t}} \tag{6.38}$$

当原始过程为 PWY 所考虑弱截距项的单位根过程：$y_t=\alpha T^{-\eta}+y_{t-1}+u_t$ 时[①]，相应的极限分布为：

① 弱截距项的设定对于存在漂移项，同时漂移项的趋势又不占主导成分的数据过程很贴切，也很适用。PSY 指出，短期和中期的大多经济或金融时序都可以用这种带弱截距项形式的单位根过程进行有效刻画。

$$SADF(r_0) \Rightarrow \sup_{r_0 \leqslant r \leqslant 1} \frac{r\int_0^r W(t)\,\mathrm{d}W(t) - W(r)\int_0^r W(t)\,\mathrm{d}t}{r^{1/2}\sqrt{r\int_0^r W(t)^2\,\mathrm{d}W(t) - [\int_0^r W(t)\,\mathrm{d}t]^2}} \tag{6.39}$$

在弱截距项和不带截距项设定下，使用带有截距项的检验回归：$\Delta y_t = \hat{a} + \hat{\delta} y_{t-1} + e_t$ 得到的 SADF 临界值非常接近，所以这两种设定对后文分析影响不大。当考察数据过程只含有一个泡沫时，SADF 检验具有较高的检验势，并且根据相应的区段 $[y_1, y_2, \cdots, y_{[Tr]}]$ 上的 SADF 取值能一致地估计出相应的泡沫始末点。

在现实研究中，如 Ahamed（2009）所述："据统计，自从 17 世纪以来，世界上发生了 60 多次不同的金融危机。"各种资产序列更多、更广泛的是含有"多泡沫"情形，即在样本考察区间上存在多个连续的区段 $U_1, U_2, \cdots, U_k$ 含有爆炸性单位根。相关理论分析表明，此时 SADF 检验具有较低的功效，其对泡沫区段始末点的估计也不具有一致性。为有效对多泡沫情形下的数据过程进行考察，PSY（2013）提出了 BSADF 检验，该检验可以看作逆向的 SADF 检验，具体步骤为：首先固定考察子样本的末点位置 T 和起始点位置 $T - [Tr_0]$，基于对应区间进行 ADF 检验：$\Delta y_t = \hat{a} + \hat{\delta} y_{t-1} + e_t$ 并得到 δ 的 ADF 检验量；随后保持样本末位置 T 不变，将初始位置由 $T - [Tr_0]$ 至 0 不断前移并进行递归的 ADF 检验；最后对求得的关于 δ 的 ADF 值求上确界，便得到考察序列的 BSADF 统计值。

$$BSADF(r_0) = \sup_{r_1 \in [0,\, 1-r_0]} ADF_{r_1}^1(\hat{\delta}_{r_1}) = \sup_{r_1 \in [0,\, 1-r_0]} \frac{\hat{\delta}_{r_1}}{se(\hat{\delta}_{r_1})} \tag{6.40}$$

PSJ（2014）在进行分析时指出，需要超过一个缓慢变动的量［如 $\log(T)$］以排除短期市场的跳跃情形，故在理论上设定泡沫持续时长大于 $\delta\log(T)/T$，在此基础上，第一个泡沫的起点 $\hat{r}_{e_1}$ 和结束点位置 $\hat{r}_{f_1}$ 估计如下：

$$\hat{r}_{e_1} = \inf_{r_2 \in (r_0,\, 1)} \{BSADF_{r_2}(r_0) > scv_{r_2}^{\beta_T}\},\ \hat{r}_{f_1} = \inf_{r_2 \in (\hat{r}_e + \log(T)/T,\, 1)} \{BSADF_{r_2}(r_0) < scv_{r_2}^{\beta_T}\} \tag{6.41}$$

其中，r_2 表示 BSADF 检验的固定终点位置，$BSADF_{r_2}$ 表示区段［1，Tr_2］上的 BSADF 检验，r_0 为初始最短样本窗宽，$scv_{r_2}^{\beta_T}$ 为样本容量为［Tr_2］的 BSADF 统计量的 $\beta_T\%$ 临界值。基于式（6.41）确定泡沫起始点的潜在含义在于：只要 BSADF 统计量值超过临界值，盯住并将该检验子区段的结束点作为爆炸起始点 $\hat{r}_{e_1}$。以 $\hat{r}_{e_1}$ 点开始，之后如果某个点对应的 BSADF 统计量取值低于临界值，就认为泡沫现象明显削弱，并将该点看成是泡沫结束点。

随后，第二个泡沫的起点 $\hat{r}_{e_2}$ 和结束点位置 $\hat{r}_{f_2}$ 估计如下：

$$\hat{r}_{e_2} = \inf_{r_2 \in (\hat{r}_{f_1},\ 1)} \{BSADF_{r_2}(r_0) > scv_{r_2}^{\beta_T}\},\ \hat{r}_{f_2} = \inf_{r_2 \in (\hat{r}_{e_2} + \log(T)/T,\ 1)} \{BSADF_{r_2}(r_0) < scv_{r_2}^{\beta_T}\} \tag{6.42}$$

第 k 个泡沫的起始位置判别类似。PSY（2014）基于理论证明指出，上述 BSADF 检验能够一致地估测出各泡沫的起始位置。

在 SADF、BSADF 检验的基础上，PSY 还提出了 GSADF 检验，其思路大致类似，主要是在不断变化子样本起点以及末点的基础上，构建 Sup 类型的 ADF 统计量。作为 SADF 的直接推广，该检验从考察样本起始点 $j=1$ 开始，向下序贯地在子区段（y_j，y_2，…，y_T）上进行 SADF 检验。GSADF 在各泡沫起始点的检测上，同样采用的是 BSADF 检验方法，这里不再赘述。

前述 SADF 类型检验充分利用了样本内各个可能的“泡沫”区间信息，在实际泡沫检验和泡沫区段识别中具有较高的检验势。但在现实应用中仍有几点需要特别关注：第一，从统计识别角度来看，SADF 类型检验检验的是资产价格的爆炸性特征。在现实场景中，资产价格的爆炸性特征除了表现为爆炸性上升，还有可能出现爆炸性下跌（如资产价格的急剧下挫）。从而，在 SADF 类型泡沫检验的应用问题研究中，有可能将后者所对应的爆炸性下跌区段也识别为“泡沫区段”，显然，我们所关注的资产泡沫主要强调的是爆炸性上升走势下的过度热化特征，对爆炸性下跌情况需要结合数据区段特征予以排除。第二，SADF 类型检验强调资产价格的基本路径服从弱截距单位根走势，这对于典型性的资产市场（如股票市场）比较适合，但对于房产市场这类具有商品属性和资产属性的非典型资产市场可能不太合适，后者由于受到商品名义价格时间性上涨因素的影响，具有明显的时间性趋势，这点在近几十年来各国房地产市场的路径走势中很明显。对于不同的资产市场，需要有效明确相应市场的基本走势特征，由此考虑 SADF 类型检验的适宜性，对于路径走势和原始 SADF 类型检验具有一定不匹配性的市场，需要对 SADF 类型检验量及相应的检验设计进行一定微调，以保证相应建模方法同现实问题的匹配性，该部分相关研究已有学者进行了关注，具体可参见（Yu，2019）。

6.4 BSADF 检验下我国股市泡沫的计量识别和探讨

作为应用，本节结合流行性 BSADF 检验对我国股市路径中的局部泡沫成分进行识别和探讨，由此为我国股市的市场风险监管和防范奠定数量基础。沪深 300 指数由上海证券交易所和深圳证券交易所挂牌上市的 300 只主流样本股编制而成，覆盖了沪深股市六成左右的市值，具有良好的市场代表性，可以较为充分反映中国股市的走势，我们选取 2005 年 4 月至 2019 年 4 月的沪深 300 指数进行应用分析。基于前节 BSADF 检验的分析流程和思路，我们对股市路径中的局部泡沫成分进行检验和探讨。

图 6.3 展示了考察时段内沪深 300 指数的走势情况，虚线为价格指数走势，平滑线为基于多项式函数对对数化股指走势的拟合线。可以看到，自 2005 年以来我国股票市场经历了若干次的较大幅度上涨和下跌，平滑拟合线直观显示了时间轴上存在的两次周期性起伏特征，对应了股市走势的交替循环和波动特性。考虑到股市泡沫的局部爆炸性向上特征，在周期性起伏的快速上涨区间往往蕴含着市场泡沫和过度热化风险。

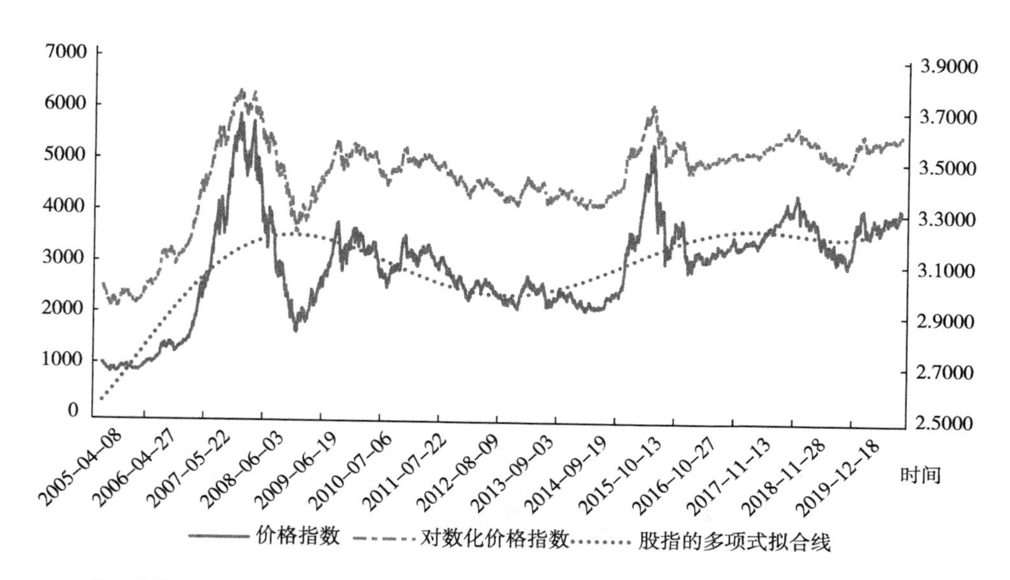

（注：主纵坐标轴为原始价格指数，次纵坐标轴为对数化后指数）

图 6.3　2005 年 4 月至 2019 年 12 月沪深 300 指数走势

为了细化考察我国股市路径中的泡沫发生区间及数量表现特征，首先基于 BSADF 泡沫检验进行滚动检测，图 6.4 为对考察区段的股指走势进行序贯滚动检验的结果，检验中的窗宽设置为 $r_0=0.2$，时点 t 上的纵坐标取值代表区段［2005.4.8，t］① 上的 BSADF 值，虚线代表 BSADF 检验在 5%显著水平下的渐进临界线②，考虑到泡沫作为持续性过程，需要一定的时间跨度，BSADF 统计值在连续七个交易日以上超过临界线才被认定出现泡沫；另外，考虑到泡沫膨胀过程中速度减慢带来的统计值暂时性回落至临界线下的情况，相邻泡沫间隔小于等于 1 天的，自动连成一个泡沫区间。从检验结果可以看到，考察时间跨度内滚动 BSADF 检验值在 6 个连续样本区间上高出临界线，即相应区段上的股指走势表现出明显的泡沫特征，它们分别是：区段 1［2006.1.18—2006.2.15］；区段 2［2006.4.14—2006.7.12］；区段 3［2006.11.15—2008.1.30］；区段 4［2008.9.1—

① 沪深 300 指数于 2005 年 4 月 8 日正式推出。

② 本书研究中序列时间跨度较大，每个坐标点均直接采用渐进临界值（0.52）进行判断。事实上，有限样本下的 BSADF 临界线和渐进临界线差别很小。

2008. 11. 13]；区段 5 [2014. 12. 16—2015. 1. 16]；区段 6 [2015. 3. 12—2015. 6. 26]。

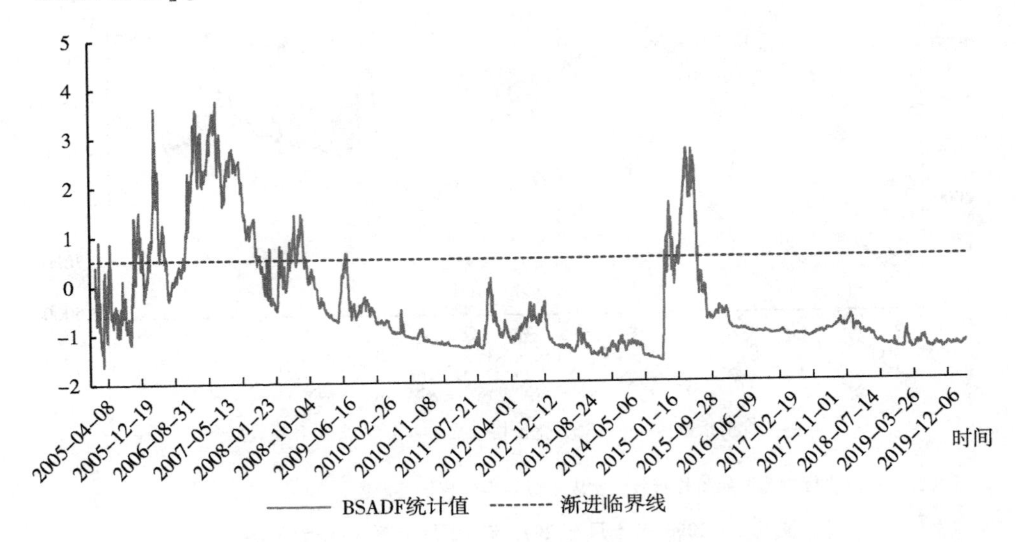

图 6.4　沪深 300 指数在各时点的 BSADF 泡沫检验结果

为进一步明确各泡沫区段的数量特征，结合 BSADF 检验量的走势信息对相应泡沫区段的数据表现进行了统计描述（见表 6.1）。可以看到，各个 BSADF 泡沫区段的平均值均远超过渐进临界值 0.52，体现出较为持续的爆炸性特征。不过注意到，区段 4 的股指涨幅和股指涨速均为负值，这意味该区段的股市走势对应于熊市周期下的快速下挫过程，予以排除。从而，区段 1、2、3、5、6 构成了研究时段内我国股市路径的局部泡沫区间。

从时间轴上来看，泡沫区段 1、2、3 均起始于 2006 年。事实上，我国股市在 2006 年全年迎来了大涨行情，这背后的支撑因素主要在于：我国从 2005 年下半年开始实行浮动汇率制度，人民币汇率的不断升值有效促进了境内外资金向股市的流入；同时，2006 年我国房地产市场陆续出台的严调控政策，也促使国内货币资本由房市向股市投资进行转移，这对股市的上涨形成了利好。此外，2005 年中期持续到 2006 年底的股权分置改革进一步促进和完善了我国股市的制度安排，夯实了股市的长期基础。

上述因素有效推动了市场信心的提升，BSADF 区段 1、2、3 在这一背景下均表现出爆炸性的快速上涨趋势，由此表现出市场泡沫的产生。区段 5［2014. 12. 16—2015. 1. 16］下不断热化的股市走势主要基于 2014 年底来自央行降息、政府一系列微刺激政策，由于股市自带的部分投机属性，股市的持续升温很容易带来非理性情绪的加剧，并由此形成泡沫。随后，伴随着市场情绪的不断升温，BSADF 区段 6［2015. 3. 12—2015. 6. 26］上的泡沫强度得到进一步加强，平均 BSADF 值较区段 5 由 1. 01 提升至 1. 94。

表 6. 1　BSADF 泡沫区段走势统计描述

BSADF 泡沫区段	区间长度	BSADF 检验波动值	BSADF 检验量平均值	股指日均上涨幅度	股指日均上涨速度
区段 1	14	0. 28	0. 93	4. 15	0. 42%
区段 2	59	0. 77	1. 42	5. 09	0. 46%
区段 3	296	0. 76	2. 18	10. 73	0. 70%
区段 4	48	0. 27	0. 95	-9. 06	-0. 39%
区段 5	22	0. 34	1. 01	15. 08	0. 46%
区段 6	74	0. 53	1. 94	10. 05	0. 28%

随后，为探讨泡沫区段的动态风险表现，我们将各泡沫区段及其前后的股指走势信息在表 6. 2 进行展示，泡沫前后的区段长度均限定为 40 个交易日。从表 2 中可以看到，泡沫的产生直接拉动了市场热情，并带来股市投资收益的明显提升。如泡沫 1、2、3、6 发生之后，考察区段上的股指日均涨速分别有泡沫前的 0. 23%、0. 24%、0. 29%、-0. 02% 快速提升至 0. 42%、0. 46%、0. 70%、0. 28%，市场加速升温明显。

表 6. 2　泡沫区段及其前后股指走势的统计描述

考察区段	区间长度	股指日均涨幅	股指日均涨速
泡沫 1 前	40	2. 01	0. 23%
泡沫 1	14	4. 15	0. 42%
泡沫 1 后	40	2. 42	0. 24%
泡沫 2 前	40	2. 42	0. 24%

续表

考察区段	区间长度	股指日均涨幅	股指日均涨速
泡沫 2	59	5. 09	0. 46%
泡沫 2 后	40	-1. 96	-0. 14%
泡沫 3 前	40	3. 88	0. 29%
泡沫 3	296	10. 73	0. 70%
泡沫 3 后	40	-26. 81	-0. 58%
泡沫 5 前	40	19. 60	0. 81%
泡沫 5	22	15. 08	0. 46%
泡沫 5 后	40	13. 44	0. 40%
泡沫 6 前	40	-0. 87	-0. 02%
泡沫 6	74	10. 05	0. 28%
泡沫 6 后	40	-15. 05	-0. 36%

从泡沫演变过程来看，泡沫的发生对应于市场风险的不断累积，从而在泡沫结束后往往会对应风险的释放，进而导致市场的持续大跌。但从表 6. 2 中泡沫区段和泡沫后的市场收益比较来看，并不是泡沫结束之后都会带来市场的快速下挫，如泡沫 1 在结束之后，股指的 40 日平均增速仍保持 0. 24%的水平，泡沫 5 之后的股指日均增速仍保持 0. 40%的水平。相对应地，市场在泡沫 2、3、6 结束后，则迎来明显的塌陷，特别是泡沫 3 和泡沫 6 结束后股指的日均下挫速度达到 0. 58%和 0. 36%，两者对应我国股市于 2008 年末期和 2015 年中期的股灾时刻，并对后续市场的长期萎靡带来持续性影响。

结合表 6. 1 关于泡沫时长和平均 BSADF 检验值的描述可以看到，泡沫区段 1、5、2、6、3 下的时间跨度和动态强度依次增加。对比前述各泡沫后续市场走势的表现不难察觉，现实股市泡沫的发生并不必然带来后续走势的下挫和塌陷，短期性的温和类泡沫对于股市的风险暴露影响不大，甚至会在一定程度上增强股市的活力；但泡沫的过度持续必然会带来过度的风险累积，并对后续市场的运行造成严重损害。从历史经验信息来看，我们可以将研究中的泡沫区段 1、5 对应于温和性泡沫，这类泡沫的 BSADF 检验量平均值在 1.1 以下，时间跨度在 23 日以内；泡沫区段 3、6 对应于明显的过度膨胀性泡沫，相应的 BSADF 检验量平均值在 1.9 以上，连续时间跨度在 70 日以上。对于股市监管者，可以借助上述经验信息，在监管过程中对股市升温和市场泡沫情况进行实时关注和监控，一方面允许短期温和性泡沫的存在，另一方面则坚决防范泡沫的持续膨胀，在维持市场活力的同时防止非理性情绪过度蔓延引起的长期泡沫累积风险。

本节应用 BSADF 检验对我国股市的泡沫成分及其风险特征进行了探讨，为基于泡沫计量检验进行应用研究提供了一个范本，同时对我国股市的风险防范和政策监管举措提供了数量经验启示，主要表现在：（1）BSADF 检验对单一泡沫及周期性泡沫具有较优的检验水平和检验势，并能有效捕捉泡沫演进中的动态热化特征，股市监管中可以结合该方法建立实时的动态监控机制，防范股票市场大起大落带来的泡沫风险及过度下挫风险。（2）泡沫的产生并不一定会带来市场风险暴露和塌陷危机，长期的持续性泡沫对股市效率的损耗毋庸置疑，但短期的温和性泡沫在一定程度上对维持股市活力、推动股市向上发展具有积极作用，政策监管者可以结合对股票泡沫特征的量化监控有效甄别其市场表现特征，实施针对性的风险防范举措。

6.5 本章小结

本章主要关注时间序列随机趋势结构变动下的单位根问题研究。首先我们对新息误差项存在方差变化下的单位根检验问题进行了考察，主要从传统统计量推断和自助法分析两个角度对该问题进行了梳理和说明，相应问题中的计量检验方法对于进一步完善资产序列波动特征识别和单位根特征研究具有重要应用价值；随后我们重点关注了单位根（平稳过程）向爆炸过程的转变问题，即金融资产价格研究中的泡沫检验问题。考虑到爆炸性过程可以很好地描述资产价格在泡沫状态下的动态热化特征，单位根走势转向爆炸性走势的计量检验可以有效洞察资产市场的泡沫成分和市场表现。以近期流行的 BSADF 泡沫检验为例，我们细化探讨了相应泡沫检验的理论基础和应用要点，并结合相应检验和建模设计对我国股票市场历史路径中的泡沫成分和风险表现进行了探讨，相应研究对于股市风险预警和防范具有重要启示意义。

第7章
总结与展望

7.1 概述和总结

时间序列的单位根检验和结构变化特征探讨是计量经济研究的重要关注领域，经典的单位根检验建立在序列自身结构具有稳定性基础之上，未涉及结构变化因素。而在实际应用研究中，社会进程的演变、外部政治经济环境的影响都可能会带来待考察序列的结构性变动。因此，结合结构变化分析对时序的单位根特征进行考察有着重要的理论及现实意义。建立在已有文献研究基础之上，本书在更为宽泛的内生框架之下，从确定性时间趋势的结构突变、线性机制转换模型以及随机趋势的结构变动三个角度系统全面地对时序过程的结构变化和单位检验问题进行了梳理，进而沿着最近文献的发展方向，对相关前沿问题，包括确定性趋势突变下突变点及突变次数的估测、非线性 STAR 模型的单位根检验构建、SADF 类型泡沫检验的理论基础及在现实建模中的应用设计进行了深入探讨。本书的主要工作和研究结论概括如下。

（1）延续 Perron 关于确定性趋势突变下的单位根研究思路，本文在第 2 章详细论述了传统单位根检验在结构突变情形下的不足以及结构突变单位根检验的研究历程和脉络。Perron 结构突变单位根的研究框架主要基于 AO 和 IO 两种突变设定形式，这两种突变情形设定的差别体现在，前者反映了外在冲击对于数据确定性趋势的瞬时影响，后者则反映了外在冲击带来的渐近式的影响。由于形式设定的差异，两者对应的检验统计量构建也有一定的差别，我们细化探讨了 AO 和 IO 各自情形下的单位根检验流程，并对检验统计量的渐近理论进行了分析和讨论。

（2）在经典的内生结构突变单位根检验流程下，内生突变点的准确估测直接影响了后续单位根检验的功效，我们在第 3 章对近来较流行的内生突变位置估测方法进行了细化阐述，并通过模拟仿真对各方法的有限样本性质进行了模拟比对。结果表明：在新息扰动项平稳性未知条件下，残差平方和最小化方法（尤其是差分回归和 GLS 回归下的 RSS 最小化方法）以及 Ppop 基于修订检验式的检测方法整体优于 Perron 检验回归式下基于虚拟变量显著性的估测方法。同时，我们的模拟结果显示，在有限样本下，当突变幅度相对较小时，各类估测方法对应的突变估测点和真实突变点会在很大概率下存在偏离，此时我们建议对突变估测点附近的区域进行削减，以提高突变位置的收敛速度，进而提升后续单位根检验的功效。

（3）突变次数的有效判定是结构突变单位根检验理论的重要议题。对突变次数的误判，如无突变数据过程被误判成有突变过程、含 m 次突变的数据过程被误判为存在 n 次突变，都会很大程度引起突变位置及后续单位根判定的错误。在数据平稳性未知下关于突变次数检验的相关理论研究较少，Kim 和 Perron（2011）对该问题进行了考察，其利用 FGLS 估测突变位置并进行区段分割，之后通过一个最大化类型的检验统计量逐次向下对突变次数进行确定。不过该方法的运算成本较大，且程序较为烦琐。从滚动检验的思路出发，我们对 CUSUM、MOSUM 检验进行了扩展研究，并结合动态回归和差分回归对其进行了修订，使其能有效处理新息项平稳性未知下的突变次数识别问题，并由此构建了结构变动单位根检验的系统化分析流程。这一工作进一步丰富和完善了内生结构突变设定下单位根检验的理论性工作。作为实证应用，我们结合修正的 MOSUM 检验对我国部分宏观经济变量（包括 GDP、国内消费水平、从业人口）的结构突变及单位根特征进行了考察和细化探讨。指出，考察时段内我国宏观变量均存在一次到三次的结构变化。抛除结构变化因素后，实际经济产出序列和就业人数序列均表现为单位根走势，实际消费序列则表现出平稳性特征。

（4）非线性机制转换模型通过光滑转移函数描述数据状态由一种机制向另一种机制转变的渐近情形，是近年经济学研究中应用较广的一类非线性模型。由于传统单位根检验容易将其同单位根过程混淆，非常不利用非线性建模的开展和进行。由此，我们在第 5 章重点以非线性 STAR 模型为例，关注了该框架下时序的平稳性设定以及单位根检验问题。STAR 模

型通常以时间 t 或者自身滞后变量 y_{t-k} 作为转移变量，Sandberg（2004）对以时间 t 为转移变量的 STAR 模型进行了研究，我们对其工作和研究思路进行了阐述。随后，我们主要从滞后变量 y_{t-k} 作为转移变量角度进行了 STAR 模型单位根研究的考察，在更为宽泛和灵活的非线性 STAR 建模框架下构建了一类针对单位根原假设的 F 检验。相较于之前学者的研究，我们提出的 F 类型检验更具有普适性；有限样本下的结果显示，相较于传统 ADF 检验和早期的非线性单位根检验量，如 Kapetanios 等（2003）所提出的 t_{KSS} 检验，刘雪燕（2008）的 t 类型统计量，我们的检验在 STAR 框架下具有更高的检验功效。随后，我们就 PPP 假设在亚洲国家的适用性进行了研究，实证结果进一步体现了所构建的 F 检验的现实优势。

（5）除了确定性趋势框架下的结构性变化特征，我们还对时序过程随机新息项部分的结构变化，包括新息项的方差变动、自回归系数的结构变动予以了关注。前者主要涉及可变方差下的单位根检验问题，在具有时变波动性的经济序列的数据特征分析上有重要应用，我们从传统计量推断和自助法两个角度对该问题进行了考察；后者主要涉及局部单位根过程向爆炸过程的转化，在其之上的上确界右侧单位根类型检验是资产市场泡沫识别的基础，我们以 BSADF 泡沫检验为代表，对上确界右侧 ADF 检验方法的理论基础和应用要点进行梳理和论述，并基于其对我国股市局部路径中的泡沫成分进行了识别和探讨，为股市风险监管提供数量经验基础。

7.2 展望

单位根检验及其理论扩展是时间序列分析的重要研究领域，本书在结构变化框架下对时序单位根检验的相关问题进行了较为系统和深入的探讨。由于时间和精力限制，本书研究主要建立在传统计量分析框架内，未对贝叶斯计量分析进行考察。后者框架内近来较流行的一类结构变化模型是 TVP（Time Varying Parameters）模型，该类模型设定数据过程的相关参数服从随机游走态势，由此进行数据结构变化特征的捕捉。结合此类模型进行结构变化单位根理论问题研究是有待进一步深入挖掘的方向。另外，本书重点关注的是时间序列视角下的结构变动单位根检验问题，关于面板数据的结构变化和单位根特征研究以及相伴随的变协整分析，同样是近年来计量理论的研究热点，也是笔者后续研究的重点关注方向。

附录　本书常用符号说明

$W(r)$	定义在区间 $r\in[0,1]$ 上的标准布朗运动
$\mathrm{I}(d)$	d 阶单整
$\mathrm{I}(1)$	单位根过程
$\mathrm{I}(0)$	平稳过程
L	滞后算子
Δ	差分符号
$I(.)$	示性函数
$D(T_b)$	标记（$t=T_b$）的哑变量，变量 $I(t=T_b)$ 的简写
$DU_t(T_b)$	标记（$t>T_b$）的哑变量，变量 $I(t>T_b)$ 的简写
$DT_t(T_b)$	变量 $I(t>T_b).(t-T_b)$ 的简写
$O(.)$	一般测度下同阶无穷大符号
$O_p(.)$	概率测度下同阶无穷大符号
RSS	残差平方和
$[.]$	求整符号
$\Rightarrow$	依分布收敛
$\Vert . \Vert$	向量范数

参考文献

[1] 陈志宗. 季节单位根检验和结构多重突变估计——对中国入境旅游（1990.1— 2014.12）的实证分析 [J]. 管理科学与工程，2018，7（4）：250-258.

[2] 李正辉，蒋赞，李超. Divisia 加权货币供应量作为货币政策中介目标有效性研究——基于 LSTAR 模型的实证分析 [J]. 数量经济技术经济研究，2012（3）：102-115.

[3] 刘雪燕，张晓峒. 非线性 LSTAR 模型中的单位根检验 [J]. 南开经济研究，2009（1）：61-74.

[4] 全世文，曾寅初. 金融危机和欧债危机对我国进出口贸易的冲击效应——基于含结构变化的单位根检验 [J]. 国际贸易问题，2013（2）：143-151.

[5] 汪卢俊. LSTAR-GARCH 模型的单位根检验 [J]. 统计研究，2014，31（7）：85-91.

[6] 徐家杰. 基于双阈值 LSTAR 模型的人民币汇率均值回复分析 [J]. 统计与决策，2012（7）：139-142.

[7] 聂巧平．结构突变序列的单位根检验理论及应用研究 [D]．天津：南开大学，2008.

[8] 简志宏，向修海．修正的倒向上确界 ADF 泡沫检验方法——来自上证综指的证据 [J]．数量经济技术经济研究，2012（4）：110-122.

[9] 任燕燕，袁丽娜．中国宏观经济总量波动趋势检验——基于结构突变单位根理论的分析 [J]．山东大学学报（哲学社会科学版），2010（3）：60-67.

[10] 王敬勇．中国宏观经济变量的结构突变单位根检验 [J]．统计与决策，2011（14）：112-115.

[11] 王少平，李子奈．结构突变与人民币汇率的经验分析 [J]．世界经济，2003（8）：22- 27.

[12] 王少平．宏观计量的若干前沿理论与应用 [M]．天津：南开大学出版社，2003.

[13] 左秀霞．单位根检验的理论及应用研究 [D]．武汉：华中科技大学，2012.

[14] 杨利雄，张春丽．基于傅里叶变换的含确定性趋势结构突变的协整回归模型和不等方差检验 [J]．统计研究，2014，31（11）：96-100.

[15] 祝金甫，汤伟，冯兴东．线性回归 M 估计量的 Wild Bootstrap 方法研究 [J]．统计研究，2015，32（8）：99-103.

[16] Andrews D W K. Tests for parameter instability and structural change with unknown changepoint [J]. Econometrica, 1993, 61: 821-856.

[17] Andrews D W K, Ploberger W. Optimal tests when a nuisance parameter is present only under the alternative [J]. Econometrica, 1994, 62: 1383-1414.

[18] Baharumshah A Z, Liew K S. Forecasting performance of exponential smooth transition autoregressive exchange rate models [J]. Open Economies Review, 2006, 17 (2): 235-251.

[19] Bai J. Estimation of Structural Change in Econometric Models, unpublished manuscript, Department of Economics, University of California, Berkeley, 1991.

[20] Bai J. Estimating multiple breaks one at a time [J]. Econometric Theory, 1997b, 13: 315-352.

[21] Bai J, Perron P. Estimating and Testing Linear Models with Multiple Structural Changes [J]. Econometrica, 1998, 66: 47-48.

[22] Bai J. A note on spurious break [J]. Econometric Theory, 1998, 14: 663-669.

[23] Balke N S, Fomby T B. Threshold cointegration [J]. International Economic Review, 1997, 38: 627-645.

[24] Ben-David D, Papell D H. Some evidence on the continuity of the growth process among the G7 countries [J]. Economic Inquiry, 2000, 38: 320-330.

[25] Bhargava A. On the Theory of Testing for Unit Roots in Observed Time Series [J]. Review of Economic Studies, 1986, 53 (3): 369-384.

[26] Brown R L, Durbin J, Evans J M. Techniques for Testing the Constancy of Regression Relationships over Time [J]. Journal of the Royal Statistical Society, 1975, 37 (2): 149-192.

[27] Busetti F, Taylor A M R. Variance shifts, structural breaks, and stationary tests [J]. Journal of Business & Economic Statistics, 2003, 21 (4): 510-531.

[28] Carrion-I-Silvestre J L, Kim D, Perron P. GLS-Based Unit Root Tests with Multiple Structural Breaks under Both the Null and the Alternative Hypotheses [J]. Econometric Theory, 2009, 25 (6): 1754-1792.

[29] Caspi I, Katzke N, Gupta R. Date stamping historical periods of oil price explosivity: 1876-2014 [J]. Energy Economics, 2015.

[30] Chow G C. Tests of Equality Between Sets of Coefficients in Two Linear Regressions [J]. Econometrica, 1960, 28 (3): 591-605.

[31] Chu C S, Homik K, Kuan CM. MOSUM tests for parameter constancy [J]. Biometrika, 1995a (82): 603-617.

[32] Christiano L. Searching for a break in GNP [J]. Journal of Business

and Economic Statistics, 1992, 10: 237-250.

[33] Craven B D, Islam S M N. Stock Price Modeling: Separation of Trend and Fluctuations, and Implications [J]. Review of Pacific Basin Financial Markets & Policies, 2016, 18 (4) .

[34] Davidson R, Flachaire E. The wild bootstrap, tamed at last [J]. Journal of Econometrics, 2008, 146 (1): 162-169.

[35] David G, McMillan, Mark E. Wohar. Structural breaks in volatility: the case of UK sector returns [J]. Applied Financial Economics, 2011, 21 (15): 1079-1093.

[36] Diba B, Grossman H. The theory of rational bubbles in stock prices [J]. Economic Journal, 1988a, 98 (392): 746-754.

[37] Diba B T, Grossman H I. Explosive rational bubbles in stock prices? [J]. American Economic Review, 1988b, 78 (3): 520 -530.

[38] Dickey D A, Fuller W A. Distribution of the estimators for autoregressive time series with a unit root [J]. Journal of the American Statistical Association, 1979, 74: 427-431.

[39] Dickey D, Fuller W. Likelihood ratio statistics for autoregressive time series with a unit root [J]. Econometrica, 1981, 49: 1057-1072.

[40] Doan T, Elliott G, Stock J H. et al. Efficient Tests of an Autoregressive Unit Root [J]. Econometrica, 1996, 64 (4): 813-836.

[41] Eckley I A, Fearnhead P, Killick R (2011) . "Analysis of Changepoint Models." In D Barber, AT Cemgil, S Chiappa (eds.), Bayesian Time Series Models. Cambridge University Press.

[42] Eklund B. Testing the unit root hypothesis against the logistic smooth transition autoregressive model [J]. Working Paper, 2003.

[43] Elliott G, Rothenberg T J, Stock J H. Efficient Tests for an Autoregressive Unit Root [J]. Econometrica, 1996, 64 (64): 813-836.

[44] Enders W, Lee J. The flexible Fourier form and Dickey-Fuller type unit root tests [J]. Economics Letters, 2012, 117 (1): 196-199.

[45] Enders W, Lee J. A Unit Root Test Using a Fourier Series to Approximate Smooth Breaks [J]. Oxford Bulletin of Economics & Statistics, 2012, 74 (4): 574-599.

[46] Engle R F, Granger C W J. Co-Integration and Error Correction: Representation, Estimation, and Testing [J]. Econometrica, 1987, 55 (2): 251-276.

[47] Evans G W. Pitfalls in Testing for Explosive Bubbles in Asset Prices [J]. The American Economic Review, 1991, 81: 922-930.

[48] Granger C W J, Newbold P, Granger C W J. et al. Spurious regressions in econometrics [J]. Journal of Econometrics, 1974, 2 (2): 111-120.

[49] Gregoriou A, Kontonikas A. Modeling the behaviour of inflation deviations from the target [J]. Economic Modelling, 2009, 26 (1): 90-95.

[50] Gupta A K, Tang J. On Testing Homogeneity of Variances for Gaussian Models [J]. Journal of Statistical Computation and Simulation, 1987, 27 (2): 155-173.

[51] Hamilton J D. Time series analysis [M]. 1994.

[52] Hamori S, Tokihisa A. Testing for a unit root in the presence of a variance shift [J]. Economics Letters, 1997, 57 (3): 245-253.

[53] Harris D, Harvey D I, Leybourne S J, Taylor A M R. Testing for a unit root in the presence of a possible break in trend [J]. Econometric Theory, 2009, 25: 1545-1588.

[54] Harvey D I, Mills T C. Unit Roots and Double Smooth Transitions [J]. Journal of Applied Statistics, 2000, 29 (5): 675-683.

[55] Harvey D, Leybourne S, Newbold P. Innovational outlier unit root tests with an endogenously determined break in level [J]. Oxford Bulletin of Economics and Statistics, 2001, 63: 559-575.

[56] Harvey D I, Leybourne S J, Taylor A M R. Simple, robust and powerful tests of the breaking trend hypothesis [J]. Econometric Theory, 2009, 25: 995-1029.

[57] Harvey D I, Leybourne S J, Taylor A M R. Testing for unit roots in the possible presence of multiple trend breaks using minimum Dickey-Fuller statistics [J]. Journal of Econometrics, 2013, 177 (2): 265-284.

[58] Homm U, Breitung J. Testing for Speculative Bubbles in Stock Markets: A Comparison of Alternative Methods [J]. Journal of Financial Econometrics, 2011, 10 (1): 198-231.

[59] Hatanaka M, Yamada K. A unit root test in the presence of structural changes in I (1) and I (0) models. In: Engle R F, White H. (Eds.), Cointegration, Causality, and Forecasting: A Festschrift in Honour of Clive W. J. Granger. Oxford University Press, 1999.

[60] Hinkley D V. Inference about the Change-Point in a Sequence of Random Variables [J]. Biometrika, 1970, 57 (1): 1-17.

[61] Hisashi Tanizaki. Asymptotically exact confidence intervals of cusum and cusumsq tests: a numerical derivation using simulation technique [J]. Communication in Statistics- Simulation and Computation, 1995, 24 (4): 1019-1036.

[62] Jiang L, Phillips P C B, Yu J. New methodology for constructing real estate price indices applied to the Singapore residential market [J]. Journal of Banking & Finance, 2015, 61: S121-S131.

[63] Kapetanios G, Shin Y. Unit Root Tests in Three—Regime SETAR Models [M]. Unpublished manuscript, University of Edinburgh, 2001.

[64] Kapetanios G, Shin Y, Snell A. Testing for a unit root in the nonlinear STAR framework [J]. Journal of Econometrics, 2003, 112 (2): 359-379.

[65] Kim D, Perron P. Unit root tests allowing for a break in the trend function at an unknown time under both the null and alternative hypotheses [J]. Journal of Econometrics, 2009, 148 (1): 1-13.

[66] Knight J, Satchell S, Srivastava N. Steady state distributions for models of locally explosive regimes: existence and econometric implications [J]. Economic Modeling, 2014, 41: 281-288.

[67] Kruse R. A new unit root test against ESTAR based on a class of modified statistics [J]. Statistical Papers, 2008, 52: 71-85.

[68] Kwiatkowski D, Phillips P C B, Schmidt P. et al. Testing the null hypothesis of stationarity against the alternative of a unit root: How sure are we that economic time series have a unit root? [J]. Journal of Econometrics, 1992, 54 (1-3): 159-178.

[69] $K_1 l_1$ ç R. Testing for a Unit Root in a Stationary ESTAR Process [J]. Econometric Reviews, 2011, 30 (3): 274-302.

[70] Kim T H, Leybourne S, Newbold P. Unit root tests with a break in innovation variance [J]. Journal of Econometrics, 2002, 109 (2): 365-387.

[71] Lee J, Strazicich M. Break point estimation and spurious rejections with endogenous unit root tests [J]. Oxford Bulletin of Economics and Statistics, 2001, 63: 535-558.

[72] Leybourne S J, Mills T C, Newbold P. Spurious rejections by Dickey-Fuller tests in the presence of a break under the null [J]. Journal of Econometrics, 1998, 87 (1): 191-203.

[73] Leybourne S J, Newbold P, Vougas D. Unit roots and smooth transitions [J]. Journal of Time Series Analysis, 1998, 19: 83-97.

[74] Lin J B, Liang C C, Yeh M L. Examining nonlinear dynamics of exchange rates and forecasting performance based on the exchange rate parity of four asian economies [J]. Japan & the World Economy, 2011, 23 (2): 79-85.

[75] Liu R Y. Bootstrap procedures under some non—I. I. D. models [J]. The Annals of Statistics, 1988 (16): 1696-1708.

[76] Lovell M C. Seasonal Adjustment of Economic Time Series and Multiple Regression [J]. Journal of the American Statistical Association, 1963, 58 (304): 993-1010.

[77] Lovell M C. A simple proof of the FWL theorem [J]. Journal of Economic Education, 2008, 39: 88-91.

[78] Lumsdaine R L, Papell D H. Multiple trend breaks and the unit-root

hypothesis [J]. Review of Economics and Statistics 1997, 79: 212-218.

[79] Mark P, Taylor, David A, Peel, Lucio Sarno. Nonlinear Mean-Reversion in Real Exchange Rates: Toward a Solution To the Purchasing Power Parity Puzzles [J]. International Economic Review, 2001, 42 (4): 1015-1042.

[80] Mohitosh Kejriwal, Perron P. A sequential procedure to determine the number of breaks in trend with an integrated or stationary noise component [J]. Journal of Time, 2010, 31 (5): 305-328.

[81] Montañés A, Reyes M. Effect Of A Shift In The Trend Function On Dickey Fuller Unit Root Tests [J]. Econometric Theory, 1998, 14 (3): 355-363.

[82] Montañés A, Reyes M. The asymptotic behaviour of the Dickey-Fuller tests under the crash hypothesis [J]. Statistics & Probability Letters, 1999, 42: 81-89.

[83] Nabeya, Seiji, Tanaka, Katsuto. Asymptotic theory of a test for the constancy of regression coefficients against the random walk alternative [J]. Annals of Statistics, 1988, 16 (1): 218-235.

[84] Narayan, Kumar P, Popp S. A new unit root test with two structural breaks in level and slope at unknown time [J]. Journal of Applied Statistics, 2010, 37 (9): 1425-1438.

[85] Ng S, Perron P. Unit root tests in ARMA models with data dependent methods for selection of the truncation lag [J]. Journal of the American Statistical Association, 1995, 90: 268-281.

[86] Ng S, Perron P. Lag length selection and the construction of unit root tests with good size and power [J]. Econometrica, 2001, 69: 1519-1554.

[87] Nunes L C, Kuan C M, Newbold P. Spurious Break [J]. Econometric Theory, 1995, 11: 736-749.

[88] Nunes L C, Newbold P, Kuan C. Testing for unit root with breaks: Evidence on the great crash and the unit root hypothesis reconsidered [J]. Oxford Bulletin of Economics and Statistics 1997, 59: 435-448.

[89] Oh M S, Dong W S. Bayesian tests for unit root and multiple breaks [J]. Journal of Applied Statistics, 2010, 37 (11): 1863-1874.

[90] Park J Y, Mototsugu Shintani. TESTING FOR A UNIT ROOT AGAINST TRANSITIONAL AUTOREGRESSIVE MODELS [J]. International Economic Review, 2016, 57 (2): 635-664.

[91] Perron P. The Great Crash, the Oil Price Shock, and the Unit Root Hypothesis [J]. Econometrica, 1988, 57 (6): 1361-1401.

[92] Perron P. Further evidence from breaking trend functions in macroeconomic variables [J]. Journal of Econometrics, 1997a, 80 (2): 355-385.

[93] Perron P, Ng S. Useful modifications to unit root tests with dependent errors and their local asymptotic properties [J]. Review of Economic Studies, 1996, 63: 435-465.

[94] Perron P, Rodr'Guez G. GLS detrending, efficient unit root tests and structural change [J]. Journal of Econometrics, 2003, 115 (1): 1-27.

[95] Perron P, Vogelsang T J. Nonstationarity and level shifts with an applicationto purchasing power parity [J]. Journal of Business and Economic Statistics, 1992a, 10: 301-320.

[96] Perron P, Vogelsang T J. Testing for a unit root in a time series with a changing mean: corrections and extensions [J]. Journal of Business and Economic Statistics 1992b, 10: 467-470.

[97] Perron P, Yabu T. Estimating deterministic trends with an integrated or stationary noise component [J]. Journal of Econometrics, 2009a, 151 (1): 56-69.

[98] Perron P, Yabu T. Testing for Shifts in Trend With an Integrated or Stationary Noise Component [J]. Journal of Business & Economic Statistics, 2009b, 27 (3): 369-396.

[99] Pippenger M K, Goering G E. A note on the empirical power of unit root tests under threshold processes [J]. Oxford Bulletin of Economics and Statistics 1993, 55: 473-481.

[100] Phillips P C B, Perron P. Testing for Unit Roots in Time Series [J]. Biometrika, 1986, 75 (795R): 335-346.

[101] Phillips P C B, Yu J. Limit Theory for Dating the Origination and Collapse of Mildly Explosive Periods in Time Series Data, Sim Kee Boon Institute for Financial Economics Discussion Paper, 2009, Singapore Management University.

[102] Phillips P C B, Shi S, Yu J. Testing for multiple bubbles: Historical episodes of exuberance and collapse in the S&P 500 [J]. Ssrn Electronic Journal, 2013, 56 (4): 1043-1078.

[103] Phillips P C B, Shi S, Yu J. Specification Sensitivity in Right-Tailed Unit Root Testing for Explosive Behaviour [J]. Oxford Bulletin of Economics and Statistics, 2014, 76 (3): 315-333.

[104] Phillips P C B, Wu Y, Yu J. Explosive Behavior in the 1990s Nasdaq: When Did Exuberance Escalate Asset Values? [J]. International Economic review, 2011, 52: 201-226.

[105] Phillips P C B, Yu J. Dating the Timeline of Financial Bubbles during the Subprime Crisis [J]. Quantitative Economics, 2011, 2: 455-491.

[106] Phillips P C B. Time Series Regression with a Unit Root [J]. Econometrica, 1987, 55: 277-301.

[107] Ploberger W, Krämer W. The CUSUM Test with OLS Residuals [J]. Econometrica, 1992, 60 (2): 271-285.

[108] Popp S. New Innovational Outlier Unit Root Test with a Break at an Unknown Time [J]. Journal of Statistical Computation and Simulation, 2008, 78: 1145-1161.

[109] Rapach D E, Strauss J K, Wohar M E. Forecasting Stock Return Volatility in the Presence of Structural Breaks [J]. Frontiers of Economics & Globalization, 2007, 3 (3).

[110] Rapach D E, Wohar M E. The Out-of-Sample Forecasting Performance of Nonlinear Models of Real Exchange Rate Behavior [J]. Internation-

al Journal of Forecasting, 2006, 22 (2): 341-361.

[111] Rehim $K_1 l_1$. Testing For A Unit Root In A Stationary ESTAR Process [J]. Econometric Reviews 2011, 30 (3): 274-302.

[112] Said S E, Dickey D A. Testing for unit roots in auto-regressive moving average models of unknown order [J]. Biometrika, 1984, 71 (3): 599-607.

[113] Sarantis N. Modeling non-linearities in real effective exchange rates [J]. Journal of International Money & Finance, 1999, 18 (1): 27-45.

[114] Sargan J D, Bhargava A. Testing Residuals From Least Squares Regression for Being Generated by the Gaussian Random Walk [J]. Econometrica, 1983, 51 (1): 153-174.

[115] Sandberg R. Testing the unit root Hypothesis in nonlinear time Series and panel models [D]. Sweden: Stockholm School of Economics, 2004.

[116] Sandberg R. Convergence to stochastic power integrals for dependent heterogeneous processes [J]. Econometric Theory, 2009, 25 (3): 739-747.

[117] Sandberg R. M-estimator based unit root tests in the ESTAR framework [J]. Statistical Papers, 2015, 56: 1-21.

[118] Sen A. Joint Hypothesis Tests for a Unit Root when there is a Break in the Innovation Variance [J]. Journal of Time Series Analysis, 2007, 28 (5): 686-700.

[119] Sen A. Lagrange Multiplier Unit Root Test in the Presence of a Break in the Innovation Variance [J]. Communication in Statistics- Theory and Methods, 2017, 47 (7) .

[120] Schmidt P, Lee J. A modification of the Schmidt-Phillips unit root test [J]. Economics Letters, 1991, 36 (3): 285-289.

[121] Schmidt P, Phillips P C B. LM TESTS FOR A UNIT ROOT IN THE PRESENCE OF DETERMINISTIC TRENDS [J]. Oxford Bulletin of Economics & Statistics, 1992, 54 (3): 257-287.

[122] Schwert G W. Tests for Unit Roots: A Monte Carlo Investigation [J]. Journal of Business & Economic Statistics, 1989, 7 (2): 147-159.

[123] Sen A. Joint Hypothesis Tests for a Unit Root when there is a Break in the Innovation Variance [J]. Journal of Time Series Analysis, 2007, 28 (5): 686-700.

[124] Serena Ng, Pierre Perron. LAG Length Selection and the Construction of Unit Root Tests with Good Size and Power [J]. Econometrica, 2001, 69 (6): 1519-1554.

[125] Sims C A, Stock J H, Watson M W. Inference in Linear Time Series Models with some Unit Roots [J]. Econometrica, 1990, 58 (1): 113-144.

[126] Steven Cook. Spurious rejection using Dickey-Fuller tests [J]. Applied Economics Letters, 2002, 9 (9): 557-562.

[127] Taylor A M. Potential Pitfalls for the Purchasing-Power-Parity Puzzle? Sampling and Specification Biases in Mean-Reversion Tests of the Law of One Price [J]. Econometrica, 2001, 69 (2): 473-498.

[128] Taylor S J. Modeling Financial Time Series, 2nd edn [M]. Singapore: World Scientific, 2008.

[129] Teräsvirta T. Specification, estimation and evaluation of smooth transition autoregressive models [J]. Journal of the American Statistical Association, 1994, 89: 208-218.

[130] Tweedie R L. SuPcient conditions for ergodicity and recurrence of Markov on a general state space [J]. Stochastic Processes and their Applications, 1975, 3: 385-403.

[131] Vivian A, Wohar M E. Commodity volatility breaks [J]. Journal of International Financial Markets Institutions & Money, 2012, 22 (2): 395-422.

[132] Vogelsang T J. Trend function hypothesis testing in the presence of serial correlation [J]. Econometrica, 1998, 66: 123-148.

[133] Vogelsang T J. Tests for a shift in trend when serial correlation is of unknown form. Unpublished Manuscript, Department of Economics, Cornell University, 2001.

[134] Vogelsang T J, Perron P. Additional tests for a unit root allowing

the possibility of breaks in the trend function [J]. International Economic Review 1998, 39: 1073-1100.

[135] Vosseler A. Bayesian model selection for unit root testing with multiple structural breaks [J]. Computational Statistics & Data Analysis, 2014, 100: 616-630.

[136] Wu C F J. Jackknife bootstrap and other resampling methods in regression analysis [J]. The Annals of Statistics, 1986, 14: 1261-1295.

[137] Yu J Y, Ma Z X. Expanded BSADF test in the presence of breaks in time trend-a further analysis on the recent bubble phenomenon in China's stock market [J]. Applied Econometric Letters, 2019, 26 (1) : 64-68.

[138] Zivot E, Andrews D. Further evidence on the Great Crash, the oil-price shock, and the unit-root hypothesis [J]. Journal of Business and Economic Statistics, 1992, 10: 251-270.